New Insights into Human Ecology

생활과학에 대한 새로운 이해

박희진 송혜림 유복희 유화숙 이지혜 공저

신정

머/리/말

불확실성이 가속화되는 지금 생활과학은 새로운 생활의 모습을 만들고 이를 구현하기 위한 과정을 설계할 수 있어야 한다. 따라서 생활과학은 미래에 대한 안목과 확고한 이론적 기반을 다지고, 생활과학적 사고의 틀을 통해 미래를 예측하며, 새 문제에 대한 해결방안들을 제시할 수 있어야 한다. 이를 위해서는 생활과학을 구성하고 있는 각 전공영역들이 서로 융합하고 새로운 정보와 지식을 공유하는 것이 필요하다. 이것이 바로 이 책을 쓰게 된 동기이다.

19세기 말 미국에서 가정학이 시작된 이래 생활과학은 실용학문이면서 응용학문적 성격을 띠고 우리 가족의 일상을 구성하는 의생활, 식생활, 주생활 그리고 아동가족생활과 소비생활에 이르기까지 다양한 영역에서 삶의 질 향상에 기여해 왔다. 그러나 최근 4차 산업혁명으로 불리는 정보통신시대의 도래와 함께 새로운 의미에서 학문의 정교화와 적용이 필요하게 되었고, 미래지향적인 측면에서 생활과학의 사명을 확인하고 실천해야 하는 시점에 와 있다. 즉 현재 생활과학이 우리 생활과 사회에 미친 영향을 살펴보고, 미래 사회에 새로운 문화, 생활양식, 산업에 대한 방향을 제시하며, 첨단 기술과의 융·복합을 통해 미래 사회의 가정생활 향상에 적극적으로 기여해야 할 상황으로 판단된다. 이는 미래 지식기반 사회에서 생활의 질 향상이라는 생활과학의 목표를 통해 생활과학이 학문적 발전을 도모함과 동시에 인류의 행복에 이바지해야 하기 때문이다.

이 책은 생활과학을 구성하는 전공영역을 구분하여 소개한 이전의 책과 차이가 있다. 지금까지 생활과학을 다룬 책들은 생활과학 내 하위 영역들의 존재는 인정하였으나 동시에 이 영역들의 모태학문으로 생활과학(또는 가정학)에 관심을 두었다. 그러나 생활과학이 발전하면서 생활과학을 구성하고 있는 하위 영역이 각기 독자적인 학문 영역으로 확고하게 자리 잡은 지금, 생활과학 그 자체만 갖고 생활과학을 충분히 설명하기가 힘들다. 오히려 생활과학을 구성하는 영역들을 통해 생활과학이 다루어야 할 주요 주제들을 설정하고 설명하여 이들이 그 주제 속에서 어떻게 상호 연결되는지 확인함으로써 생활과학이 과연 어떤 학문인가에 대해 보다 분명한 해답을 찾을 수 있을 것이다. 따라서 이 책은 과거와 현재 그리고 미래를 아우르며 생활과학 이라는 학문이 무엇인지 가장 잘 나타내는 주제어로 생활, 문화, 산업과 현장을 선정하였고, 각 주제어 안에서 생활과학의 세부 전공분야가 연구하고 교육하는 내용을 다루었다. 이러한 접근법은, 생활과학이 21세기 융·복합시대를 주도하는 학문임을 확인함과 동시에 미래 시대 인간 삶의 발전에 꼭 필요한 학문이라는 인식을 확산시키는 데 매우 유용하다. 이를 통해 앞으로 생활과학이 가져야 할 새로운 패러다임을 제시하는 것이 생활과학에 대한 새로운 접근이라 보고 이러한 방향에서 책을 구성하였다.

이 책은 크게 5장으로 구성하였다. 1장에서는 새로운 패러다임이 필요한 생활과학이라는 주제하에 생활과학의 개념과 범위, 흐름과 사명 그리고 미래 사회에서의 생활과학에 대해 다루었다. 2장에서는 인간 생활구성요소로써의 생활과학이라는 주제 하에 의식주생활과 가정생활에 대한 전반적인 이해를 돕고자 하였으며 3장에서는 생활과학과 문화라는 주제하에 복식문화, 주거문화, 식문화, 가정생활문화를 다루었다. 4장에서는 생활과학과 관련된 산업이라는 주제로 섬유의류산업, 주택산업, 식품산업 그리고 가정복지, 소비자, 아동 등의 전공과 관련된 현장에 대한 내용을 담았다. 마지막으로 5장에서는 생활과학과 미래라는 주제로 미래의 라이프스타일을 예측하고 생활, 산업현장에서의 혁신과 공존의 문제에 대해 각 하위전공영역별 시각에서의 접근 내용들을 포함하였다. 또한, 미래 생활과학에서의 주요 이슈들과 그에 따른 실천과제를 각 전공별로 도출하여 제시하였다.

또 하나 이 책은 다른 책들과 구성에서도 차별점을 갖는다. 일반적으로 같은 내용이 주제별로 다루어질 때 관련 내용이 일정 순서를 갖지만, 본 책에서는 그 장 주제와 가장 관련이 깊은 내용을 가장 먼저 시작하는 것으로 하여, 2장의 시작은 아동가정복지학, 3장은 식품영양학, 4장은 의류학, 5장은 주거환경학부터 내용을 전개하였다.

생활과학은 가정학에서 시작하여 인류 생활의 보편적 가치들을 사회가 존중하게 만들었으며, 산업과 연계시켜 산업화를 통한 경제 성장에도 크게 기여하였다. 그러나 가정생활이라고 하는 연구대상으로 인해 사회적 파급효과가 뚜렷하게 나타나지 않아 지금까지 가꾸어 온 학문적 성과와 노력들을 제대로 인정받지 못한 부분들이 있다. 그러나 융·복합 시대로 표현되는 지금 다른 어떤 분야보다 타 분야와의 융·복합이 용이하고, 인간의 삶의 질이 중시되는 미래 경향에 맞추어 볼 때 생활과학은 미래 학문으로서 가장 적합한 학문으로 자리매김할 것이다.

책을 쓰기까지 긴 시간과 힘든 결정의 시간을 보냈다. 그럼에도 불구하고 생활과학을 공부한 저자들은 생활과학에 대한 새로운 패러다임을 제시할 때가 되었다는 생각과 함께 융·복합시대에 생활과학이 가장 적합한 학문이라는 인식을 공유하게 되었고, 그것이 책을 쓰게 된 동기가 되었다. 책을 집필하면서 세 가지의 목적이 있었다. 첫째, 생활과학은 의생활·식생활·주생활 그리고 아동가족생활과 소비생활이라는 전공분야가 함께 어울려 발전해가는 학문이라는 인식을 확산시키는 것이다. 둘째, 생활과학의 각 전공영역이 우리 사회의 생활, 문화, 산업, 기술 분야에 매우 큰 비중을 갖고 있으며 이들 발전에 기여하고 있음을 강조하는 것이다. 셋째, 생활과학이 미래 사회에서도 중요한 학문분야라는 인식을 공유하는 것이다. 이 책이 이러한 목적을 잘 달성하기를 기대한다.

저자들이 여러 번의 논의를 통해 책의 방향을 잡고 열심히 집필하였지만 그래도 남아있는 부족한 점은 많은 선후배 동료학자들의 조언을 통해 계속 고쳐나갈 것이다. 이 책의 출판을 위해 애써주신 신정출판사 최용구 사장님과 빡빡한 일정에도 최선을 다해주신 편집부 직원들의 수고에 감사드린다. 이 책이 생활과학을 이해하려는 많은 사람에게 조금이나마 도움이 되기를 기대한다.

2019년 1월

저자 일동

차/례

01 CHAPTER

새로운 패러다임이 필요한 생활과학

CHAPTER 01

새로운 패러다임이 필요한 생활과학

학/습/목/표

1. 생활과학의 개념에 대해 이해하고 관련 영역과의 연계성을 알아본다.
2. 생활과학의 역사를 살펴봄으로써 학문에 대한 이해를 증진시킨다.
3. 생활과학의 융합전공으로서의 가능성과 미래에 대해 살펴본다.

어느 평범한 맞벌이 가정의 일상을 들여다보자.

> 아침에 침실에서 일어난 남편은 아이들 방으로 가 아이들을 깨우고, 부인은 부엌에서 식사준비를 하고, 화장실에서 씻고, 옷방에서 날씨에 맞게 옷을 골라 입고, 식당에서 준비한 음식을 먹고 집을 나선다. 저녁에는 일찍 퇴근한 남편이 부엌에서 식사준비를 하고 거실에서 아이들과 놀아주며, 공부방에서 숙제를 봐주고 온 가족들은 거실에서 서로 하루에 있었던 일에 대해 대화하거나 TV 드라마를 시청하고 다시 침실에서 잠을 잔다.

생활과학은 일상과 밀접한 관계가 있는 실천학문이며 응용학문이다. 일상생활을 영위하는 침실, 부엌 등과 같은 가족을 위한 공간, 가정이라는 테두리 안에서 공동체로 삶을 살아가는 가족, 주어진 상황에 맞고 착용자를 아름답게 표현하는 옷, 맛있고 건강한 음식, 가족구성원의 여가와 소비를 연구하는 학문분야들을 모두 포괄하고 이들 학문의 모체로서 존재하는 것이 생활과학이다. 또한 생활과학은 인간의 하루를 다루며 동시에 인간의 전 생애주기에 걸쳐 변화하는 생활을 다루는 학문이다. 따라서 본 장에서는 생활과학에 대한 기본적이고 포괄적인 이해를 돕고자 생활과학의 개념 및 역사에 대해 설명하고 관련영역과 이들 간의 연계성을 살펴보려고 한다. 또한 21세기 변화하는 사회에 대응하는 생활과학이 되기 위한 생활과학의 과제 및 사명에 대해 알아본다.

1 생활과학의 개념과 범위

1) 생활과학의 개념과 목표

생활과학은 개인과 가족을 연구하는 이론적 접근과 더불어 개인과 가족의 생활에 직접 관련되는 산업사회의 제반 사항에 대해 연구하고, 연구결과를 실용화하는 방안을 탐색하는 학문이다. 생활과학의 목표는 인간을 둘러싼 생활환경과 그 안에서 영위되는 인간의 삶에 중심을 두고 인간의 삶의 질을 향상시키는 것이다.

생활과학은 가정학에서 시작된 학문이다. 초기 가정학 교육은 자연과학에 기초한 생활원리를 중심으로 여성들이 효율적, 과학적으로 가사를 수행할 수 있도록 가정의 생활개선을 기본목표로 하였으며 여성교육의 기능을 함께 수행하였다. 그러나 학문의 발전추세와 사회적 요구에 따라 가정학의 이론적 기초 위에 그 범위를 넓혀, 가정생활영역뿐만 아니라 산업화된 영역에서 필요로 하는 전문인을 양성하고, 가정학의 이미지를 시대에 맞게 새롭게 하기 위해 생활과학으로 개념이 변화하게 되었다. 생활과학은 영어로 Human Ecology로 표기하는데, 이는 인간을 중심으로 이와 상호작용하는 가족, 더 나아가 지역사회와 이웃 그리고 사회를 모두 다루고, 이들 간의 연관성과 영향에 대해 연구하는 인간생태학적 접근을 강조한다.

생활과학의 연구대상은 생활과학의 구성요소인 생활인, 생활환경, 생활문화를 기본으로 한다. 이를 설명하면, 인간의 측면 중 생활 주체로서의 인간을 의미하는 '생활인', 환경의 측면 중 삶이 이루어지는 인접환경인 '생활환경', 그리고 인간과 환경의 상호작용에 의하여 형성되는 문화의 측면 중 삶과 직접 관련된 '생활문화'이다. 개인과 가족의 삶의 질은 개인과 가족의 생활인으로서의 특성, 개인과 가족이 처한 생활환경 특성, 그리고 우리 사회의 생활문화에 따라 형성된다. 생활과학은 생활인, 생활환경, 생활문화에 대한 교육과 연구를 통하여 이들을 변화시키고 건강성을 증진시킴으로써 궁극적으로 생활과학이 추구하는 목표인 개인과 가족의 복지증진에 기여하는 학문이라고 할 수 있다(서울대학교 생활과학대학 교재개발위원회, 2005).

생활인, 생활문화, 생활환경을 대상으로 하는 생활과학의 변화과정을 보면, 의생활, 식생활, 주생활, 자녀돌봄과 가족관계, 가정경제 및 소비자, 가정자원관리 등 원래 가정생활의 주요 영역들이 산업화 과정을 거쳐 점차 산업사회의 여러 부분으로 전환되고 확대되어 왔다. 그 결과 생활과학의 연구대상이 단지 가정생활뿐 아니라 가정을 둘러싼 환경 그리고 생활산업 전반으로 확산되었다.

예를 들면, 의생활 분야의 경우 과거에는 가정 내에서 수행되던 직조와 봉제 작업이 직물과 의류의 대량생산으로 인해 의류의 구매와 소비행동으로 변화되었고, 이에 대한 연구가 필요하게 되었다. 주거공간에서도 개별 가족이 수행하던 주택건설과 주생활관리가 대부분 사회, 즉 주택산업으로 이관되어 주택의 공급과 수요에 대한 이해가 필요하게 되었다. 식생활 역시 마찬가지이다. 식자재를 직접 재배하고 수확하여 음식을 만들어먹던 과거와는 달리 현재 대부분의 식자재는 시장, 마트에서 구입하며 외식과 배달, 주문음식 등이 활성화되고 있다. 가족 안에서 가족이 직접 수행하던 가족원 돌봄 역시 어린이집, 아이돌보미, 양로시설, 노인요양사 등에 의해 많은 부분 수행되고 있다. 따라서 생활과학은 가정생활과 관련된 연구와 교육을 통해 생활의 질을 향상시키는 데 기여함과 동시에 산업화된 부분과 관련하여 전문가 양성, 정책과 프로그램 개발 등 실천성을 계속 강화시켜 가고 있다.

생활과학은 이처럼 생활인–생활환경–생활문화라는 세 가지 요소를 통해 개인과 가족의 삶을 연구하고 교육하며, 이러한 교육과 연구가 생활산업으로 확장되어 궁극적으로 개인과 가족의 복지증진에 기여하는 학문이다. 이를 그림으로 나타내면 다음과 같다(그림 1-1).

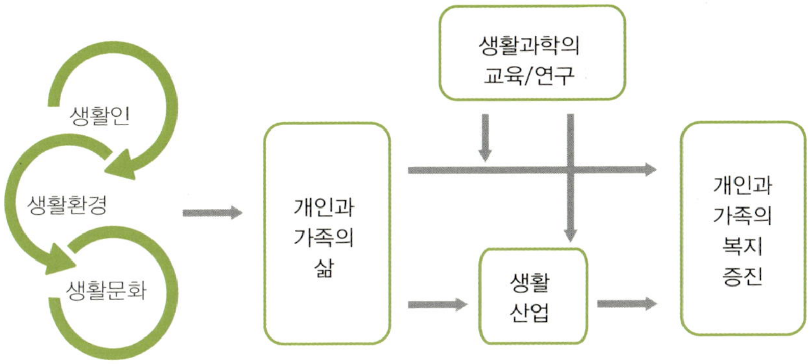

그림 1-1 생활과학의 발전을 통한 개인과 가족의 복지증진
출처: 서울대학교 생활과학대학 교재개발위원회(2005). 생활과학의 이해. p. 21 재구성.

선행연구를 통해 생활과학의 개념과 목표를 정리하면 다음과 같다. 생활과학은 가정생활에 일차적 관심을 두고 건강한 가족, 풍요로운 삶의 질을 성취하기 위하여 가정의 인적 및 물적 자원을 어떻게 사용할 것인가에 초점을 두는 학문(송혜림, 2007에서 재인용), 가족이 함께 생활하는 집단을 연구하는 학문(조현주, 2005), 인간생활을 연구하는 학문(박영숙 외, 2004), 인간과 가족, 이를 둘러싼 환경, 인간과 가족 및 환경과의 관계를 통합적·실천적으로 연구하는 학문(유영주 · 강완숙, 1996), 가정의 안녕과 복지증진을 추구하는 학문(문숙재, 1999; 이영세 · 김양희, 1997) 등으로 규정되어 왔다. 그리고 가정학, 생활과학의 목표와 사명은, 초창기부터 생활환경을 개선함으로써 인간 또는 가족의 향상을 꾀하는 것(이기영, 1997), 바람직한 가정생활의 영위를 통한 가족구성원의 복지 극대화(윤숙현 · 이미정, 2006), 주어진 환경 속에서 인간의 생활양식을 탐구하고 그럼으로써 더 나은 삶의 질을 추구(이기춘 외, 1999), 개인 및 가정의 행복하고 의미있는 삶을 지향(문숙재, 1999), 가정생활의 질적 향상(노영주 외, 1999), 가정복지(이정연, 1995) 등이다. 이를 종합해 보면, 생활과학은 가족의 행복, 복지, 삶의 질에 대한 지향성을 갖고 있으며(송혜림, 2007), 이러한 지향성은 결국 인간의 행복, 복지와 건강성 증진으로 귀결되고 이는 종합적인 측면에서 삶의 질 향상을 가져오므로 생활과학은 인간의 삶의 질 향상에 기여하는 학문분야라고 할 수 있다.

2) 생활과학의 범위

(1) 생활과학의 체계

생활과학을 잘 이해하기 위해서는 인간과 생활환경을 어떻게 이해하고 접근하여야 할 것인가를 다루는 인간생태학적 관점을 살펴볼 필요가 있다. 인간생태학은 인간을 둘러싸고 있는 인접환경과 그 환경과의 상호작용에 중점을 두고 연구하면서 인간의 생활을 이해하고, 여기에 파생되는 문제를 해결하여 보다 나은 인류의 삶을 증진시키는 데 그 가치를 두고 있다고 할 수 있다. 그러므로 의식주생활과 가족, 자녀돌봄, 가족자원관리, 소비 그리고 이를 둘러싼 환경을 연구하며 개인과 가족의 복지 증진을 목표로 하는 생활과학은 인간생태학적 관점을 갖는다.

인간생태학적 관점을 구체적으로 살펴보면 다음과 같다(대한가정학회, 1998). 첫째, 개인의 연합단위인 가족체계를 하나의 생태적 유기체로 보고 가족체계와 환경과의 상호관계를 파악하는 것이다. 가정은 상호작용하는 개인으로 구성되나 구성원 간의 일정한 구조와 기능, 상호작용의 과정을 통해 부분의 합 이상의 독특한 전체로서의 특징을 갖는다.

둘째, 가족은 개방적인 체계로서 그를 둘러싼 가정환경, 근접환경 등과의 상호작용을 통해 환경으로부터 영향을 받고 또한 영향을 주기도 한다. 따라서 인간생태학적 관점은 가족체계와 환경과의 상호작용을 설명하고 문제점을 해결하는 역할을 한다.

셋째, 가족원 간의 상호작용과 가족과 환경의 상호작용 과정은 투입과 산출을 통해 이루어지며, 또한 여러 차원의 피드백을 통해 적응과 조정이 이루어진다. 인간생태학적 관점에서 이러한 과정은 체계적 접근이라고 부를 수 있다. 체계적 접근에 따르면, 가정은 투입의 요소인 인적·물적 자원을 사용함으로써 가족구성원의 욕구를 충족시키며 그 결과 가정의 건강성이 증진되고 삶의 질이 향상된다.

이러한 인간생태학적 관점은 전체 생활과학의 개념 및 발전방향에 대한 모색뿐만 아니라 각 세부전공 영역별 연구주제를 다양화하는 데 기여해 왔다. 인간생태학적인 관점에서 생활과학의 연구영역과 그에 따른 영향을 그림으로 나타내면 다음과 같다(그림 1-2).

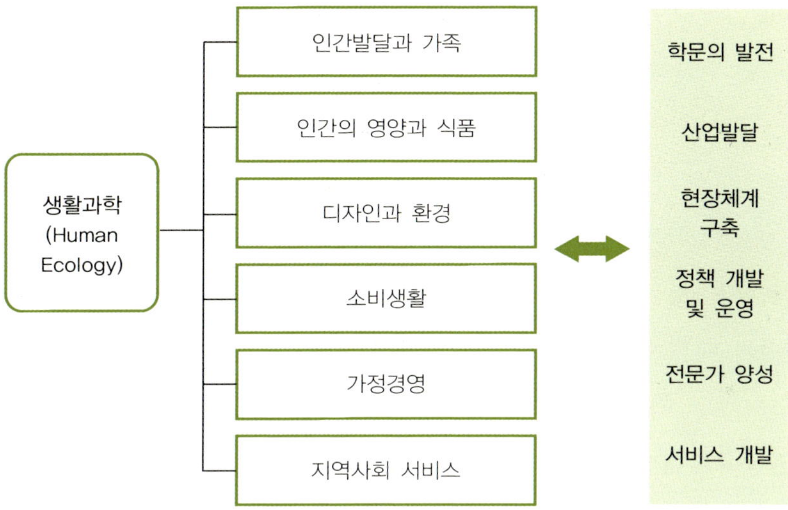

▌그림 1-2▌ 인간생태학적 관점에서 생활과학의 연구영역과 그에 따른 영향
출처: 장명옥(1993). 가정학원론. p.74 인용하여 재구성.

이 체계는 종래의 의 · 식 · 주 · 가정 및 가족생활 등 대상별 · 전문영역별 분류를 피하고, 생태학적 측면에서 생활과학의 목적과 방법을 고려한 체계이다. 즉, 전문영역별로 나누는 것보다는 현대 사회의 요청에 맞게 하기 위하여 사명과 임무를 명확하게 파악하여 학문의 혁신을 도모한 것이다(유영주 · 이정연, 1994).

생활과학의 체계를 이해하기 위해서 또 하나 알아야 하는 것은 체계이론(System Theory)이다. 생활과학은 체계이론을 기본 틀로 하고 있는데, 이는 하나의 체계를 구성하는 요소들이 체계의 공동 목적을 달성하기 위하여 유기적으로 작동하는 것을 의미한다. 생활과학은 관련 전공과 전공끼리 연관되어 있으며 더 나아가 생활과학의 중심이 되는 인간의 삶을 이루는 인간–환경–문화도 유기적으로 상호작용하고 있다고 보는 것이다. 일례로 최근 들어 부각되는 1인 가구의 사례를 들어보자. 청년층 1인 가구는 자산이나 소득이 충분치 않기 때문에 좁은 월세집에 사는 경우가 많다(주거). 집이 좁기 때문에 음식을 직접 해 먹기가 힘들어 외식을 자주 하고, 무엇인가를 사가지고 집에 와서 혼밥을 한다(식생활과 소비생활). 혼자 사는 1인 가구이므로 친구나 가족을 집에 초대하고 싶지만, 집이 좁아서 이를 포기한다(가족관계, 사회적 관계망). 세탁은 빨래방에서 해결한다(의생활). 날마다의 돌봄과 가사노동을 혼자서 하기 때문에 의외로 가사노동시간이 길다(가족자원관리)(서지원 · 송혜림, 2018). 이런 방식으로 주거와 소비, 가족자원관리, 의생활, 식생활 및 가족관계, 사회적 관계망이라는 구성요소가 서로 연계된다. 그러므로 1인 가구의 삶의 질 향상이라는 목표를 위해 생활과학이라는 큰 체계 안에서 각 전공별(소비자학, 의생활학, 식생활학, 주거환경학, 가족자원경영학, 가족학 등)로 1인 가구에 대한 유기적 연구를 할 수 있는 강점이 있다. 따라서 생활과학을 하나의 체계로 보는 체계적 접근법은 생활과학의 교육과 연구에 매우 유용하다고 할 수 있다.

(2) 생활과학의 구성

생활과학은 사회변화에 부응하여 인간의 실생활과 밀접한 관련을 가지는 학문영역을 교육 및 연구대상으로 한다. 또한 가정생활과 관련된 이론을 실생활에 응용하고 적용시키는 방법에 대한 교육, 연구 및 사회적 서비스를 제공한다. 생활과학 학문영역에서는 인간발달과 가족에 관련된 인문사회과학적 연구, 의 · 식 · 주생활에 관련된 자연과학적 연구 및 개인과 가족의 소비생활에 직접 관련되는 실천적 영역에 대해 연구하고, 이런 각 부문에서 이루어진 연구결과들의 실용화 방안을 탐색하여 이를 실생활에 적용할 수 있는 방법들을 개발한다. 생활과학은 기존 가정학이 가지고 있었던 본래의 고유성을 지니면서 동시에 사회의 변화와 함께 발전하고 있다. 생활과학의 고유성은 가정생활의 향상을 통하여 미시적으로는 개인의 발전과 함께 거시적으로 사회 전반의 발전에 기여하는 것이다(문숙재, 1999).

생활과학 내에는 생활의 영역에 따라 다양한 전문분야가 있다. [그림 1-3]과 같이 생활의 대상에 따라 의생활, 식생활, 주생활, 아동가족생활, 가족자원관리, 소비생활 등 여러 전문분야가 있다. 생활과학의 각 전문영역은 영역의 특성에 따라 교육과 연구에서 다루어지는 내용이 다양하지만 개인과 가족의 복지증진이라는 궁극적 목적을 공통으로 다루고 있다. 각 전문영역 사이의 학제적 연구가 활발해짐에 따라 각 전문영역이 상호작용하면서 연결되어 새로운 관심분야를 창출하기도 한다. 따라서 생활과학은 여러 전문분야가 개인과 가족의 복지증진이라는 목표를 중심에 두고 유기적으로 밀접한 관계를 맺고 있다(서울대학교 생활과학대학 교재개발위원회, 2010).

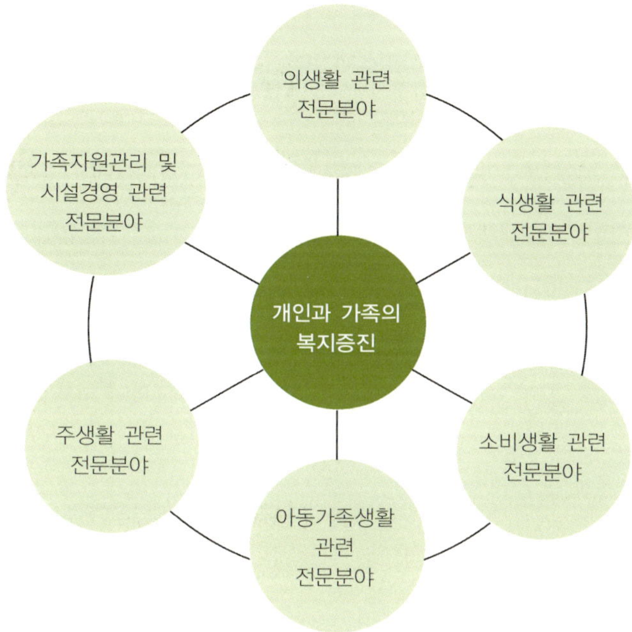

▌그림 1-3▐ 생활과학 전문분야의 다양성과 공통성

출처: 서울대학교 생활과학대학 교재개발위원회(2005). 생활과학의 이해. p. 22 재구성.

1985년 일본의 하라다(原田一)는 생활과학의 전문분야를 연구대상에 따라 분류함에 있어서 가정생활의 주체인 인적 요소를 다루는 영역으로 아동학과 가족학을, 가정생활의 수단인 물적 요소를 다루는 영역으로 의류학, 식품영양학, 주거학을, 그리고 인적 요소의 관계를 다루는 영역으로 가정관리학과 소비자학을 설정하였다(최외선 외, 1998). 생활과학을 구성하는 모든 전공영역은 인간과 환경과의 상호관계라는 관점에서 인간개발, 가족의 복지 향상, 사회환경의 개선이라는 생활과학의 궁극적인 목적을 공유하면서 때로는 전공 개별적으로 연구되기도 하고 때로는 유기적인 연구로 연계되기도 한다.

한편, 생활과학의 구성을 이야기할 때 단지 가정 안에서의 의식주생활과 소비, 가족관계 등에만 국한되지는 않는다. 생활과학이 연구하는 대상은 가족을 둘러싼 주변환경까지 포함하기 때문이다. 여기에서 환경은 보편적인 생활환경을 의미하는데, 예를 들어 주택과 정원 그리고 구매 및 문화환경을 포함한 물리적 거주지와 친척, 친구, 이웃 등과 같은 사회적 측면으로 이루어진다. 즉 가족체계를 풍요롭게 하거나 가족구성원들의 목적을 증진시키기 위해 이용할 수 있는 대상과 모든 생물학적 체계를 의미한다(문숙재, 1999). 아동학과 가족학은 인간의 심리적·사회적 발달을 다루지만 가족이라는 환경 또는 가족을 둘러싼 환경과의 관계 속에서 인간발달을 연구한다. 의류학, 식품영양학, 주거학은 각각 의류, 식품, 주거라는 물적대상을 다루지만, 이것이 개인의 욕구충족과 어떻게 관련되는지, 또는 개인이나 가족의 특성과의 관계 속에서 어떠한 차이를 보이는지에 대해 연구한다. 소비자학은 개인과 가족의 소비생활은 물론 소비시장을 함께 다룬다. 가족자원경영은 개인과 가족의 인적자원관리, 물적자원관리 등을 연구하면서 동시에 이러한 관리의 이론체계를 비영리기관에까지 확산 적용한다. 이처럼 생활과학의 연구는 가정생활은 물론 이를 둘러싼 환경의 요소까지 포함한다. 그러므로 [그림 1-2]에 나온 것과 같이 현장, 산업, 정책, 전문가 양성, 서비스 개발 등에 연구결과를 적용하고, 이를 통해 생활과학의 실천성을 확보할 수 있다.

이처럼 생활과학은 인간과 가족, 가족의 돌봄과 가사노동, 의식주생활과 소비생활은 물론 가정을 둘러싼 환경까지 아우르는 종합학문으로서의 특성을 갖고 있다. 따라서 인문과학, 사회과학, 자연과학 및 예술까지 포함하는 종합학문이라고 할 수 있다. 다음 [그림 1-4]에 나타난 바와 같이 생활과학은 물리학, 화학, 생물학 등의 자연과학과 사회학, 경제학, 정치학과 같은 사회과학, 심리학, 철학과 같은 인문과학 등과 연계된다. 예를 들어 주거학의 경우, 집을 디자인할 때 예술적인 아름다움 외에 거주자의 요구와 심리상태 및 경제상태 조사가 필요 하며, 사회문화적 배경에 대해서도 고찰해야 거주자가 만족하는 디자인을 완성할 수 있다.

따라서 생활과학이 종합학문이라고 할 때, 그 의미는 단순히 여러 학문을 혼합하는 것이 아니라, 여러 기초 학문 중에서 필요로 하는 이론들을 취하고 이를 바탕으로 생활과학의 구성체계와 목적에 맞게 융합한다는 차원에서 통합성을 갖는다.

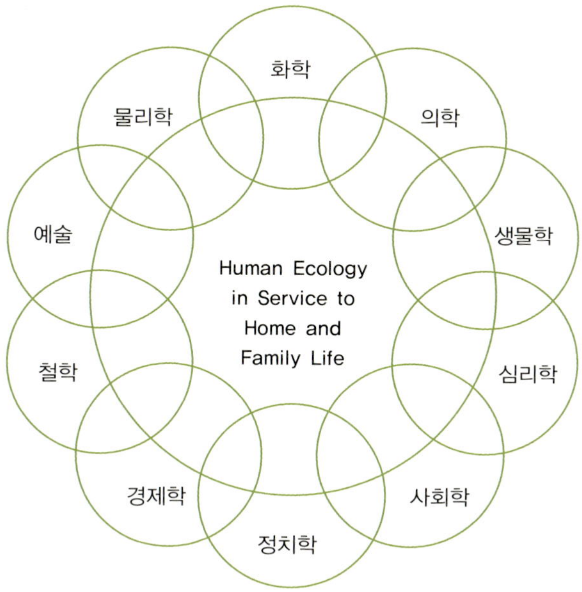

그림 1-4 생활과학과 연계된 학문들
출처: 서정희 외(1993). 가정학원론 p.35 재구성.

2 생활과학의 흐름과 사명

1) 생활과학의 역사

보다 나은 생활과학의 미래를 지향하기 위해 과거와 현재를 아는 것이 무엇보다 중요하다. 또한 우리나라 생활과학을 발전시키기 위해서는 역사적 배경에 대한 이해가 필요한데, 가정학이 시작된 미국과 우리나라의 가정학 발전을 중심으로 살펴보고자 한다.

(1) 생활과학의 기원

생활과학의 시작인 가정학은 미국에서 시작되었다. 19세기에 접어들면서 과학과 산업발전으로 경제는 성장했으나, 이로 인해 생활환경의 파괴와 신체적 · 정신적 문제가 생기기 시작하여 정부는 주민의 생활개선에 관심을 갖게 되었고 가정의 중요성을 깨달아 대학에 가정생활관련 교과목이 생기게 되었다. 가정학(Home Economics)이라는 명칭은 1899년 미국 최초의 여성 과학자인 엘렌 리차드(Ellen Richards)를 위시한 과학자들이 Lake Placid에 모여 개최된 제1차 레이크플래시드(Lake Placid) 회의에서 결정되었다(그림 1-5).

Ellen Swallow Richards

Lake Placid Conference(1899)

▌그림 1-5▐ 미국 가정학의 역사관련 사진들

미국가정학회는 1909년에 발족되어 지금까지도 매년 학회가 개최되고 있다. 1950년대에 들어서면서 가정학이 지나치게 자연과학을 강조하게 되어 전문영역 간에 장벽이 생기고 세분화하는 문제와 가족문제에 대한 관심이 고조되면서 가정학 연구가 가족중심으로 전환되어야 한다는 의견이 대두되었다. 이에 따라 1959년 미국가정학회(American Home Economics Association: AHEA)가 창립 50주년을 맞이해 가정학을 다음과 같이 새롭게 정의하였다. "가정학은 가족생활을 위해 개인을 교육하고, 가족에 의해 사용되고 있는 자원의 개선에 힘쓰며, 인간생활을 충족시켜 줄 수 있는 자원의 연구와 개발에 주력하고 이를 변화하는 가치관에 부합되도록 하며, 개인과 가족의 다양한 정보를 가족생활에 이용하게 함으로써 인간가치의 실현에 목적을 두는 학문이다"(서정희 외, 1993). 1993년에 스코츠데일(Scottsdale, Arizona) 회의에서 가정학의 명칭을 가족 및 소비자학(American Association of Family and Consumer Sciences: AAFCS)으로 변경하면서 일상생활을 대상으로 한 통합적 · 실천적 가정학을 강조하게 되었다.

▌그림 1-6▐ 미국가정학회 로고
출처: 미국가정학회 홈페이지(https://www.aafcs.org/hom).

문숙재(1999)는 한국의 상황과 함께 전 세계 가정학의 변화과정을 다음과 같이 정리하고 있다. 제1기(18세기 말~20세기 초)는 기능과 지식에 중점을 두어, 수예, 요리, 재봉 등이 주 교육내용이었으며 기술교육의 범위를 벗어나지 못하였고, 제2기(20세기 초반~1940년대)는 기능교육에서 탈피하여 가치교육에 중점들 둔 시기로 1908년 미국 가정학회의가 학문의 명칭을 가정학(Home Economics)으로 정한 시기이기도 하다. 이 시기는, 제1, 2차 세계대전을 겪었고 산업화와 더불어 도시화 현상이 두드러지게 나타났으며, 전쟁으로 인해 여성의 사회진출이 증가되어 가정생활을 향상시키는 상품과 서비스가 등장하면서 생활양식이 크게 변화한 시기이다. 이런 사회적 변화가 곧 가정학의 연구주제와 교육방향 등에 영향을 미쳤다고 볼 수 있다.

제3기(1950년대~1960년대)는 학문이 여러 개의 전문영역으로 분화되어 각 영역별로 내용이 심화, 발전하는 시기이다. 특히 여성의 사회진출이 확대됨에 따라 전문성이 요구되었고 이는 가정학의 전공 분화에 영향을 미쳤다. 즉 식품영양학과, 의류학과, 가정관리학과 등으로 분화되었다. 또한 산업화된 상품과 서비스의 확대로 인해 가족원 돌봄, 일상적인 가사노동 등과 같은 가정의 기능을 더 이상 가족이 직접 담당하는 것이 아니라 가족과 산업이 분담하는 방식으로의 전환이 점차 나타나기 시작한 시기이기도 하다.

제4기(1970년 이후)는 분화된 각 학문 영역을 통해 개인, 가정, 그리고 사회에서의 생활의 질을 향상시키는 목적이 부각된 시기이다. 따라서 가족생태적 관점에서 각

체계끼리의 상호작용에 관한 연구가 이루어져 학문의 대상이 하나의 가족에서 벗어나 가족과 그 주변 환경으로까지 확대된 시기이고 동시에 생활과학이 대두된 시기라고 볼 수 있다.

한편, 1980년대 들어와서는 가정학이 실증적인 연구에만 치중한 것에 대한 반성으로 비판과학적 관점이 대두되었다. 이러한 논의는 브라운과 파올루치(Brown & Paolucci)가 미국가정학회의 의뢰를 받아 저술한 『가정학의 정의(Home Economics: A Definition)』(1979)로부터 출발하였다. 이들은 가정학을 사명 지향적(mission-oriented profession)으로 규정하였으며, 이들의 저술을 계기로 실천 비판적 가정학 연구가 활발하게 진행되었다. 연구방법에서도 실증적 연구 외에 현상학, 해석학, 철학, 인류학, 역사적 연구 등 다양한 연구방법의 중요성이 대두되었다(유태명, 1996에서 재인용).

(2) 한국 생활과학의 역사

우리나라의 가정교육이 교육기관에서 실시된 것은 1929년 이화여자전문학교에 가정학과가 창설되면서부터이다. 해방되기 전까지는 실무중심의 가사과 교육을 받아오다가 1945년 해방을 맞이하면서 발전기에 들어갔고, 전문학교의 증설과 4년제 대학이 신설되면서 비로소 학문적인 체계를 갖추기 시작하였다. 1947년에는 '가사과(家事科)'로 불리웠던 것을 '가정과(家政科)'로 개칭하였다. 1947년에는 대한가정학회가 발족되었으며 1959년 대학가정학회 창간호에 "가정학은 우리의 고유한 문화와 전통을 전해야 할 의무와 사명도 있지만 그와 함께 변천하는 시대의 요구를 찾아서 새로운 이론과 방법을 과학적으로 연구하여 생활발전에 기여해야 한다"고 명시하여 가정학 교육이 가정생활의 질을 향상시켜서 사회, 국가발전에 기여해야 함을 강조하였다(서정회 외, 1993). 1960년대 말부터 전공분야 확대, 전문화 등의 영향으로 의생활, 식생활, 주생활, 가정관리 등 전공분야의 세분화가 가시화되기 시작하였으며 의류학, 식품영양학, 주거학, 가정관리학 등 전공명칭 역시 세분화되는 경향을 볼 수 있다(김영주 외, 2015).

1970년대에는 가정학의 전문성을 정립하는 데 주력하였으며 각 대학에 대학원 과정이 설립되어 연구가 심화되는 계기를 마련하였다. 이때 자연과학적 측면에 치중하여 온 가정학 연구에 인간발달과 인간관계를 중심으로 하여 사회과학과의 연계성이 강화되어야 한다는 주장이 제기되었다. 1980년대에 들어서면서 가정학이라는 명칭은 생활과학이라는 명칭으로 전환되기 시작하였고 1990년대에는 그런 추세가 더욱 확산되는 경향을 보여, 최근에는 가정학보다는 생활과학이라는 명칭이 보편화되었다(김영주 외, 2015).

명칭변경으로 인해 생활과학은 학문의 정체성을 확보하고 전공영역별 전문성을 강화함과 동시에 각 전공영역 간 연계와 융합의 방향성도 함께 모색해야 하는 과제를 갖게 되었다. 또한, 이론적 체계수립을 위한 연구뿐 아니라 연구결과의 실용화 방안을 개발하고 정책과의 연계를 강구함으로써 실생활의 향상에 도움을 줄 수 있는 실천학문으로서의 위상도 정립해 나가야 한다. 이는 곧 미래지향적 관점에서 생활과학이 나아가야 할 방향성이기도 하다.

2) 생활과학의 과제 및 사명

생활과학은 학문으로 발전하면서 가정생활 전반에 걸쳐 이론적 체계를 확립하고 기술축적을 통해 삶의 질 향상에 기여해 왔다. 또한 사회 여러 분야의 전문가를 배출하였으며 관련 산업의 성장을 이룩하였다. 이제 미래지향적 관점에서 생활과학의 성장과 사회적 기여를 위해 우리가 실천해야 할 과제가 무엇인지 정리해 보아야 할 것이다. 동시에, 일반 사람들에게 독자적인 학문으로서 생활과학은 어떻게 인식되고 있는지, 타 학문과 구별되는 차별성은 무엇인지, 생활과학에 대한 사회적 요구에 어떻게 부응할 것인지를 함께 생각해 볼 필요가 있다.

4차 산업혁명이라는 새로운 시대를 맞이하여 사회의 정보화 속도는 더욱 빨라지고 있다. 이러한 환경 속에서 생활과학이 본래의 사명인 개인, 가족, 그리고 지역사회의 생활의 질 향상을 위해 어떤 역할을 수행해야 하는지 더 심층적으로 성찰할 필요가 있을 것이다. 생활과학의 과거와 현재 그리고 미래로 이어지는 연속선상에서 생활과학의 발전을 위한 과제 및 사명을 정리하면 다음과 같다.

첫째, 생활과학의 통합성을 계속 강화해야 할 것이다. 통합성이야말로 생활과학의 정체성과 독자성을 보장해 주기 때문이다. 즉 통합적 생활과학의 개념적 · 이론적 틀을 개발해야 하며, 일상생활이라는 대상에 대해 다양하게 접근하고 생활과학의 미래 트렌드와 차원에 대해 끊임없이 사고해야 할 것이다. 21세기 4차 산업혁명 시대는 창의적이며 융합적인 전공의 통합 또는 융합을 요구한다. 따라서 생활과학이라는 우산 속에서 각 세부 전공의 유용성과 의미를 찾는 노력이 있어야 할 것이다. 생활과학 안에서 어떤 세부전공을 공부하던지 가정생활의 복지, 삶의 질, 가정의 건강성, 합리적인 의식주생활 등과 연계될 때 생활과학의 연구 성과는 더욱 의미 있을 것이다.

둘째, 융복합 시대 생활과학은 전문적 이론을 바탕으로 실제 생활에 도움을 주는 실천성을 가져야 한다. 앞에서 강조한 바와 같이 생활과학은 인간과 가족의 삶의 질 향상을 목표로 하는 학문이기 때문이다. 여기에서 삶의 질이라는 용어는 행복, 복지, 가정의 건강성, 가족 친화적 사회문화 등 다양한 개념과 함께 이해할 수 있다. 따라서 친밀한 가족관계, 합리적인 자원관리, 현명한 소비생활, 행복한 자녀와 부모, 건강한 의식주생활에 도움을 주는 교육과 상담 프로그램, 전문가 양성 등에 주력해야 할 것이다.

셋째, 전문적 이론을 통해 기반을 견고히 하기 위해서는 생활과학을 중심으로 모여 있는 각 세부전공들이 독자적인 학문분야로서 계속 이론을 개발하고 발전시키면서 동시에 생활과학 이라는 정체성을 공유해야 할 것이다. 이러한 독자적인 전문성이 다른 학문분야와 명확하게 구별되는 학문의 정체성을 유지시켜 줄 수 있기 때문이다. 그러나 이처럼 각 세부전공들이 전문성만 갖고 있다면, 왜 생활과학이라는 큰 틀 속에서 아동과 가정복지, 소비자, 의류, 식품영양, 주거 등이 모여 있어야 하는가를 설득하기가 힘들다. 예를 들면, 건축에서도 주거에 관심을 갖는다. 공학에서도 식품을 연구한다. 간호학을 공부할 때 아동에 대한 수업을 함께 듣는다. 경영학 분야 역시 소비자, 의류 마케팅 등에 대한 관심을 많이 갖고 있다. 사회복지 분야에서 가족은 새롭게 부각되는 주제이다. 이때, 생활과학을 구성하는 세부전공으로서 아동학, 소비자학, 가족학은 과연 어떤 차별성을 갖고 있는가? 생활과학 안에서 주거학,

식품영양학, 의류학은 어떤 고유의 관점을 갖고 있는가? 이런 질문을 고려할 때, 생활과학의 정체성을 공유하는 것이 중요하다는 것을 강조할 수 있다.

넷째, 지역사회에 대한 기여를 통해 실천과학으로서의 사명을 강화해야 할 것이다. 대학의 사회참여는 그 전문성으로 인해 높은 가치를 지닌다. 따라서 생활과학의 학문적 성과와 교육내용이 사회에 직접 또는 간접적으로 적용될 때 생활과학의 기여도가 명확하게 제시될 수 있다. 따라서 생활과학을 공부하는 사람들이 지역사회 다양한 현장에서 유용한 지식과 정보를 제공하고 지속 가능한 지역사회를 위해 기여하는 것이 중요하다. 또한, 지역을 위한 중요 정책결정 및 의사결정과정에 생활과학 전공자가 적극적으로 참여하고 다양한 홍보활동을 통해서 생활과학을 알리는 데도 주력해야 할 것이다.

이상과 같이 미래지향적 관점에서 생활과학의 발전을 위한 과제를 네 가지로 정리하여 제시하였다. 이러한 과제는 결국 생활과학이 어떤 학문인가를 명확하게 규정하기 위해 필요하다. 앞에서 생활과학은 가족의 행복, 가정복지, 가정의 건강성 증진 그리고 삶의 질에 기여하는 학문분야임을 설명하였다. 그러나 현재 한국 사회에서 가족 그리고 가족의 일상은 매우 역동적인 변화를 겪고 있다. 그중에서도 대표적인 몇 가지를 들어보자. 우리 사회는 지금까지 인류가 한 번도 가 본 적 없는 백세시대로 돌입하고 있다. 1인 가구가 대세인 사회가 되었다. 맞벌이 가정은 보편화되고 가족의 형태는 계속 다양해지고 있다. 결혼과 출산은 갈수록 줄어들고 있다. 그리고 의식주생활의 많은 부분은 사회로 이전되고 있다. 거기에 4차 산업혁명은 우리의 일상을 획기적으로 변화시킬 것이라 예측된다.

따라서 가족의 행복과 가정의 복지 증진, 삶의 질 향상이라는 생활과학의 목표를 달성하기 위한 과제 역시 이러한 변화와 함께 과거와는 많이 달라져야 할 것이다. 생활과학은 전통적으로 가지고 있던 학문적 관점을 조정하여 새로운 환경에 부응하는 패러다임을 발전시켜야 한다.

생활과학은 인간과 가족, 그들의 의식주생활을 연구해 온 오랜 역사와 경험을 통해 일상의 학문으로서 전문성을 갖고 있다. 이러한 전문성을 바탕으로 우리의 일상생활을 바탕으로 행복한 아동과 부모, 건강한 가정, 현명한 소비자 그리고 의식주생활에 대한 연구를 수행하면서 융·복합 시대를 주도해야 할 것이다. 생활과학이 아닌 다른 학문분야에서도 생활과학이 다루는 연구대상들, 즉 가족, 아동, 소비자, 의류, 식품, 영양, 주거 등에 대해 연구하고 있다. 그러나 생활과학에서 그러한 대상을 다루는 전공들은 가족의 행복, 가정의 건강성 증진, 인간의 삶의 질 향상 등과 같은 지향성을 공유하고 있다. 지향성을 공유한다는 것은 21세기 융·복합시대의 한 특징인 네트워크를 통한 새로운 가치 창조라는 측면에서 원활한 의사소통을 통해 보다 큰 가치, 보다 새로운 가치를 만들어 낼 수 있는 기초가 될 것이다. 따라서 생활과학이라는 큰 틀 속에서 각각의 세부전공들은 1인 가구, 고령사회, 생활과 산업 등 다양한 주제를 함께 연구하고 역할을 분담하면서 실천성을 강화해야 할 것이다.

토의문제

1. 변화하는 사회에 따른 생활과학의 과제 또는 역할에 대해 논의해 봅시다.

2. 가정학에서 시작한 생활과학의 발달과정에 대해 논의해 봅시다.

3. 생활과학의 독자성을 나타내는 키워드를 제시해 봅시다.

참고문헌

김영주, 김정근, 박수경, 박혜원, 박희진, 서정희, 송혜림, 양세화, 유복희, 유화숙, 이은숙, 이지혜, 전은경, 정민자, 허은정, 홍순명 (2015). **생활과학의 이해**. 울산: UUP.

노영주, 허정원, 서지원, 서선희 (1999). 가정복지 개념을 중심으로 한 가정학의 재개념화. **한국가정관리학회지**, 17(2), 173-183.

대한가정학회 (1998). **인간과 생활환경**. 서울: 신정.

문수재 (1994). 새 시대에 대비하는 생활과학대학. **연세대학교 생활과학연구 논문집**, 14(1), 111-121.

문숙재 (1999). 생활과학의 새로운 도약을 위하여. 영남대학교 생활과학대학 30주년 및 생활과학대학 연구소 개소기념 심포지엄.

박영숙, 최혜선, 윤인경, 이승신, 이주리 (2004). 세계화시대와 가정학 연구. **대한가정학회**, 42(2), 47-67.

서울대학교 생활과학대학교 교재개발위원회 (2010). **생활과학의 이해**. 서울: 서울대학교출판부.

서정희, 김영주, 김정근, 박수경, 박혜원, 박희진, 송혜림, 양세화, 유복희, 유화숙, 이은숙, 이지혜, 전용옥, 전은경, 정민자, 허은정, 홍순명 (2015). **생활과학과 진로**. 울산: UUP.

서지원, 송혜림 (2018). 1인 가구의 가족자원관리와 일생활균형. 대한가정학회 제 71차 추계학술대회 자료집, 71-75.

송혜림 (2007). 생활과학의 발전전략: 지속가능한 생활과학, 도전과 비전. 대한가정학회 제60차 하계학술대회 기조강연.

유영주, 강완숙(1996). 가정학의 반성적 고찰 : 새로운 패러다임의 구축을 위한 시론 1. **대한가정학회**, 34(3), 1-8.

유영주, 이정연 (1994). **가정학 원론**. 서울: 신광출판사.

유태명 (1996). 새로운 가정학 패러다인 모색을 위한 기존 패러다임의 비판적 검토. 대학가정학회 제49차 총회 및 추계학술대회 자료집.

윤숙현, 이미정 (2006). 가정학적 접근을 통한 보육의 발전 방향 제시. **대한가정학회**, 44(5), 89-98.

이기영 (1997). 인간과 생활환경에 관한 가정학적 접근. 대한가정학회 50주년 기념 학술대회 자료집.

이기영 (2008). 지나온 50년, 앞으로 50년: 미래 지향적 생활과학의 발전전략. 원광대학교 생활과학대학 50주년 기념 심포지엄.

이기춘, 박정희, 권훈정, 김난도 (1999). 정보화 세계화를 중심으로 한 생활과학의 새로운 지평. **대한가정학회**, 37(7), 1-16.

이기춘, 홍형옥, 황인경, 신화용, 김외숙, 유혜경 (1996). 21세기 가정학의 발전적 과제. 대한가정학회지, 34(6), 47-63.

이영세, 김양희 (1997). 가정학이 추구하는 가정의 안녕과 복지의 개념에 대한 연구. 한국가정관리학회지, 15(2), 185-200.

이정연 (1995). 한국의 가정학: 과거, 현재, 그리고 미래. 대한가정학회지, 33(4), 1-9.

장명욱 (1981). 가정학원론. 서울: 교문사.

조현주(2005). 가정학 정의의 도식적 접근. 중등교육연구, 53(2), 513-530.

최외선, 홍상욱, 이정옥, 한재숙, 안옥희, 안승철 (1998). 생활과학의 이해. 서울: 형설출판사.

Henderson, G. M. (1954). Development of Human Economics in the United States. *Home Economics Publication* 156. The Pennsylvania State University. College of Home Economics. University Park, PA.

Nickols, S. et al. (2009). The family and consumer sciences body of knowledge and the cultural Kaleidoscope: Research opportunity and challenge. *Family and Consumer Sciences Research Journal, 37*(3), 266-283.

02 CHAPTER

인간 생활에 대한 이해

New Insights into Human Ecology

CHAPTER 02

인간 생활에 대한 이해

학/습/목/표

1. 융복합 시대에 생활과학의 역할을 구체적으로 제안한다.
2. 최근 부각되는 가정생활 관련 트렌드를 통해 현재 가정생활에 대한 이해를 높힌다.
3. 식품영양과 건강에 대한 이해를 높힌다.
4. 생활 속에서 의복의 의미와 기능을 파악하고 환경과의 관계를 알아본다.
5. 현대인에게 주거는 어떤 의미인지 파악하고 주생활에서 다루는 주요 주제를 살펴본다.

생활과학은 우리의 일상생활에 관심을 두는 학문분야이다. 그러므로 '생활'은 생활과학의 핵심적인 주제가 된다. 생활과학은 인간과 가족, 그들의 의식주생활 그리고 이러한 생활을 둘러싼 환경을 연구한다. 이로써 인간생활의 질적 향상, 가정복지 증진 등에 기여하는 학문이다.

따라서 생활과학을 이해하기 위해 우리의 일상생활을 들여다볼 필요가 있다. 가족의 일상적인 가정생활 그리고 의생활, 식생활, 주생활은 서로 영향을 주고받으면서 날마다의 삶을 이루게 된다. 우리는 아침에 일어나서 무엇인가를 먹고, 옷을 차려 입고, 학교나 직장에 간다. 마트에서 구매활동을 하고, 주말에는 영화를 본다. 같이 살고 있는 가족과 저녁을 먹고 TV를 본다. 함께 살고 있지 않은 가족과는 전화로 안부를 주고받고 밖에서 만나 식당에서 밥을 먹기도 한다. 친구 생일파티에 가기 위해 멋있는 옷을 산다. 어떤 유행인지 알아보기 위해 패션 잡지를 들여다본다. 외식에 지쳐 집밥을 찾기도 하고, 편의점에서 가공식품을 사 집에 가서 조리해 먹기도 한다. 우리는 아파트, 원룸, 단독주택, 빌라 등 다양한 주거 공간에 살고 있다. 미래의 생활설계에는 누구와 어떤 집에 살까, 이런 요소가 포함된다. 이처럼 생활의 각 부분들은 서로 영향을 주고받으면서 우리의 삶을 구성하고 있다.

미래는 특히 융복합이 대세인 시대이다. 이런 측면에서 가족의 일상생활 그리고 의생활, 식생활, 주생활이 융복합으로 이루어진 생활과학은 매우 중요한 학문분야이다. 생활과학은 앞으로 융복합시대를 주도하면서, 다양한 영역의 전문가를 배출하게 될 것이다. 따라서 생활과학이라는 큰 테두리 안에서 가족의 일상생활, 의생활, 식생활, 주생활 등 각 부분을 이해할 필요가 있다. 이를 통해 생활과학에 대해 더욱 심층적으로 이해할 수 있을 것이다. 따라서 본 장에서는 가족의 일상생활-의생활-식생활-주생활 등 각 분야별 '생활'의 내용과 특성을 살펴본다.

1장에서 제시한 바와 같이 생활과학은 생활의 대상에 따라 의생활, 식생활, 주생활, 가족, 가족자원관리, 소비, 아동 등 여러 전문분야를 두고 있다. 의생활은 의류학의 연구대상이라 할 수 있고, 식생활은 식품영양학에서 연구하며, 주생활은 주거(환경)학에서 연구하는 대상이다. 그러나 가족생활, 소비생활, 아동, 가족자원관리 등을 연구하는 학문분야는 현재 매우 다양한 명칭으로 다루어지고 있다. 역사적으로 생활과학의 발전과정을 보면 초기에는 의생활-식생활-주생활-가정관리의 분야로 크게 구분되었다. 아동, 가족, 가족자원관리, 소비 등은 광의의 가정관리학 분야에서 연구해왔다고 볼 수 있다. 가정관리학 분야를 넓게 보면 그 안에서 가족, 가족자원관리, 소비자, 아동 등 세부적인 전공영역이 있고, 주거관리 영역이 가정관리학에 포함되기도 한다.[1] 이처럼 광의의 가정관리학이 시대적 요구, 졸업생의 진로, 학문적 주제의 다양화 등의 추세와 함께 점차 세분화되고 있다. 그 결과, 현재에는 대학의 학과명칭에서 가족학과, 아동학과, 가족자원경영학과, 아동가족학과, 가정복지학과, 아동가정복지학과, 가족자원경영학과, 소비자학과, 소비자주거학과, 가족소비자학과, 생활복지학과, 생활환경복지학과 등 매우 다양하게 나타나고 있다.[2]

---

1) 한국가정관리학회 홈페이지의 소개글에는 가정관리학분야를 가족, 가족자원관리, 소비자, 아동, 주거분야라고 표기하고 있음.

2) 울산대학교의 경우 생활과학대학 안에 아동가정복지 전공이 포함되는데, 아동가정복지학 전공은 1984년 가정관리학과로 출발, 1997년에 아동가정복지 전공으로 명칭을 변경함(울산대학교 홈페

이 책은 생활과학이라는 학문분야를 이해하기 위한 목표를 갖는데, 생활과학의 한 분야인 가정관리학의 경우 이처럼 다양한 세부전공으로 분화되어 있기 때문에 가정관리학이라는 영역을 어떻게 소개할 것인가에 대한 논의가 필요하다. 따라서 이 책에서는 가정관리학 분야의 내용을 다룰 때 '아동가정복지'라는 명칭을 주로 사용하면서, 다른 명칭을 병행하여 소개하기로 한다. 어떤 명칭을 사용하던, 그 안에는 가정복지-가족-가족자원관리-소비자-아동 등 과거의 가정관리학이 다루던 세부영역들이 포함된 것으로 이해하면서 기술하고자 한다.[3]

본 장에서는 가족의 일상적 생활에 대한 이해를 비롯하여 주거학, 의류학, 식품영양학에서 주목하는 '생활'의 내용을 소개함으로써, 생활과학이 인간생활을 어떻게 바라보고 연구하는가를 살펴보고자 한다.

1 일상생활의 핵심으로서의 가정

먼저, 어느 평범한 대학생의 일상생활과 가족의 모습을 보자.

1인 가구의 증가와 소비생활

P시에서 나고 자란 나는 2018년 U대학에 입학하면서 기숙사, 하숙, 자취 등을 고민하다가 부모님과 의논하여 학교 근처 작은 원룸에 살게 되었다. 그러고 보니 내가 바로 1인 가구. 인터넷을 보니 우리나라의 가구형태 중 1인 가구가 가장 많다고 한다. 1인 가구로서의 삶을 살아가기 위해 필요한 것이 많다. 특히 나날이 돈을 관리하는 문제가 제일 힘들다. 부모님께 용돈을 받아 쓸 때는 몰랐는데, 필요한 것을 구매하고 공공요금을 내고, 이런 항목을 주어진 생활비에 맞춰야 하니, 고민하던 중,

---

이지).

3) 이 책에서 '주거학'은 별도의 영역으로 다루기 때문에, 가정관리학 분야에서는 가정복지, 가족, 가족자원관리, 소비자, 아동과 같은 하위분야를 집중적으로 다루도록 함.

나처럼 혼자 자취를 하는 친구가 **은행에서 청년 1인 가구를 위한 재무관리 교육과 상담을 무료로 해준다고 해서 같이 갔다. 친절한 재무설계사를 만나 지출 항목을 분류하고 한 달 생활비를 어디에 얼마큼 쓰고 있는가를 기록하는 방법을 배우고, 재무수첩까지 선물로 받아가지고 오니 마음이 좀 든든하다. 배운 대로 실천하다 보면, 나 혼자서도 잘 할 수 있겠다는 자신감이 생겼다.

결혼률 감소

가끔씩 집에 가면 결혼을 안 한 형(29세) 때문에 부모님께서 많이 걱정하시는 모습을 본다. 요즘 젊은이들은 결혼도 안 하고 애도 안 낳으려 한다고. 형은 직장생활하면서 돈 벌고 여행 가고 친구 만나 놀고, 미혼의 자유를 계속 누리고 싶다는 말을 한다.

백세시대

아버지는 58세, 어머니와 함께 작은 동네 마트를 운영하시는데, 백세시대에 대한 말씀을 요즘 들어 자주 하신다. 오래 산다니 좋기도 하지만, 준비를 어떻게 해야 하나 걱정도 되신다고. 든든한 노후를 위해 가장 필요한 것 3가지가 건강, 돈, 배우자(가족)라는 말씀을 하신다. 마트를 계속 운영하면서 저축하고, 운동과 산책을 하면서 건강을 유지하고 등등의 계획을 세우신다. 그런데, 나중에 자식들 다 독립시키고 나면 어머니와 둘이 살게 될 것인데, 그 생각을 하면 벌써부터 어색하다고 하신다. 동네 건강가정지원센터 홈페이지를 보니 마침 '백세시대 행복하고 건강한 노후를 위한 부부교육' 프로그램이 눈에 띄어, 부모님께 소개해 드렸다.

맞벌이 가족의 자녀돌봄

누나는 5년 전에 결혼한 취업주부이다. 4세 조카는 어린이집에 다닌다. 보육교사들이 아이를 잘 봐 주지만, 누나는 일과 가정을 양립하는 것이 많이 힘들다고 한다. 결혼하기 전에는 돈도 같이 벌고 애도 같이 키우자고 약속했다는데, 막상 결혼 후 아이 기르는 일의 대부분을 누나가 해야 하는 상황이라며, 직장을 계속 다닐 수 있을지 걱정한다. 둘째 출산은 꿈도 못 꾼다고 한다. 동아리방에서 만난 선배에게 그런 저런 이야기를 하니 여성복지, 일과 가정, 현대 사회와 여성 등의 강의를 통해 양성평등한 역할 분담이 얼마나 중요한지 배울 수 있다고 조언해 주었다. 누나는 3년 후 아이가 초등학교 들어가면 더 힘들어질 거라는 말을 자주 한다. 벌써부터 아이돌보미도 알아보고 주변에 물어보기도 하고. 수업 시간에 '쉼'이 있는 삶이 정책적으로 추진된다고 하니, 아이를 기르며 일을 하는 맞벌이 가족들이 일과 생활을 균형 있게 취할 수 있는 사회가 되면 좋겠다. 그럼, 누나도 둘째를 낳을 수 있을 텐데.

시간빈곤

1학년 수업을 재수강하는 4학년 선배와 친해졌다. 선배는 4학년이라 그런지 진로에 대해 많이 고민한다. 여러 활동을 하면서 하루 24시간이 모자라는 바쁜 삶을 살고 있다. 직장 들어가면 더 바빠질 텐데, 대학생의 낭만도 여유도 없는 삶이라고, 스트레스를 받는다고 한다. 얼마 전 TV를 보니 어떤 활동을 하기에 시간이 부족한 경우를 '시간빈곤'이라고 한다. 선배는 여가활동에서 시간빈곤을 경험하고 있는 것 같다. 최근 선배가 뭔가 결심한 것 같다. 요즘 욜로(You only live once), 즉 한 번뿐인 인생이니 지금 행복하게 잘 살자는 말도 있는데, 자신의 삶을 보니 너무 공부와 스펙 쌓기, 용돈벌기에 집중되어, 이제라도 변화가 필요할 것 같다고 한다. To do list(할일목록)을 만들어 보고, 하루 24시간을 기록해서 어떤 활동에 얼마큼을 사용하고 있나 분석해 보니, 의무에서 벗어난 휴식, 친밀한 사람들과의 소통과 같은 시간이 매우 부족하다는 것을 알게 되었다는 것이다. 중요한 것부터 먼저 하라는, 시간관리 전략을 적용해 보겠다고 한다.

위 사례에서 나타난 것처럼 가족의 변화, 저출산, 고령화, 일과 생활의 균형(Work and Life Balance, 워라밸), 가정의 건강성, 맞벌이 가정의 양성평등한 역할, 아동보육, 부모역할, 가족 관계, 가계재무와 소비, 자원관리, 건강가정정책 등은 오늘날 우리의 일상적인 생활을 이해하기 위해 매우 중요한 요소들이다. 이러한 주제들은 우리가 일상생활을 하면서 태어나고 자라고 어른이 되고 나이가 드는, 즉 인생의 생애주기에 걸쳐 경험하는 것이다. 가족 그리고 가족의 일상생활은 그만큼 사람들의 행복이나 삶의 질, 복지를 결정하는 핵심 요인이 된다. 그러므로 다음은 사회변화와 가정생활, 행복, 삶의 질에 대해 알아보기로 한다.

1) 역동적 사회변화와 가정생활

현재 우리 사회는 빠른 속도로 변화하고 있다. 물론 모든 사회는 지속적으로 변화의 과정 속에 있다. 특히 우리 사회에서 가족 그리고 가족의 일상적인 삶에 영향 미치는 요소들의 변화 속도가 빠르다. 이러한 변화에 따라 가족과 가정생활의 구조, 기능과 형태가 변하고 있으며, 의식주생활, 자녀양육과 가족 돌봄, 가계생산의 기능이 사회화되고 소비의 양식과 범주가 변화되고 있다. 가정의 형태면에서는 맞벌이 가정, 한부모가정, 다문화가정, 1인 가구 등 다양한 모습을 보이고 있다. 가정의 기능면에서도 가정이 전통적으로 수행하던 가족원에 대한 돌봄기능이 약화되고 이를 지지, 보충, 대체하기 위한 사회적 체계의 중요성이 증대되고 있다. 어린이집, 청소년 쉼터, 노인 요양시설 등이 바로 그것이다.

우리 사회는 경제성장, 대량 생산 위주의 산업발달을 추구하면서 빠른 기간 내에 경제대국으로 성장할 수 있었다. 그러나 이는 산업공해, 환경자원의 고갈, 인간성 경시의 물질위주 가치관, 계층 간의 불균형, 인간의 소외를 가져왔다. 경제적 성장은 물질적 풍요를 가져왔으나, 압축적 경제성장 후에 남겨진 빈부격차, 양극화, 상대적 박탈감 등은 근본적인 차원에서 삶의 질이나 행복, 어떻게 잘 살 것인가 등에 대한 관심을 높이고 있다(송혜림 외, 2015; 이기영, 2008). 특히 저출산과 고령화, 평생직장의 와해, 취약한 노후 준비 등은 우리 사회 구성원들이 갖는 불안감에 영향을 미치고 있다. 이처럼 치열하고 불안한 경쟁사회에서 애정과 신뢰, 협력과 책임, 친밀과 소통 등으로 상징되는 가정의 건강성에 대한 관심도 함께 높아졌다고 볼 수 있다.

이와 같이 역동적 변화를 겪는 치열한 경쟁사회에서 우리는 편안함과 휴식, 여가를 추구하게 된다. 그리고 이를 보장해 주는 생활공동체로서의 가정이 더욱 중요하게 된 것이다. 가정은 애정을 바탕으로 구성원 간의 배려와 신뢰, 서로에 대한 책임, 양보와 협력을 체험하고 공유하는 생활공동체이며 경쟁의 완충기제이다(송혜림,

2008). 가정은 인간이 태어나서 독립적인 자기 돌봄이 가능해질 때까지 기본적이고도 필수적인 돌봄을 제공하는 생활의 핵심적인 장이다(Schweizer, 1991). 가족 속에서 우리는 이러한 가치를 체득하고 내면화한다. 우리는 가족 속에서 가족과 함께, 가족을 통해 부모의 사랑, 신뢰와 책임, 헌신, 연대감 등을 체험하게 된다. 그리고 이를 충만히 경험할 때, 한 개인은 성숙한 자아를 갖게 된다. 나아가 시민으로 또 공동체 구성원으로 이웃과 함께 더불어 살 수 있는 건강한 성장이 가능하다.

그러나 최근 우리를 둘러싼 환경을 보면 경제적 위기감, 미래에 대한 불안, 양극화, 치열한 경쟁 등으로 인해 나눔과 참여를 실천하고 더불어 삶의 의미를 찾기가 힘들어지고 있다. 결혼과 출산, 부모 됨의 회피 혹은 이에 대한 두려움은 결혼율 하락, 세계 최저출산율, 가정폭력 등으로 나타나고 있다. 결혼과 출산을 연기 혹은 기피하는 청년 세대, 그들을 N포세대라 부른다. 백세시대라 하여 우리는 그 어떤 때보다 오래 살게 되었는데 그것을 축복이라 여기지 않는다는 결과들도 있다(조희금 외, 2018). OECD 국가 중 대한민국의 행복지수, 삶의 질 지수가 우려될 만큼 낮게 나타나는 이유를 여기에서 찾을 수 있을 것이다(그림 2-1).

1위	노르웨이	7.537
2위	덴마크	7.522
3위	아이슬란드	7.504
4위	스위스	7.494
5위	핀란드	7.469
6위	네덜란드	7.377
7위	캐나다	7.316
14위	미국	6.993
16위	독일	6.951
26위	싱가포르	6.572
51위	일본	5.920
56위	한국	5.838
79위	중국	5.273

◀ 유엔의 '행복지수' 조사는 2012년부터 세계 157개 나라를 상대로 국내총생산, 건강수명, 정부와 기업의 투명성, 힘들 때 의지할 사람이 있는지 등을 종합적으로 분석하여 산출. 2017년도 우리나라는 56위로 나타남.

▌그림 2-1▐ 국가별 행복 순위
출처: 유엔지속발전해법네트워크(2017).

치열한 경쟁과 파편화된 나날 속에서 미래가 불안할 때, 낙오와 탈락 그리고 뒤처짐의 두려움이 커질 때, 군중 속의 고독을 느낄 때, 우리는 편안함과 결속력, 이타심을 경험할 수 있는 완충적 기제를 찾게 된다. 이것은 바로 가정의 건강성과 관련된다.

2) 행복, 삶의 질 그리고 가정

우리 사회 대부분의 구성원들은 가정에서 태어나고 일정한 기간 가족과 함께 살면서 사회화된다. 가족의 형태는 다양해지고 있지만 인간이 태어나 초기의 삶에서 가족원의 돌봄과 보살핌은 그 이후의 긴 성장과정에 결정적인 영향을 미치는 요소가 된다. 그만큼 가정은 생활의 가장 기본적인 단위이며, 행복과 삶의 질 그리고 복지를 결정하는 핵심적인 요소라고 할 수 있다.

어느 정도 물질적인 성장이 이루어지고 나면, 비물질적인 요소들이 행복에 영향을 미치게 된다. 돈으로는 살 수 없는 것들이다. 예컨대 화목한 가족, 좋은 친구와의 인간관계, 공동체 참여를 통해 얻는 보람(우창빈, 2013), 사회적 관계나 지지(허청라 · 구재선 · 서은국, 2014), 여가시간의 적절성(이문진 · 황선환, 2014) 등을 들 수 있다(송혜림 외, 2015에서 재인용). 그런 맥락에서 최근 사회적 · 정책적으로 부각되는 일과 생활의 균형도 우리가 계속 관심을 두어야 할 주제이다. 사교육으로 인해 아동청소년들은 충분하게 자고, 쉬고, 놀고, 가족과 함께 여가를 보낼 시간이 부족하다. 어린아이를 기르는 맞벌이 부부는 일과 가정생활을 병행하기에 바쁘다. 백세시대에 길어진 노후생활로 인해 잔여 시간이 많아진 노년기도 일과 생활의 균형을 취하기 힘들다.

최근 정부 차원에서도 '삶의 질 향상'을 정책목표로 두고, 이를 위해 일과 생활의 균형을 강조하고 있다. 이어서 근로시간의 감축을 통해 일과 생활의 균형을 지원하고자 하는 다양한 노력들이 이루어지고 있다.[4] 삶의 질, 행복, 일과 생활의 균형 등은 아동가정복지 분야의 연구주제이면서 동시에 정책적 과제가 된다고 할 수 있다.

4) 2018년 7월부터 일정규모 이상의 일터에서 '주 52시간 근무제'가 실시되고 있음.

◀ OECD에서는 해마다 OECD 국가들의 삶의 질(how's life)을 측정해서 공개하고 있다. 삶의 질을 결정하는 요소로는 소득과 재산, 직업, 주거와 같은 물질적 조건 외에 건강상태, 일생활 균형, 교육과 기술, 사회적 연계, 시민참여와 거버넌스, 환경의 질, 안전, 주관적 웰빙 등이 포함된다.

그림 2-2 OECD 삶의 지표

출처: OECD(2017). How's Life? 2017.

세계가치조사(World Value Survey)에서 발표된 행복결정의 5가지 요소(Big five)는 가족관계, 재정상태, 일, 공동체와 친구, 건강으로 나타났다. 따라서 삶의 질, 행복에 미치는 가족의 영향을 확인할 수 있다. 문화체육관광부(2008)의 '한국인의 의식 및 가치관 조사' 보고를 보면, 한국인의 삶에서 가장 중요하게 생각하는 것은 건강, 가족, 경제의 순으로 나타났다(표 2-1). 조사시점에 따라 다소의 차이는 있지만, 건강, 가족, 경제의 순서 자체는 큰 변함이 없는 것으로 나타나고 있다(전홍택 외, 2011).

표 2-1 한국인의 삶에서 가장 중요하게 생각하는 것(%)

문항	2001년	2006년	2008년
건강	68.4	49.8	52.7
가정의 행복	14.1	31.6	27.1
경제적 풍요	6.6	9.8	9.4
자신의 능력개발	4.7	2.2	4.4
사회적 성공	3.3	1.2	2.2
좋은 인간관계	0.9	2.9	2.0
정신적인 성숙	1.1	1.7	1.8
여가/취미생활	0.6	0.3	0.5
이성과의 사랑	0.1	0.3	0.2
지식/학식	0.0	0.2	0.3
기타	0.2	0.0	0.0
합계	100	100	100

출처: 전홍택 외(2011)에서 재인용.

여성가족부의 제2차 가족실태조사(2010) 결과에서도 살면서 가장 의지가 되는 대상은 가족으로 나타났다. 제3차 가족실태조사(2015)에서는 노후에 선호되는 생활양식으로 '집에서 배우자와'가 1순위로 나타났다. 우리나라 아동청소년의 경우 행복을 위해 가장 필요한 것에서 화목한 가정이 우선순위로 나타났다.[5] 한국인의 행복 결정요인과 행복지수에 관한 연구에서도 가정생활 만족도, 가족의 건강수준, 부부생활 만족도, 가족관계 만족도, 출산 및 자녀성장 만족도 등이 10위권 안에 포함되고 있다(김승권 외, 2008).

가정은 의식주생활과 관리, 구매와 소비, 가족원 돌봄, 부모역할, 소통을 통한 관계 맺기 등 일상적인 삶이 이루어지는 생활터전이다. 가족, 가족자원관리, 소비, 아동 등의 전공영역들은 때로는 독자적으로 또 때로는 통합하여 가정생활의 일상성을 연구해 오고 있다. 이를 통해 가족원의 복지 증진과 삶의 질 향상을 위한 대안을 지속적으로 제시해 왔다고 할 수 있다.

2 트렌드로 본 일상생활

우리의 일상생활 속에서 나타나는 주요 트렌드를 통해 가정생활의 다양한 측면을 살펴볼 수 있다. 즉, 가정생활의 여러 모습들에 대한 트렌드 분석이 가능하다. 트렌드 분석은 현재와 과거의 자료 또는 추세에 근거해 다가올 미래 사회 변화의 모습을 분석하는 방법이다. 가정의 일상과 관련된 어제 오늘 그리고 내일의 모습을 연속적으로 파악하면서 생활과학에서 연구하는 주제들을 더욱 다양하게 그리고 구체적으로 이해할 수 있을 것이다. 이를 위해 먼저 생애주기 단계별 트렌드를 파악해 보고자 한다. 그 다음으로 가정생활 관련 빅데이터를 분석한 결과 중 부각되는 몇 가지

5) 한국방정환재단 · 연세대 사회발전연구소(2014). 전국 초중고교생 6946명 대상 '2014 한국 어린이 · 청소년 행복지수 국제 비교연구 보고'.

를 제시하고자 한다. 이러한 분석을 종합하여 현재 우리 사회에서 가정생활과 관련되어 부각되는 특성을 도출하고자 한다.

1) 생애주기로 본 가정생활 관련 트렌드

생애주기는 통례적으로 우리가 태어나서 자라고 어른이 되고 나이가 드는 전 생애과정을 구분하는 분석단위라고 할 수 있다. 생애주기에 대한 다양한 구분이 있는데, 본 장에서는 우리가 태어나고, 자라고, 어른이 되고, 나이가 드는 4단계로 생애주기를 구분하고자 한다. 여기에서 분석하는 트렌드에는 일정한 정답이 있다기보다, 일상적인 삶에서의 경험과 자료를 바탕으로 부각되는 특성, 어제와 오늘 그리고 내일로 연결되는 현상의 흐름을 포착한 것이다. 아래에서는 그런 맥락에서 생애주기별 트렌드의 주요 사례를 선정하여 제시하고자 한다. 즉 태어나고-자라고-어른이 되고-나이가 드는 4단계 생애주기별로 주요 트렌드의 사례를 파악하고자 한다.

(1) 생애주기 1단계의 트렌드: 저출산

생애 첫 단계에서 찾을 수 있는 우리나라 주요 트렌드는 저출산이다. 우리가 익히 알고 있는 것처럼 우리나라는 세계 초저출산국가이다(그림 2-3).

우리나라 합계출산율은 1970년 4.53으로 매우 높은 수준이었으나 급격한 감소추세로 이어져 2016년 1.17명, 2017년 1.05명으로 최저 수준으로 나타났다(그림 2-4).

미혼남녀가 꼽은 저출산의 원인은 육아로 인한 경제적 부담, 일과 가정 양립의 어려움, 결혼의 지연과 기피의식, 실효성 없는 국가출산정책, 사회와 미래에 대한 두려움 등의 순서로 나타났다.[6] 즉 여러 가지 다양한 원인이 현재 저출산 트렌드에 영향을 미치고 있는 것이다. 특히 우리나라의 저출산은 결혼 자체가 줄어드는 트렌드와 직결되고 있다. 결혼을 덜 하니까 아이도 덜 낳는다는 의미이다. 이는 청소년이나 청년층의 결혼에 대한 가치관에서도 확인할 수 있다. 즉, 결혼을 반드시 해야

6) 듀오(2016). 2016 출산인식보고서에서 재인용.

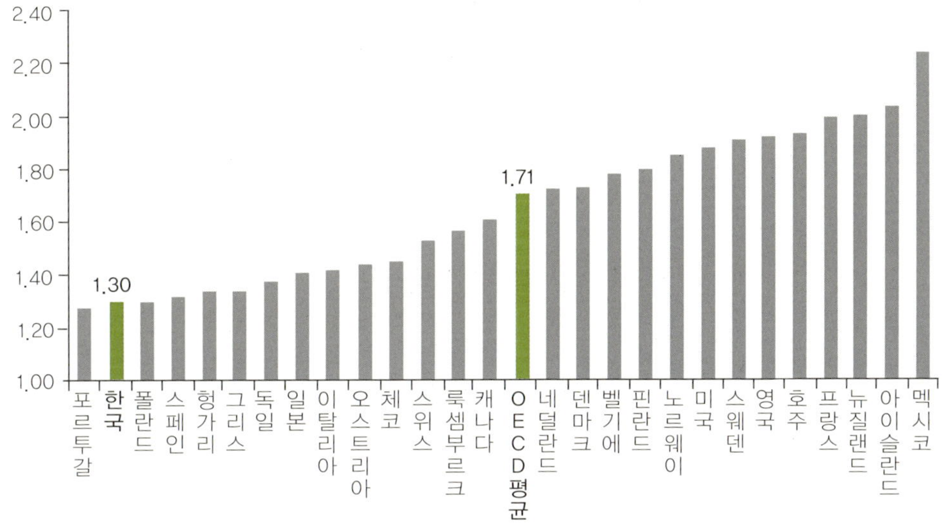

그림 2-3 OECD 주요 국가들의 출산율(2012)

* 캐나다는 2011년도 자료임.

출처: 한국노동연구원(2014).

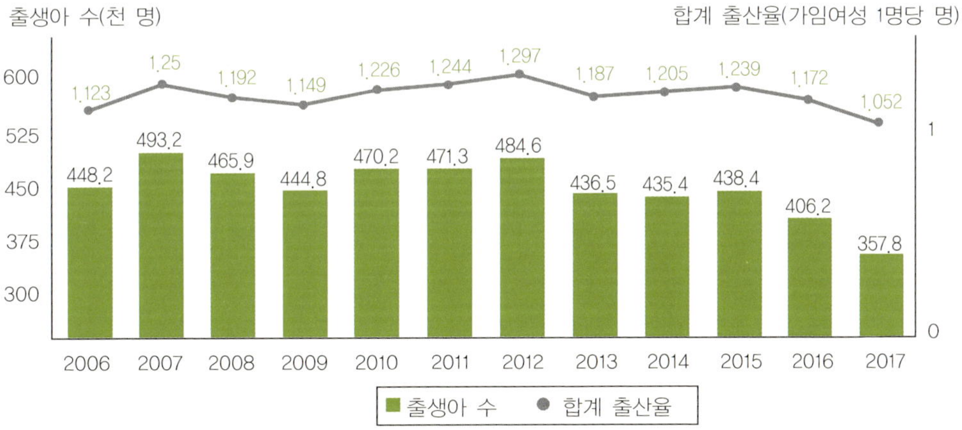

그림 2-4 출생아 수 및 합계출산율

출처: 통계청(2017b). 2017년 출생통계.

한다는 인식이 점점 줄어들고 있는 것이다. 한국보건사회연구원의 2015년 출산력 조사 결과(한국보건사회연구원, 2015a), 20~44세 미혼남녀 2,383명 중 반드시 결혼을 해야 한다고 응답한 비율은 미혼 여성의 7.7%, 미혼 남성의 18.1%이다. 미혼여성의

29.5%와 미혼 남성의 17.5%는 자녀가 없어도 상관없다는 응답을 하였다. 조사대상자인 젊은이들은 결혼과 육아가 행복이 아니라 고통이며, 자녀양육이 힘들고 여성의 희생이 크다는 점, 가장 큰 문제는 부모님의 결혼압박이라는 의견들을 제시하고 있었다. 즉 경제적 이유 그리고 미래에 대한 불안이 결혼과 출산에 부정적 영향을 미치고 있음을 알 수 있다.

결혼을 늦게 하여 아이를 늦게 낳다 보니 출산율도 낮아지고 있다. 한국 여성은 전세계적으로도 출산연령이 매우 높은데 2016년 평균 출산연령은 32.6세로 나타났다(통계청, 2017b). 또한 우리나라의 경우 여성의 취업률 증가가 출산율에 영향을 미치는 것으로 보인다. 실제 기혼여성의 경력단절(취업생활을 하다가 중간에 그만두는 것) 원인이 결혼과 임신, 출산, 육아 등에 기인하기 때문이다. 즉, 결혼과 출산이 경력단절에 영향을 미치기 때문에, 자아실현과 경제적 독립의 요구를 갖고 있는 여성들은 결혼과 출산을 연기 혹은 포기하면서 직장생활을 계속하고 싶어 한다. 그래서 여성의 취업률과 출산율이 밀접하게 맞물리는 것이다.

물론 이는 우리나라 현상이고, 복지선진국의 경우 여성의 취업률과 출산율 모두 우리보다 높은 경우가 많다. 즉 그 나라 여성들이 우리나라 여성들보다 아이도 많이 낳고 경력단절 없이 생애 지속적인 취업활동을 하고 있다. 이러한 국가들의 경우, 좋은 정책을 잘 활용하고 남성의 가족역할참여가 높다는 점에서 시사점을 얻을 수 있다. 따라서 우리나라도 앞으로 맞벌이 가정의 보편화 추세에 직면하여 보육, 가족돌봄 관련 정책을 잘 정비하고 활용할 수 있도록 해야 할 것이며, 남성들의 가족역할 참여가 높아질 수 있도록 인식과 실천의 진환이 필요하다고 할 수 있다.

또한 아이를 낳는 것보다 기르는 데 소요되는 경제적 부담도 저출산의 원인으로 분석할 수 있다. 한국보건사회연구원(2015a)의 연구결과에 따르면 아이 하나를 낳은 후 둘째 아이를 낳지 않는 이유로 경제적 부담이 1순위로 나타났다(47.3%). 각종 사교육과 체험활동, 연수 등 자녀 교육에 투입되는 막대한 비용은 가정경제에 부담을 주며 이는 부모의 노후준비에도 영향을 준다. 자녀돌봄에 드는 경제적 부담의 문제도 우리 사회가 긴급하게 해결해야 할 과제라고 볼 수 있다.

인생의 첫 번째 단계에서 내가 찾아낸 또 다른 트렌드는 무엇인지 말해보자.

(2) 생애주기 2단계의 트렌드: 일상의 권리를 누리지 못하는 아동청소년의 삶

두 번째 생애주기 단계는 아동청소년의 삶을 중심으로 트렌드를 찾을 수 있다. 최근에는 아동청소년의 삶에서 충분히 자고 신나게 놀고 잘 쉬고 가족과 함께 충분한 시간 보내는 것을 하나의 권리로 강조하는 경향을 볼 수 있다((사)가정을건강하게하는시민의모임 홈페이지). 아동청소년의 발달특성상 이러한 요소들이 건강한 성장과 사회성 형성에 중요하기 때문이다. 아동청소년의 삶과 관련된 다양한 통계 및 지표를 살펴보면, 현재 우리나라의 아동청소년들은 일상의 권리를 충분히 누리고 있지 못하다. 이는 곧 아동청소년의 행복에 영향을 미치게 될 것이다. 그러므로 생애주기 두 번째 단계에서 부각되는 트렌드로 '일상의 권리를 누리지 못하는 아동청소년의 삶'을 부각시킬 수 있다.

한국 청소년들이 느끼는 행복 지수를 살펴보자. 어린이-청소년 행복지수에서 OECD(경제협력개발기구) 평균을 100으로 볼 때 우리나라의 경우 74점으로, OECD 국가 중 수년 째 최하위로 나타나고 있다(한국방정환재단 · 연세대사회발전연구소, 2014). 2014년 3월 전국 초등 5~6년생 1955명 대상 설문조사에서 대상 초등학생 10명 중 5명은 하루에 가족과 대화하는 시간이 30분 미만이며 9.2%는 아예 대화를 하지 않는 것으로 나타났다. 또한 초등학생들은 친구와 노는 것이 제일 즐겁다고 느끼지만 정작 가장 많은 시간을 보내는 것은 학원이고, 스트레스를 받는 1순위 원인도 학원으로 나타났다. 같은 연구에서 90% 이상의 초등학생들이 10시 이후에 잠자리에 들고 12.3%는 자정 넘어서 잠자리에 들기도 하는 등, 충분한 수면도 취하지 못하는 것을 알 수 있다(전교조 산하 참교육연구소, 2014). 국가별 아동의 학업스트레스는 한국이 1위로 나타났다(한국보건사회연구원, 2015b에서 재인용). 아동청소년들이 행복하지 않은 주된 이유가 학업스트레스, 학업부담임을 알 수 있다. 그리고 이처럼 과중한 학업부담은 결과적으로 우리 자녀들이 쉬고 자고 먹고 가족과 함께 보내는 시간이 부족한 결과를 초래한다. 한국 어린이들이 부모와 함께 하는 시간은 하루 48분, OECD 국가 중 가장 짧게 나타났다(OECD, 2015).

또한 아동에 대한 학대와 폭력 문제도 계속 언론에 보도되고 있다. 보건복지부(2016)의 보고에 따르면 아동학대의 80%는 부모로부터 행해지는 것으로 신체적 학대, 정신적 학대, 성적 학대, 방임, 유기, 중복 학대 등으로 구성된다. 학대에 대한 감수성을 높이는 부모교육이 필요하다는 것을 알 수 있다.

이처럼 아동청소년의 삶에서 자고 먹고 놀고 쉬고 가족과 함께 하는 기회가 부족하며 그 주된 원인이 사교육, 학업부담이라는 점을 확인할 수 있다. 아동청소년의 잘 권리, 놀 권리, 쉴 권리, 가족과 함께 시간을 보낼 권리, 사교육을 거부할 권리, 체벌에 저항할 권리 등에 대하여 2016년 시민단체(가정을건강하게하는시민의모임)에서 전국적으로 초 · 중 · 고등학생 그리고 부모 대상 설문조사를 한 결과, 자녀와 부모 모두 놀 권리가 가장 부족하다는 응답을 하였다.

이와 같이 인생의 두 번째 생애주기인 아동청소년의 삶에서 행복 지수가 낮다는 점 그리고 일상의 많은 권리를 충족시키지 못한다는 점을 하나의 트렌드로 강조할 수 있다. 아동청소년의 건강한 성장과 발달 그리고 삶의 질 향상을 위해 생활과학 분야에서 보다 구체적인 현상을 분석하고 대안을 제시할 필요가 있을 것이다.

인생의 두 번째 단계에서 내가 찾아낸 또 다른 트렌드는 무엇이 있는지 작성해 보자.

(3) 생애주기 3단계의 트렌드: 청년세대의 N포 현상 그리고 중장년세대의 일 · 생활 불균형

생애주기의 세 번째 단계는 성인이 된 청년 그리고 중장년 세대의 삶에 해당된다. 많은 자료와 지표들이 있지만, 청년세대의 삶에서는 대표적으로 최근 많이 거론되고 있는 N포세대를 하나의 트렌드로 포착할 수 있다. 결혼, 출산, 내 집 마련, 꿈, 희망직업, 인간관계, 연애 등 많은 것들을 하나씩 포기하는 세대를 일컫는 것이 N포세대이다(에너지경제, 2018. 10. 25.). 청년층이 취업시장에서 치열하게 경쟁해야 하고 정규직과 평생직장이 점점 줄어드는 한국적 상황을 상징적으로 표현한 것이다. 앞에서 설명한 저출산, 결혼의 연기와 포기 등의 트렌드가 바로 청년층 N포세대 트렌드와 직결된다.

한편, 중장년층의 삶에서는 다른 나라보다 훨씬 길게 일하는 우리나라의 장시간 근로문화를 관찰할 수 있고(그림 2-5), 이로써 일 · 생활 불균형을 중장년세대의 트렌드로 분석할 수 있다.

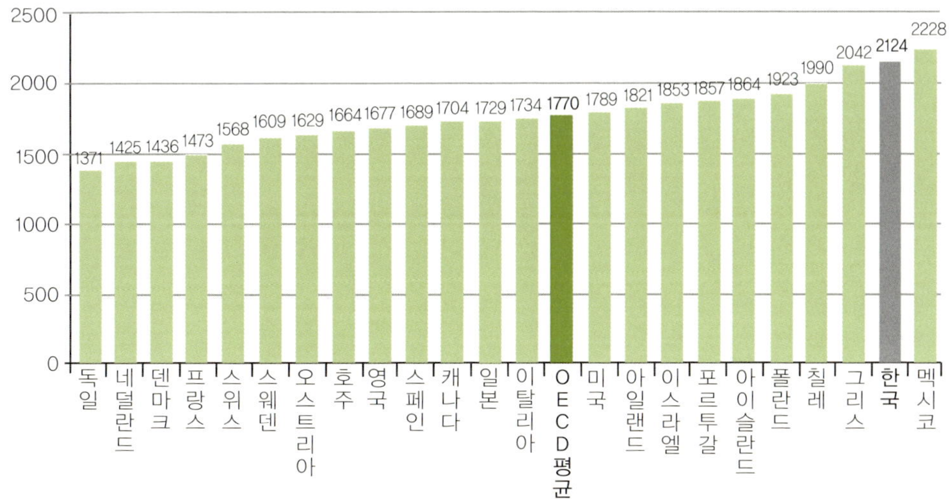

▌그림 2-5▌ OECD 회원국의 연간 평균 근로시간(2014년)

출처: 파이낸셜 뉴스(2014. 8. 28.).

직장생활을 하는 성인들의 삶은 장시간 근로 그리고 기혼집단의 경우 일과 가정생활을 병행해야 하는 갈등 등의 문제가 계속 축적되고 있다. 실제로 우리나라의 일·생활 균형 수준은 다른 나라와 비교할 때 매우 낮다(그림 2-6).

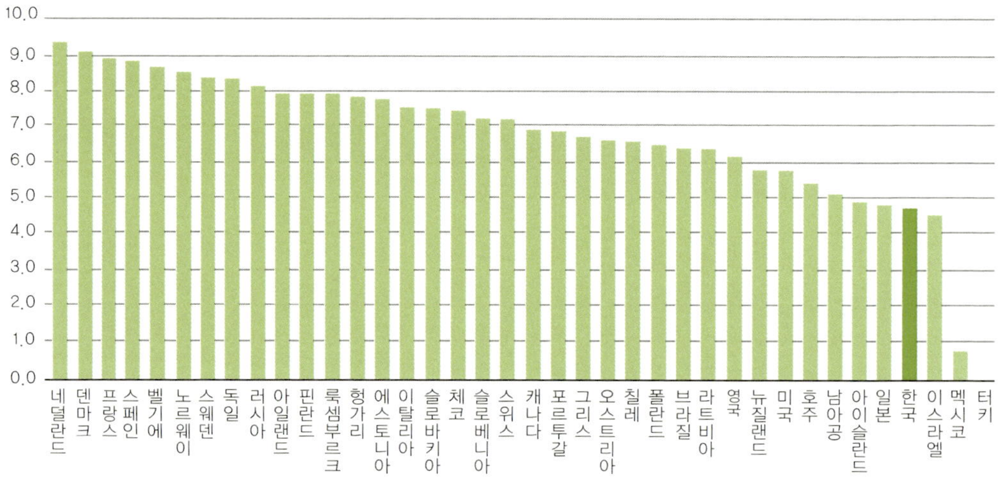

▮그림 2-6▮ OECD 국가의 워라밸(Work-Life Balance) 지수

출처: OECD(2017). How's life? 2017.

일과 생활의 불균형이 심한 현재의 상황은 청년 세대의 결혼 포기, 출산 포기 등과 직결된다. 청년세대의 N포 트렌드 역시 많은 부분 중장년세대의 일·생활 불균형의 영향을 받아 나타나는 현상이기도 하다.

남성들의 경우는 특히 장시간 근로가 가족역할과 여가 등을 포기하게 함으로써 일과 생활의 불균형을 경험하게 된다. 서울시의 경우 일하는 아빠가 희망하는 삶의 가치는 일과 가족생활의 양립, 가족생활, 일, 개인생활의 순서로 나타났지만, 실제 현실적인 삶에서는 일, 일과 가족생활의 양립, 가족생활, 개인생활의 순서로 나타났다(서울시여성가족재단, 2011). 즉, 희망과 실제 사이에 격차가 있음을 알 수 있다. 이처럼 남성이 장시간근로로 인해 일·생활의 균형을 취할 수 없는 상황인 반면, 기혼취업여성의 경우는 직업생활을 하면서 동시에 가족돌봄의 주된 책임을 갖고 있는 상황이고, 따라서 기혼취업여성 역시 일·생활의 불균형에 직면하게 된다. 직장인들에게 있어 일과 가정의 양립은 성공의 조건 1순위로 나타나고 있으나(송혜림, 2018a

에서 재인용), 실제 삶에서는 남성과 모두 일 · 생활의 불균형을 경험할 수 밖에 없는 현재의 상황을 어떻게 해결할 것인가를 함께 모색해야 할 것이다. 그런 면에서 건강가정지원센터, 육아종합지원센터와 같은 현장에서의 부모 지원 프로그램, 직장으로 찾아가는 가족친화프로그램 등이 중요하다. 가정복지, 아동, 가족학 등의 전공생들은 졸업 후 이러한 현장에서 우리 사회의 일 · 생활 균형 향상을 위해 다양한 업무를 수행할 수 있다.

한편, 일과 생활의 균형은, 2018년도 7월부터 일정 규모 이상의 일터에서 실시하고 있는 주52시간 근무제와 함께 사회적으로 더욱 부각되는 주제이다. 주 52시간제 근무제의 도입과 정착에 따라 일하는 시간은 줄어들 것이며, 그에 따라 가족과 함께 하는 시간, 여가시간 등은 늘어나게 되고, 이로써 일과 생활에서 균형을 취할 가능성이 많아졌다. 향후, 일·생활 균형과 관련된 트렌드가 어떻게 변화될지 주목해야 할 것이다.

대학생들은 일반적으로 현재 인생의 세 번째 단계인 청년세대에 해당된다. 청년인 내가 찾아낸 우리 세대의 트렌드는 무엇이 있는지 알아보자.

(4) 생애주기 4단계의 트렌드: 바야흐로 백세시대

현재 우리나라는 고령사회를 지나 초고령사회로 진입하고 있다. 그래서 백세시대라는 용어가 부각되고 있다. 백세시대는 최빈 사망연령이 90대로 높아져 점차적으로 100세까지의 초장수를 누리는 사람의 수와 비중이 높아지는 사회, 과거에 비해 두 배 인생의 가능함과 동시에 필요한 사회 등으로 규정할 수 있다(송혜림, 2016에서 재인용). 따라서 생애주기 4단계의 트렌드로 백세시대를 부각시킬 수 있다. 백세시대는 개인으로 볼 때 장수를, 사회적으로는 고령화를 의미한다고 할 수 있다.

우리나라의 고령화 관련하여 큰 특징 중 하나는 그 속도가 빠르다는 것이다. 예를 들어 고령인구의 비율이 7%에서 14%로 향상되기까지 프랑스는 115년, 영국은 46년, 미국은 72년 소요된 데 비해 우리나라의 경우 17년이다. 고령화 속도가 빠른 일본과 비교해도, 고령인구의 비율이 7%인 고령화 사회에서 14%인 고령사회가 되기까지 24년, 20%인 초고령사회가 되기까지 12년이 소요된 데 비해 우리는 각각 17년과 9년(예상)으로 매우 빠르다(송혜림, 2018b에서 재인용). 고령화 속도가 빠르다는 것은 그만큼 개인적, 가족적, 사회적으로 노후 준비를 충분히 할 수 없다는 한계를 의미하기도 한다.

그러나 백세시대를 과연 축복으로 여기는가에 대해서는 다소 부정적인 견해가 많다.[7)] 백세시대를 축복으로 여기지 않는다고 해서 백세시대가 도래하지 않는 것은 아니다. 따라서 현재 우리의 과제는 백세시대를 어떻게 축복으로 여길 수 있도록 준비를 할 것인가 이다. 백세시대 노인을 위한 돌봄 시스템 구축, 노인을 위한 서비스를 제공하는 공공가정의 설치와 운영, 노후생활을 위한 재무관리 프로그램, 노년기 여가생활을 위한 정책과 프로그램, 노년기 건강과 영양, 노인을 위한 주택 공급 등 다양한 과제가 도출될 수 있다. 이러한 과제는 생활과학에서 연구하는 주제이기도 하다.

인생의 네 번째 단계, 노년기 생활에서 내가 찾아낸 또 다른 트렌드는 무엇이 있는지 말해 보자.

7) 정형선·송양민(2011). 한국인의 100세 장수시대 인식과 영향요인. 보건행정학회지, 21-4.
한국보건사회연구원(2011). 보건 복지 이슈 앤 포커스 인생 100세 시대 대응 국민인식 조사결과.
전홍택 외(2011). 100세 시대 어떻게 행복하게 살 것인가. 경제·인문사회연구회.

2) 빅데이터에 나타난 일상생활의 트렌드

최근 빅데이터를 이용한 분석이 활성화되고 있다. 빅데이터(Big Data)는 디지털 환경에서 생성되는 데이터로 그 규모가 방대하고, 생성주기가 짧으며 형태도 다양하여 숫자 데이터뿐만 아니라 문자와 동영상 데이터를 포함하는 대규모 데이터를 말한다. 예를 들어 우리가 일상생활을 하면서 인터넷 상에서 어떤 항목을 조회하고 검색하고 댓글을 달고 하는 등의 빈도, 횟수 등을 모아보면 엄청난 양의 자료가 되고, 이 자료를 통해 사람들의 요구, 집단별 선호, 어떤 현상과 트렌드 등을 알 수 있게 된다.

현재, 빅데이터를 분석한 결과가 많이 나타나고 있는데, 그 중 가정생활과 관련된 주제를 통해 가정의 일상생활 트렌드를 파악할 수 있다.

(1) 결혼

결혼과 관련된 빅데이터 분석에 따르면, 먼저 결혼문화가 바뀌고 있다는 결과들이 있다. 예를 들어 반반결혼족이 증가하고 있다는 결과이다. 인터넷과 SNS에서 '결혼, 혼수, 신혼집'과 함께 '반반, 각자부담, 더치'라는 키워드가 많이 언급되고 있다. 예단, 예물을 줄이고 여성과 남성이 신혼집을 같이 장만하는 경우가 많아졌다. 여성의 경제력 상승이 반반결혼을 나타나게 한 요인 중 하나라고 할 수 있다.[8] 같은 자료에서 2013년부터는 '셀프웨딩'에 대한 언급이 가파르게 증가했다.

또 다른 결혼 관련 분석 결과로는 결혼과 관련한 키워드가 달라지고 있다는 것이다. 6년간 빅데이터 분석을 통해 결혼 관련 키워드 변화를 살펴본 결과, 결혼에서 중요한 키워드였던 '사랑'의 순위는 점점 낮아지고, 그 대신 '돈'과 '부모님'이라는 키워드의 순위가 높아졌다는 결과가 있다. 분석전문가는 그 이유로 한국에서 제일 중요한 문제가 주거문제인데 결혼할 때 직장인 스스로가 돈을 모아서 집을 마련하기 힘들기 때문이라고 지적했다.[9]

---

8) KBS NEWS(2015. 5. 19.). 반반결혼족 증가, 결혼문화도 바뀐다.

9) PD저널(2015. 6. 1.). JTBC '톡투유' 결혼, 동화의 마지막 장 뒤에는.

또한 비혼에 대한 언급량도 증가하고 있다. SNS 상에서 비혼 언급은 2011년 2,453건에서 2016년 19,730건으로 늘어났다.[10] 결혼이 감소하는 현상은 결혼하지 않은 상태, 즉 비혼에 대한 관심과 직결된다는 점에서, 비혼 관련 빅데이터를 앞으로도 계속 살펴볼 필요가 있을 것이다.

결혼을 하지 않은 비혼 상태의 1인 가구, 청년 1인 가구가 많아짐에 따라 이와 관련된 키워드도 빅데이터로 찾아낼 수 있다. 예를 들어 빅데이터 분석 결과 '나홀로 추석' 언급량이 매우 증가하는 추세다. 이로써 나홀로 여행, 나홀로 공부, 나홀로 알바가 추석 풍속도로 굳어질 수도 있다는 예측이 나온다. 나홀로 추석과 연관되는 감정은 즐겁다, 좋다, 걱정, 힘들다, 스트레스, 바쁘다, 고민 등으로 나타났다.[11]

(2) 자녀/돌봄

빅데이터를 통해 엄마들의 고민을 살펴본 결과 출산, 육아, 교육 등 자녀에 대한 고민이 62.9%를 차지하고 있었다. 그중 경제적 부담이 부각된다. 과도한 양육비 및 교육비가 아이를 낳고 싶지 않은 중요한 이유로 나타나고 있다. 그외 육아와 일을 병행해야 하는 어려움도 부각되고 있다. 또한 노후자금을 위해 저축이 필요하지만 자녀양육비 등으로 저축은 힘들고 또한 자녀에게 추후 부양에 대해 기대를 하기도 힘들어 노후에 대한 걱정이 많은 것으로 나타났다.[12]

자녀가 바라보는 엄마 그리고 아빠에 대한 느낌이 달라지고 있다는 결과도 찾아볼 수 있다. 엄마, 아빠에 대한 자녀들의 표현을 나타낸 빅데이터 분석 결과, 부모와 함께 놀았다고 표현한 경우 아버지는 2013년 2,690건에서 2014년 2,931건으로 증가한 반면, 엄마의 경우는 2013년 5,164건에서 2014년 3,921건으로 감소한 것으로 나타났다. 부모를 무섭다고 표현한 횟수를 보면 아버지는 2013년 1,148건에서 2014년 740건으로 감소한 반면, 엄마는 2013년 3,302건에서 2014년 7,618건으로 증가하였

10) 연합뉴스(2016. 4. 20). SNS 비혼 언급량 증가.

11) 연합뉴스(2016. 9. 15.). '나홀로 추석' 언급량 폭증…바뀐 명절풍속도.

12) EBS 토크쇼 부모: 놀라운 데이터(2015. 6. 23). 대한민국 엄마들을 괴롭히는 고민들은 무엇?! 엄마는 괴로워! [동영상] http://home.ebs.co.kr/bumo/etc/66/htmlMenu.

다. 무서운 아빠에서 나와 잘 놀아주는 친근한 아빠로, 그리고 자상한 엄마에서 나를 야단치는 무서운 엄마로 변화된 인식을 나타내고 있다. 이는 자녀의 학업, 사교육 등을 주로 책임지는 사람이 아빠보다는 엄마이고, 그러다 보니 엄마의 역할에서 간섭하고 추궁하고 야단치는 일이 많아지기 때문인 것으로 보인다.[13)]

특히 최근에는 독박육아, 즉 여성 혼자 육아를 책임져야 하는 실태를 나타낸 자료가 축적되고 있다. 2011년 1월 1일부터 2016년 6월 21일까지 블로그, 트위터를 통해 워킹맘에 대해 알아본 결과, 독박육아는 2011년 2회 언급되면서 처음 등장하였다. 그 후로 매년 언급량이 급격히 증가한 것으로 나타났다. 그 밖에 '워킹맘'과 '도움'의 연관어를 보면 '친정엄마'가 1만4,562회 언급돼 가장 많고, '아빠'나 '남편'은 1위에 오른 친정엄마보다 5,000회 적은 1만여 회 언급되는 데 그치고 있다. 최근 5년간 워킹맘의 감성어로는 '고민'(7,899건), '걱정'(6,580회), '스트레스'(5,330건), '경제적'(2,879회) 등이 우선순위에 올랐다. 그외에도 '최악', '죄책감', '갈등', '불만', '짜증', '고통', '폐해', '비난', '분노', '불안감' 등이 나타났다. 특히 '죄책감'의 언급량은 매년 증가하고 있다.[14)]

맞벌이 가정이 많아지면서 여성과 남성이 평등하게 역할을 분담해야 할 상황임에도 불구하고, 육아는 여성에게 더 큰 부담이 된다는 사실을 알 수 있다. 앞으로 양성평등한 역할분담이라는 강조점을 중심으로 부모교육, 부부교육, 가족생활교육 등 구체적인 프로그램들이 활성화되어야 할 것이다.

(3) 가족관계

지난 7년 6개월 간 한국인의 마음 빅데이터를 분석한 결과, SNS에 사랑과 관련된 감성 연관어 중 상당수가 가족에 집중되고 있음을 알 수 있다. 그런데 가족구성원별로 사랑한다는 표현의 대상이 되는 횟수에 있어 차이를 볼 수 있다. 즉, 서열 1위는 엄마, 그리고 아빠에 대한 언급은 3위로 나타났다. 또한 부모들은 딸보다는 아들에게 사랑표현을 더 자주하는 것으로 나타났다. 특히 부부간 사랑표현은 일방적인 것

---

13) dongA.com(2014. 8. 8.). 가족 관련 빅데이터에 드러난 '2014 부모들 모습'.

14) 세계일보(2016. 9. 14.). [김현주의 일상 톡톡] "아빠도 아빠가 처음이야. 그럼 엄마는?" 독박 육아.

으로 보인다. 예를 들어 사랑과 관련해 아내를 언급한 건수는 가족구성원 중 6위를 차지했지만 남편은 순위권 안에 없었다.[15] 구체적인 내용에서는 다양성이 있지만, 전체적으로 한국인에게 가족은 여전히 소중한 존재임을 다시 한 번 확인할 수 있다.

한편, 가족관계의 또 다른 축인 고부관계와 관련된 빅데이터 분석 결과를 보면, 고부관계에 자주 등장하는 단어에서 긍정적인 단어보다 부정적인 단어의 비중이 높은 것으로 나타났다. 고부갈등의 주요원인은 말이 잘 안 통한다, 경제적 요인, 가사 관련 요인 등의 순으로 나타났다. 고부갈등과 관련된 키워드는 전화(시부모님께 전화 강요), 육아(육아간섭이 심한 시어머니), 돈(양가에 드리는 돈문제)의 순서로 나타났다. 고부관계에서 특히 과거와 달라진 점은, 예전에는 고부갈등의 90%가 며느리의 고통이었다면 최근에는 50%로 반반이 되고 있다는 결과이다. 여성들도 경제활동을 하면서 권력의 축이 아들에게서 며느리로 옮겨왔기 때문이라는 분석이 가능하다.[16]

가족관계에서 오는 부담을 나타낸 빅데이터 결과도 있다. 가족의 의미에 대해 2010년 이후 3년간의 3억 5천만 건 빅데이터를 보면 가족에 대한 언급은 12.5%이상 줄어든 것으로 나타났다. 한편 같은 기간 빅데이터 상에서 꾸준히 늘어난 키워드는 '내 방'으로 나타났다. 그 이유는 분화된 개인이 사생활을 위해 나만의 공간을 원하기 때문이라는 것이다. 또한 가족과 친구를 비교하는 내용으로, 가족은 한결같이 사생활을 침범하는 사람들, 즉 긍정적인 감성은 느껴지지 않는 존재로 등장하는데 반해 친구는 '놀러오는' 사람으로, 즉 긍정적으로 나타났다. 그래서 외로움은 없애고 동시에 사생활도 보호받을 수 있는 쉐어하우스가 빅데이터에 많이 등장한다는 분석도 가능하다.[17]

(4) 노후생활

백세시대가 되면서 노후생활과 관련된 관심이 높아지고, 따라서 빅데이터로 분석

15) 주간동아(2015. 4. 6.). 마트가 먼저 안 엄마의 탄생.
16) EBS 토크쇼 부모: 놀라운 데이터(2015. 6. 16). 풀고 살자, 고부갈등! [동영상] http://home.ebs.co.kr/bumo/etc/66/htmlMenu.
17) 조선일보(2015. 2. 7.). [빅데이터 읽어주는 남자] 프래밀리(framily). 친구와 가족 사이.

할 수 있는 결과들도 많이 축적되고 있다. 노후 관련 빅데이터 분석 결과 은퇴설계에 등장하는 키워드로는 가족보다 여행, 친구, 텃밭이 더 많이 나타나고 있다. 특히 노후생활 관련 연관어에서 '자녀'의 순위는 7계단 떨어진 것으로 나타났다. 시골 키워드는 하락하고 도시를 선호하는 추세가 분명하게 부각되고 있다.[18] 노후생활을 자녀와 독립적으로 설계하며, 다양한 시설과 인프라가 갖춰진 도시에서의 노후생활을 선호한다고 할 수 있다.

한편, 노인의 모습과 관련된 빅데이터에서도 흥미로운 결과들이 있다. 노인 세대에 대한 생각이 담긴 소셜네트워크서비스(SNS) 게시글 83만3,374건을 분석한 결과에 나타난 이상적인 노인 모습으로 '깔끔한 차림으로 다정하게 손을 잡고 산책로를 걸으며 존댓말로 대화하는 노부부'가 등장하였다. 또한 로맨틱한 노부부를 보고 '나도 그렇게 늙고 싶다'는 반응이 많이 나타나고 있다. 그 밖에 오래도록 사랑하는 노부부에 대한 감탄과 존경의 감정, 국가 발전에 기여한 노인 세대에 대한 존경심 등 긍정적인 언급을 찾아볼 수 있다.[19]

(5) 빅데이터 안에 숨어있는 소비자 마음

소비자의 태도나 선호도, 만족도, 요구도 및 구매행동 관련된 빅데이터는 특히 상품과 서비스를 개발하여 판매하는 기업들이 많이 활용하고 있다. 예를 들어 졸업, 취직, 결혼 등 중요한 인생 사건을 겪을 때 사람의 습관이 갑자기 바뀌고 쇼핑행태도 변하는 경향을 활용하는 경우이다. 대형마트에서 구매목록 데이터를 활용하여 출산예정인 구매자에게 할인쿠폰 등을 미리 제공함으로써 매출을 올릴 수 있다.[20]

또한 빅데이터가 보여주는 소비패턴으로, 중장년층 1인 가구는 다른 연령의 1인 가구와 대비해 소득 수준 및 경제적 만족도는 높지만, 실제 소비는 가장 낮은 것으로 나타났다. 중장년층의 소비는 의료와 교통 등 일상에 필요한 비용은 유지하면서 외식이나 쇼핑 등의 비중은 비교적 적은 것으로 나타났다. 외식과 쇼핑 비용은 20대

18) 디지털타임스(2015. 3. 11.). '노후' 키워드 빅데이터 분석 결과.

19) 동아일보(2015. 12. 21.). 세대갈등 푸는 '매너 노인'.

20) 주간동아(2015. 4. 6.). 마트가 먼저 안 엄마의 탄생.

와 30대가 각각 69.7%, 67%로 높은 비중인 것에 비해 40대, 50대는 60.1%, 59.3%로 비교적 낮은 수치였다.[21]

기업에서 빅데이터를 마케팅 자료로 활용하는 사례를 보자. C사는 블로그, 트위터 등 온라인 상의 6억 5천만여 건 Buzz 정보를 토대로 요일별 피로도를 분석한 결과, 월요일에 제일 피곤하다는 사실을 발견하였다. 이 데이터를 갖고 고객취향을 찾아 메뉴를 개발하는 데 활용할 수 있다는 것이다. 이처럼 빅데이터 프로젝트는 소비자들의 다양한 라이프스타일과 개성을 읽어 소비자들의 요구를 충족시키고, 새로운 비즈니스 기회를 창출하기 위한 시도의 하나라고 볼 수 있다.[22]

> 10년 후, 대기업에서 상품을 개발하는 머천다이저로서의 나, 소비자와 관련된 빅데이터를 활용하여 어떤 상품을 개발할 것인지 아이디어를 발표해 보자.

이처럼 빅데이터 분석 결과로 나타나는 가정생활 관련 현상들은 그 자체로 가족의 일상생활을 나타내는 지표가 된다. 이는 가정복지, 가족, 가족자원관리, 소비자, 아동 등의 세부전공에서 다루는 연구주제이기도 하다. 또한 동시에 식품영양이나 주거, 의류 등 생활과학의 다른 전공분야에서도 이러한 자료를 활용할 수 있다. 그런 면에서 다양한 빅데이터 결과들을 살펴보는 것은 생활과학의 세부 전공 그리고 세부 전공에서 공부하는 주제와 내용들을 더욱 명확하게 이해하는 데 도움을 줄 것이다.

이밖에, 가정생활과 관련되어 강조할 수 있는 트렌드 중 하나가 가족형태의 다양화이다. 주요 형태로 볼 때 맞벌이 가정, 다문화가정, 한부모가구, 조손가구, 분거가

21) 월간 CEO&(2018. 4). 많이 벌고 적게 쓰는 4050 홀로족. Poll, 중장년층 1인 가구 보고서.

22) MNB (2014. 2. 7.). 식품업계, 소비자 빅데이터를 활용한 고객밀착형 마케팅 시작.

정 등의 증가추세를 볼 수 있다(그림 2-7). 특히 최근에는 1인 가구의 증가추세가 부각된다.

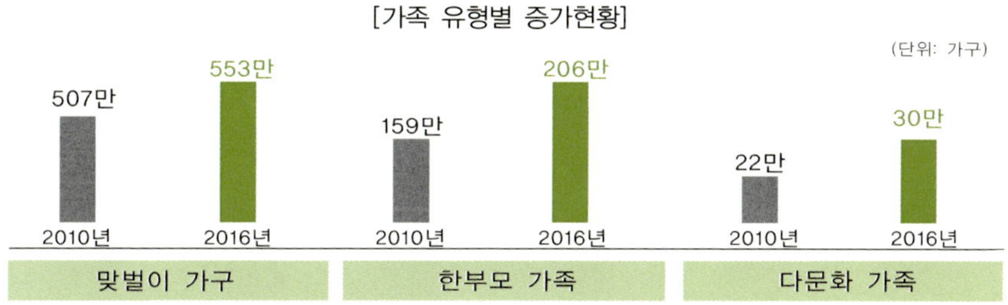

▌그림 2-7▐ 가족형태의 다양화
출처: 여성가족부(2018). 2018년 업무보고자료.

생활과학에서 관심을 두고 분석해야 할 형태에 1인 가구 그리고 맞벌이 가구가 있다. 맞벌이 가구의 경우 2016년 기준 44.9%로(통계청) 거의 절반에 이르러, 현재 우리나라는 맞벌이 보편화시대에 직면하고 있다.

이는 우리가 갖고 있던 기존의 패러다임을 전환시켜 가족원 돌봄, 가사노동 등에 있어 남성과 여성의 공평한 분담, 가족돌봄에 대한 사회적 지원 등의 주제를 더욱 집중적으로 연구해야 할 필요성과 맥을 같이 한다. 특히 자녀돌봄과 관련되어 보육시설과 보육정책, 보육교사 등의 주제가 중요하게 부각되고 있다. 그리고 맞벌이 가정이 보편화되면서 외식과 간편식 증가, 아파트 주거방식의 활성화, 의복소비 등에서도 변화가 초래된다.

다른 한 편으로 우리 사회에서 1인 가구는 점차 증가하여 2017년 현재 1인 가구 비중은 전체 가구 중 28.6%를 차지하고 있다(통계청, 2017c). 그리고 앞으로도 1인 가구는 계속 증가할 것으로 예측된다(그림 2-8).

또한 1인 가구 안에서도 형태가 다양하다. 즉, 청년 1인 가구–중장년 1인 가구–노년 1인 가구 등으로 구별할 수 있다. 이처럼 1인 가구가 많아지면서 먹고 놀고 공부하고 일하는 모든 일상의 변화가 초래되고 있다. 1인 가구의 증가는 결혼과 출산의 연기와 기피, 평균수명의 증가, 가치관의 변화 등 다양한 원인으로 분석할 수 있다. 1인 가구의 소비생활, 1인 가구의 시간사용과 여가, 1인 가구의 가족관계, 1인 가구의 식생활, 주거환경, 의복소비 등 다양한 연구주제를 도출할 수 있다.

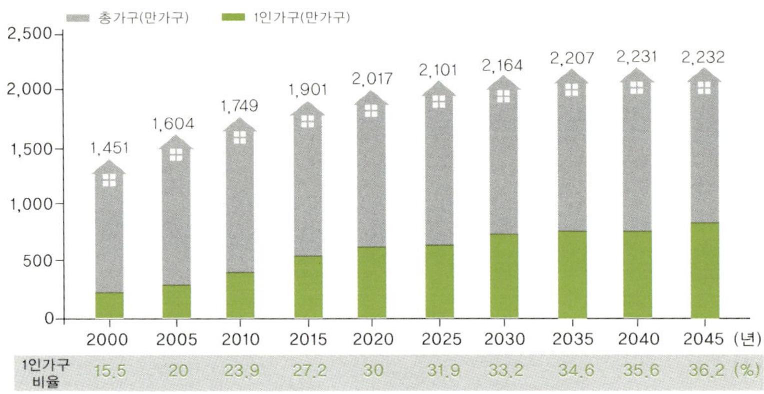

▌그림 2-8▌ 1인 가구 추이
출처: 통계청(2017c). 장래가구추계.

3 주거와 생활

주거(住居, housing)는 사람이 일상생활을 영위하는 장소로서 물리적 건물인 주택(住宅, housing)과 그 안에서 생활하는 주체인 인간, 가족의 삶까지를 포함하는 개념이다. 주거는 주택과 주택이 위치해 있는 근린환경, 도시 등의 생활공간과 인간이 상호작용을 하며 이루어내는 모든 활동, 즉 경험과 정서적 측면을 포함하는 총체적인 개념이다. 또한 주거는 사람이 주택에 들어가 거주를 시작하면서 고유한 주거환경의 특성을 만들고 이를 통해 문화를 담아낸다는 점에서 문화적 산물이기도 하다.

이에 주거환경학은 주택과 그 안에 살고 있는 사람, 가족 그리고 주택을 둘러싼 주변환경을 대상으로 하고 있으며, 궁극적으로 쾌적한 주거환경의 실현을 목적으로 생활공간인 주택의 기획, 디자인/설계, 환경, 관리 등 일련의 주택생성과 거주, 관리에 이루는 주거생활의 전 과정을 다루는 학문이다(그림 2-9).

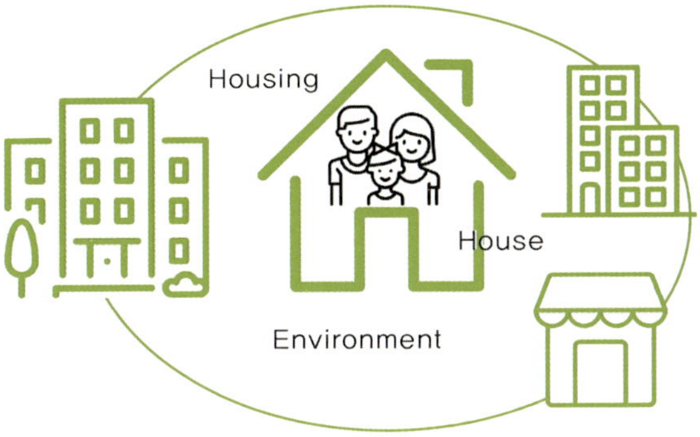

▌그림 2-9▐ 주택과 주거 그리고 주거환경학의 의미

본 장에서는 주거환경학의 기본 대상이 되는 주거(housing)의 의미, 주거와 근린 환경과의 상호관계적 관점에서 주거환경학이 다루는 주생활의 핵심요소인 주택설계, 실내디자인, 주거환경, 주거관리, 주거복지 등에 대해 알아보고자 한다.

1) 주거의 의미

인간의 가정생활은 두 남녀가 결혼하여 가정을 이룬 후, 자녀가 출생하고 성장, 독립함에 따라 가족이 형성되고 확대, 축소, 해체되는 과정을 거치게 된다. 가족생활이 진행됨에 따라 자녀의 성장, 자녀수가 증가하고 경험, 경제력도 향상되며, 이에 주거를 선택할 때 중요시하는 요소와 필요로 하는 공간도 변화한다.

주거의 기본적 의미는 인간이 처음 주거를 형성하였던 이유인 추위, 비바람, 눈보라 등의 혹독한 자연환경으로부터 자신의 몸을 보호하기 위한 은신처(shelter)의 의미를 가지고 있다. 그러나 주거는 은신처의 역할만 하는 것이 아니라, 그 안에 살고 있는 거주자들과 함께 관계를 맺고 생활을 영위하면서 심리적, 사회문화 환경까지 포함하는 사회문화적 의미도 포함한다. 따라서 주거는 사회·문화가 변화하면서 그 의미가 새롭게 생성되고 확장되기도 한다. 본 절에서는 현대 주거가 갖는 의미를 알아보도록 한다.

(1) 일상생활 및 활동이 이루어지는 공간

주거생활의 기본이 되는 여러 가지 행위, 즉 먹고, 자고, 옷 입고, 공부하고, TV보고 등과 같은 활동을 편하게 할 수 있는 공간 그리고 부부생활과 자녀 양육을 위한 삶을 영위하는 공간으로의 의미를 가진다.

사회 · 경제 변화와 과학기술의 발전이 급격하게 일어나고 있는 요즈음, 이러한 기본적인 일상생활 및 활동을 위한 의미는 지속적으로 존재하지만 그 형태와 내용은 변하고 있다.

현대의 사회 · 경제 변화 중 가장 큰 영향을 미친 가정생활의 변화는 여성의 사회진출과 1~2인 소형가구의 증가로, 가구는 경제력이 향상되고 가정생활의 편리성, 기능성을 추구하며 개인의 삶을 지원해주는 공간 구성 등 일상적인 가정생활을 지원해주는 형태로 변화하였다. 또한 과학기술의 발전은 주택 내 일상생활이 편리하고 안전한 시설 · 설비의 지원 등에 역점을 두는 형태로 변화하고 있다.

(2) 사생활 보호 및 안전의 장소

주거는 타인으로부터 심리적으로 보호하고 자유로운 생활 및 프라이버시를 확보해 주는 사생활 보호 공간이라는 의미를 갖는다. 또한 추위, 바람, 비 등의 자연현상으로부터 나의 몸을 보호하는 공간, 편리한 생활, 방범 등을 위한 공간으로 신체적 · 물리적으로 안전을 확보해주는 공간이라는 의미를 함께 갖는다.

최근에는 유비쿼터스(ubiquitous: 사용자가 네트워크나 컴퓨터를 의식하지 않고 장소에 상관없이 자유롭게 네트워크에 접속할 수 있는 정보통신 환경) 기술의 발전으로 사생활보호 및 안전성을 확보해주는 집의 의미가 강조된다. 기존의 주택에서 담장, 울타리, 대문 등과 함께 고전적인 안전성을 확보해 주는 것뿐만 아니라 현재는 CCTV 등의 시큐리티(cecurity) 시설을 이용하여 방문객이나 그외의 안전에 적극적으로 대응하고 있다(그림 2-10).

▌그림 2-10▐ 주택의 안전을 위한 담장 역할의 변화

(3) 가족의 조화 및 단란을 위한 공간

주거는 가족과의 관계 및 교류를 중요하게 생각하여 가족 간의 대화 및 소통의 공간, 단란의 공간으로서의 의미가 강조된다. 따라서 가장 기본적인 것으로 소속감, 사랑, 함께 있음, 누군가 나를 돌봐주는 곳, 정서적 경험, 따뜻함, 안전, 상호존중, 환영받는 느낌 등을 제공해주는 정서적 공간으로서의 의미를 갖는다.

최근 가족의 정서적 교류와 가족과의 관계를 중시하는 추세는 실내의 공간구성에도 많은 변화를 준다. 개인을 위한 개별실보다는 가족을 위한 가족실을 계획하고, 가족의 교류를 가져올 수 있는 대면용 부엌과 거실을 일직선상에 놓는다거나 주택의 가장 중심적인 위치에 거실, 부엌 등이 배치되기도 한다.

(4) 사회적 관계를 맺을 수 있는 공간

주거는 친구, 이웃, 커뮤니티 등 타인과의 관계, 즉 사회적으로 관계를 맺을 수 있는 곳으로써의 의미를 가지며, 사회적 정서 교류를 중시하고 집과 주위환경에서 이것을 지원받고자 하는 의미가 존재한다. 그러므로 이를 위해 가정과 자원, 지역사회가 균형을 이룰 수 있는 공간 환경과 커뮤니티 프로그램이 필요하며, 결국 이런 노력들이 현대인의 소외감 극복과 인간적인 삶을 영위할 수 있을 것이라는 믿음하에 코하우징(co-housing), 타운하우스, 동호인주택, 공동체 마을 만들기, 담장 없애기 등과 같은 주거환경의 변화가 확산되고 있다. 더욱이 최근의 주 5일제 근무와 일과 삶을 균형 있게 살고자 하는 가치관의 변화는 사회적 소속감을 중시하는 주거환경으로의 변화를 가속화시키고 있는 것으로 보인다.

(5) 사회적 지위 표현의 수단

주거는 타인에게 보여주고 인정받고자 하는 인간의 사회적 인정 욕구를 만족시켜주는 것으로, 넓은 집에 살거나 좋은 주변 환경에서 살거나, 좋은 인테리어를 하는 등의 현 상황을 인정받고 존중받고자하는 자아존중의 욕구를 실현하는 의미를 갖는다. 사람들이 모임을 자주 하거나, 손님을 치르게 되어 집을 노출시키는 경우가 많아 주택을 통한 지위표현에 관심을 가지는 경향이 나타난다. 따라서 집이 손님접대의 기능을 충실히 하도록 하기 위해 응접실을 독립시킬 수도 있고, 부엌을 거실로 개방시키고 식당을 일체화하여 비형식적인 모임을 갖기 좋게 할 수도 있다.

(6) 경제적 가치 표현의 수단

주택은 개인이 평생 취득할 수 있는 가장 큰 재산일 경우가 많기 때문에 주거와 관련된 의사결정을 할 때 주택의 투자가치를 가장 최우선 순위에 두는 경우가 많다.

주택을 선택할 때 지금의 가치뿐만 아니라 팔 때의 부가가치에 중요한 의미를 부여하고 지역, 교육환경, 교통환경 등과 같은 주변 인프라, 건물, 실내공간의 디자인 등과 같은 것들을 많이 고려한다. 주택 접근이 불편하더라도 조용한 산 밑을 선택하는 사람과 소음이 있더라도 대로변을 선택하는 사람은 주거가치 차원에서 경제성에 두는 의미의 차이가 다르다고 볼 수 있다. 현재는 교통 역세권이라는 부가가치의 중요성뿐만이 아니라 웰빙을 추구하는 사회적 분위기와 함께 '숲세권', 즉 건강한 주변의 자연환경이 중요한 부가가치의 요소가 되고 있다.

(7) 자아 정체성의 공간

주거는 자신의 생각과 가치가 반영되고 안락감과 행복감에 중요한 영향력을 가지며 나의 개성 및 가치를 반영해 자아 정체감의 공간으로서의 의미를 갖는다.

현대인은 개성 있는 나만의 주택을 만들기 위해 외관에서부터 취미 공간을 둔다든지, 나만의 개성을 표현하는 인테리어 또는 공간을 만들어 나의 개성과 취미 그리고 가치를 실현시키고자 한다(그림 2-11). 이것은 개인의 행복에 큰 영향을 미치게 되며 다른 집들과의 차별성을 가져오는 개성 있는 공간을 형성하는데 의미를 두게 되는 것이다. 중요한 점은 개인의 자아실현의 공간으로서의 주거는 남에게 보여주기 위한 공간 구성과는 다르다는 것이다.

▌그림 2-11▐ 개성적인 자아정체감의 실내공간 표현

(8) 건물 및 환경으로서의 물리적 구조체

주거의 의미는 주택에서의 만질 수 있는 부분, 즉 방, 건물, 주변 환경, 건축적 디자인 등에서도 찾을 수 있다. 즉 주택과 이를 둘러 싼 주변 환경의 여러 특징들과 관계하며 거주자의 심리·인문적 특성보다는 물리적인 구조체로 이를 구성하는 요소뿐만 아니라, 주변 환경과의 관계 등에서도 중요한 의미를 갖는다는 것이다. 건물의 구조체, 외관 그리고 파사드(façade: 건물의 출입구로 이용되는 정면 외벽 부분)에 관심을 가지고, 실내의 공간에서도 효율적이고 기능적인 칸잡이, 배치는 각각 중요한 의미를 갖는다(그림 2-12).

최근에는 환경성을 고려하여 지속가능한(sustainable) 구조체와 디자인, 건축자재, 자연환경과의 관계, 자원의 재활용, 재사용, 폐기물 관리에 관심을 가지며 지구 환경과 보호에 큰 의미를 두는 경향을 보인다.

▌그림 2-12▐ 다양한 주택의 외관

2) 주거생활을 구성하는 영역들

주거와 환경의 유기적 관계 속에서 이루어지는 주거생활을 다루는 주거환경학은 주택의 설계, 실내 디자인, 실내환경, 주거관리, 복지 등의 영역으로 구성된다.

(1) 생활과 주택설계

주거공간에는 사회의 변화와 함께 그 속에서 생활하는 사람들의 가치관이나 생활양식이 그대로 반영되어 있다. 경제적 수준이 높아진 요즈음, 어떻게 하면 기능적이고 쾌적하며 아름답고 개성 있는 주거공간에서 살 수 있을까에 대하여 많은 관심을 보이고 있다. 주거공간을 설계하기 위해서는 우선 주택에 거주하는 사람과 그 속에서 이루어지는 생활내용을 이해할 필요가 있다. 주택설계는 공간을 사용하는 거주자의 입장에서 주택의 공간을 계획하고 요구를 반영하여 바람직하고 쾌적한 주거공간을 창출하기 위해 공간을 기획하고 디자인하는 작업을 말한다. 공간의 디자인뿐만이 아닌 주거공간을 둘러싸고 있는 주변 환경과의 조화를 고려한 외부공간의 디자인도 포함한다.

우리가 집을 선택하게 될 때에는 대부분 우선 어느 지역에 위치하고 있는지, 주변환경은 어떠한지, 어느 정도의 경제적 가치를 가지고 있는지, 그리고 아파트인지 아니면 단독주택인지 등의 외부적 요건을 고려한다. 또한 내부적 요건으로 가족의 형태와 수, 가족의 연령, 라이프스타일, 개개인의 취미, 경제적 능력 등과 같은 가족에 대한 사항, 그리고 가족생활의 수용을 기본으로 한 실의 수, 실의 크기 그리고 배치 등과 같은 평면과 입면, 그리고 편리한 시설·설비, 가구 등의 설치 및 배치를 고려한다.

가족형태가 다양화되고 있는 요즈음, 이에 따른 주거 요구의 다양화를 반영해야 하는 주택 설계자의 역할이 무엇보다도 중요해지고 있다. 주택설계 작업을 위해서는 사용자들의 요구를 반영하여 공간의 평면 및 외관을 개발하고, 연령, 계층을 고려한 맞춤형으로 공간을 제공할 수 있는 능력이 요구된다.

▌그림 2-13▌ 주택 설계 과정

(2) 생활과 실내디자인

우리는 인식하든 인식하지 못하든, 자신의 공간을 꾸미고 자신을 표현하는 공간을 만들고자 하는 욕구가 있다. 집 전체에서 내 자신을 나타내기도 하지만 좁게는 작은 방, 작은 구성, 어느 공간 일부분에서 나의 정체감, 나의 의미를 나타내고 자아실현이 반영된 실내디자인에 참여하게 된다. 거주자에게 맞는 실내 분위기를 연출하기 위해 바닥, 벽, 천장, 창, 문 등과 같은 건축적 요소위에 가구, 직물, 조명, 여러 가지 장식적 요소를 이용하여 공간을 꾸미고 아름다운 공간을 연출하는 전 과정을 실내디자인이라 한다.

주거공간의 실내는 선, 형태, 질감, 공간, 무늬, 색채와 같은 디자인 요소로 구성되어 있으며, 조합방법에 따라 분위기뿐만 아니라 우리의 감정이나 공간감에 영향을 미친다. 또한 이러한 디자인 요소를 균형, 리듬, 강조, 스케일과 비례, 조화와 같은 디자인 원리를 이용하여 이상적인 실내공간을 만들게 된다(그림 2-14). 실내디자인은 공간을 구성하는 이런 다양한 요소들의 이질적인 특성을 어떻게 서로 결합시켜 편안하고 안락한 새로운 라이프스타일을 만들 것인가 또는 아름다움을 조화시킬 것인가를 위해 복잡한 시도와 절차가 이루어지는 작업이다.

또한 인간이 내부공간에서 편안하고 쾌적한 생활을 유지하기 위해서는 설비, 음향 같은 기술적 측면과 건축구조 및 인간공학 등 다양한 분야의 전문적 지식이 전제되어 그 바탕에서 공간설계와 디자인이 이루어져야 한다.

▌그림 2-14▌ 균형(좌), 리듬(우)이 적용된 실내 인테리어의 예

(3) 주거생활과 환경

주택은 물리적 구조체와 외부환경과의 유기적 관계를 고려하여 내부에 있는 거주자의 쾌적성을 확보해 주는 것을 궁극적 목적으로 하고 이를 위해 열, 공기, 빛, 소리 등의 환경적 요소를 적절히 조절한다.

따뜻한 실내를 유지하기 위해 난방설비를 작동시키거나, 시원하게 유지하기 위해 에어컨을 가동시켜 실내의 열적 쾌적성을 유지하는 것은 설비뿐만이 아니라 구조체 속에 숨어있는 단열재의 두께와 성능에 따라 크게 달라진다. 또한 실내에 사용되는 친환경자재는 실내공기의 화학물질을 경감시켜 줄 뿐만 아니라 사회적 요구에 의해 디자인적인 측면에서도 많은 변화를 가져왔다. 특히 가구의 재료가 되는 집성목재(MDF, PB)와 실내의 마감 재료인 벽지, 합판마루 등 친환경자재의 개발 및 적용이 중요해졌다.

창은 환기를 통해 실내 · 외의 공기를 교환하여 깨끗한 실내공기를 유지시켜주기도 하지만 많은 열적 에너지를 방출시키기도 한다. 따라서 기밀한 시공 및 창호자체의 단열성능을 향상시키는 2중 또는 3중 유리 등이 개발, 적용되어 에너지의 절약에 중요한 역할을 한다(그림 2-15 좌). 또한 외부에서 들어오는 채광은 실내를 밝게 해주는 것뿐만이 아닌 심리적인 평안함을 주기도 하고 실내의 병균이나 자연적 소독의 역할을 해주기도 한다.

최근에 공동주택에서 가장 많은 사회적 이슈가 되고 있는 것은 층간소음의 문제이다. 아이들이 있는 집에서는 소음방지 매트를 까는 것과 같은 생활상의 배려로 층간소음을 감소하게 하는 것과 함께, 구조적으로는 슬라브(slab)층을 두껍게 하거나 소음방지장치(완충재)를 설치하기도 한다. 또한 급수, 변기 등의 배관소음이 아래로 전달되지 않도록 해당 층의 벽을 통한 오수배관이 이루어지는 당해층 변기 등의 설치가 해결방안으로 제안된다(그림 2-15 우). 이렇듯 벽, 창, 천장, 슬라브 등과 같은 구조물과 시설, 설비, 재료 등을 이용하여 내·외부의 환경을 적절히 조절하여 쾌적하고 건강한 주택을 만드는 일이 중요해지고 있다.

그림 2-15 3중 유리와 채광(좌) 그리고 당해층 변기, 바닥충격음의 구조(우)

(4) 생활 속의 주거관리

주거관리는 쾌적하고 안전한 주거생활을 위해서는 물리적인 유지·관리뿐만이 아닌 인적·심리적·사회문화적으로 쾌적한 생활을 지원해 주는 생활관리서비스를 포함한다.

공동주택이 대량으로 공급되면서 단독주택에 비해 상대적으로 유지·관리적 측면에서의 긍정적인 평가가 주택선택에 많은 영향을 미쳤다 해도 과언이 아니다. 더욱이 2000년대 이후 공동주택의 대량공급과 맞물려 차별화 전략이 도입되면서 주변환경과 복지시설(헬스장, 도서관, 회의실, 어린이놀이터 등)들이 차별화되고 관리시스템 서비스도 많이 변화되었다. 주거관리는 좁은 의미로는 승강기를 유지·보수해주고 공동주택의 공유부분을 관리해 주며, 쓰레기를 분리수거하는 등을 나타냈지만, 현재는 입주지원 생활서비스인 청소서비스, 생활관리, 여러 커뮤니티 활동을 지원해 주는 문화생활의 관리까지 그 범위가 넓어지고 있다.

최근에는 단독주택에서도 사회적으로 지원하는 주거관리 서비스를 받을 수 있게 되었다. 단독주택의 경우 가장 불편한 부분으로 안전, 방범, 유지·관리 등의 문제가 거론되곤 했으나, 현재는 기술 발전으로 인해 개별적인 방범 · 안전 등의 혜택을 받을 수 있으며 청소, 쓰레기분리 수거 등의 유지 · 관리를 지원해 주는 사회적 시스템이 실현되고 있다.

(5) 생활과 주거복지

복지(welfare)의 의미는 만족할 만한 생활환경, 윤택한 생활, 좋은 건강, 안락한 환경들이 이루어져 행복을 누릴 수 있는 상태이다. 즉 복지란 물리적 조건(번영, 풍요), 신체적 조건(건강), 정신적 조건(안정, 편안함)이 모두 다 갖추어진 상태를 뜻한다.

주거복지(housing welfare)의 개념을 한마디로 정의하기는 어렵지만, 넓게 보면 저소득층과 같은 취약계층뿐만 아니라 중산층 이상을 포함한 국민 전체의 주거수준 향상으로 사회의 안정을 도모하고 복지를 증진하고자 시행되는 제반 정책과 노력을 의미한다. 좁은 의미로는 정부의 적극적인 개입으로 사회의 주택불평등을 해소하고 주거 빈곤에서 벗어나게 하여 주거 불안전 요소를 제거하고 최저주거기준을 충족시키는 주거수준을 유지하도록 하여 주거를 통한 국민의 복지를 증진하는 것을 의미한다(주거학연구회, 2013).

참다운 주거복지는 만인에게 편리하고 쾌적한 주거의 복지를 실현하는 것이라고 할 수 있지만 우리나라는 현재 어려운 계층에게, 즉 저소득층, 빈민, 노인, 그리고 학생층 등의 주거지원을 하는 정책으로 주로 이루어져 있다. 그러나 최근에는 주거비 상승과 취업난 등으로 인하여 학생들을 포함한 청 · 장년층에 대한 주거복지로 확대되고 있으며, 쉐어하우스(sharehouse), 청년임대주택 등이 그 예이다.

4 의복과 생활

인간이 감각을 통해 느끼고 지각하며 볼 수 있는 가장 가까운 사물은 의복이다. 더욱이 사회생활을 하는 인간은 시간과 장소를 불문하고 언제나 의복을 착용한 상태에서 생활하여 수전 왓킨스(Susan Watkins, 1984)는 의복은 '제2의 피부'라고 말한 바 있다. 생활과학은 인간과 환경 간의 상호영향에 주목하는 생태학적 관점을 갖는데, 의류학도 그와 같은 관점에서 인간과 환경의 중간에 있는 의복은 둘 사이의 상호관계에 큰 영향을 미치며, 생활 속에서 인간, 의복, 환경 간의 관계를 살펴보고 더 나은 의생활을 위한 방안을 찾는 것을 의류학의 목표로 한다(그림 2-16). 이런 의류학의 목표를 이루기 위해서는 인간, 의복, 환경으로 이루어진 의생활에 대한 이해가 필요하며 이를 위해 먼저 의복의 의미를 이해하고 생활 속에서 의복의 기능을 파악해야 한다.

그러므로 본 절에서는 의복의 의미와 기능을 알아보고 생활이 발달함에 따라 의복의 주된 기능이 어떻게 변화되어 왔는지를 살펴본다.

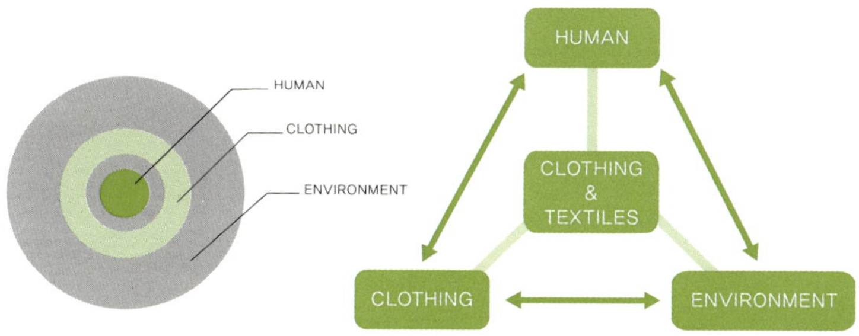

그림 2-16 의류학을 구성하고 있는 요소와 그들 간의 상호작용

1) 의복의 의미

의복이란 우리가 일반적으로 옷이라고 표현하는 것으로 인체의 몸통과 팔다리를 감싸는 것을 의미한다. 따라서 재킷, 점퍼 등의 상의와 바지, 치마 등의 하의를 포함해 '의복'이라 한다. 그러나 일상에서 우리는 의복의 의미를 갖는 다양한 용어들을 만난다. '의류'도 그 중의 하나로 '의복류'라고 하는 분류의 개념을 가져 의복에 속하는 모든 것을 통합해 지칭하는 의미로 의복과 관련해 학술적이고 전문적인 의미로 사용할 때 주로 이용한다. 그러나 의복을 인체에 걸치는 모든 종류의 물건이라는 넓은 의미로 표현할 때는 '피복'이라는 용어를 쓰고, 의복을 착용한 사람이나 착용

목적을 고려하여 사용할 때는 '의상'이라는 표현을 쓰기도 하며 의복을 착용한 사람의 착용상태를 착용자와 관련시켜 말할 때는 '복장'이라고 쓴다. 또한, 실제 의복을 착용한 시대의 정치, 경제, 사회, 문화 등과 연결시켜 피복의 착용 방식을 나타낼 때는 '복식'이라는 용어를 사용한다.

의복보다는 피복이 포괄적인 개념으로 의복이 피복의 부분집합에 해당하고, 이 두 용어는 물리적 측면에서 의복을 표현하는 용어이다(그림 2-17). 의상과 복장은 인간과 연결시켜서 의복을 논한 것이라면, 복식은 의복에 인간적 요소를 더하고 환경적 요소로 이를 설명하고자 한다. 이처럼 의복이라는 의미를 갖는 다양한 용어들을 통해 의류학이 다루는 '의복'의 개념을 이해할 수 있다.

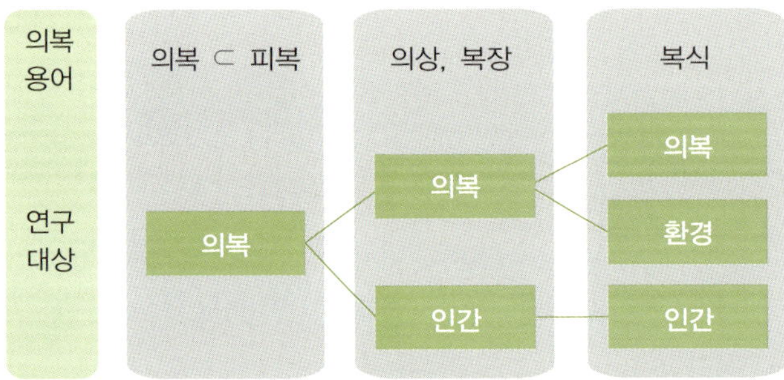

▌그림 2-17▐ 의류학을 설명하는 의복을 표현하는 관련된 용어들

의류학에서는 '의복'이라는 연구 대상을 중심으로 두고 좁게는 물리적 의미에서 '의복'이라고 하는 사물 또는 객체를 설명하고 다루지만, 의상과 복상 등의 용이에서 알 수 있듯이 의복을 입고 있는 인간과 의복을 연결시켜 설명하기도 한다. 또한 여기서 더 나아가 복식이라는 용어가 의미하는 바처럼 의복, 인간의 관계를 인지하고 그 사이에 사회, 정치, 경제 등 다양한 요소들이 이 둘 사이의 관계에 어떻게 영향을 주었는지를 연구한다.

이처럼 의복을 뜻하는 다양한 표현이 존재한다는 것은 생활 속에서 의복이 다양한 의미를 갖는다는 뜻이고, 그만큼 다양한 기능이 있으며 사회에서 이러한 기능을 인정한다는 의미이기도 하다. 그러므로 의복은 우리 생활에서 매우 의미 있는 연구

대상이라고 할 수 있으며, 이에 대해 탐구하고 공부하는 의류학의 중요성은 크다고 할 수 있다.

2) 의복의 기능

(1) 생활 속 의복의 기능

의복은 인간이 환경에 적응하는 데 도움을 주고 이러한 도움은 의복의 기능으로 설명된다. 의복의 기능은 크게 도구적 기능과 표현적 기능으로 나누어진다. 도구적 기능은 구체적인 목적을 수행하기 위한 의복을 도구로 사용하는 것으로, 물리적 기능과 사회적 기능으로 다시 나눌 수 있다. 물리적 기능은 찬 기후 또는 위험한 환경으로부터의 인체 보호와 인체 운동/작업 시 능률 향상에 목표를 둔다. 이에 반해 사회적 기능은 인간이 사회에 잘 적응하도록 도와주는 기능으로 타인과 유사한 의복 착용을 통해 그 집단에 소속된 사람이라는 심리적 안정감을 갖게 한다거나 때와 장소에 맞는 옷차림을 통해 사회 적응을 잘하도록 한다는 의미이다.

그림 2-18 의복의 상징적 의미표현으로써의 의복단서

의복의 표현적 기능은 개인의 자기표현과 상징적 의미 표현으로 나눌 수 있으며, 착용자의 감정적, 심리적 욕구를 충족시키는 기능을 갖는다. 자기표현은 개인이 타인에게 인정받아 자아 존중 욕구를 실현하고자 의복을 통해 개인의 매력, 신념, 사상, 가치관 등을 표현하는 것을 말한다. 인간이 본능적으로 갖고 있는 신체장식 욕구, 미적 표현 욕구, 개성표현 욕구 등이 이에 속한다. 상징적 의미 표현은 의복이

착용자에 대한 상징적 커뮤니케이션의 기능을 갖는다는 것이다. 즉 의복을 통해 개인의 성별, 연령, 직업, 신분, 지위 등을 나타낼 수 있으며 의복이 이러한 의미를 타인에게 전달하게 된다. [그림 2-18]을 보면, 우리는 이들이 처한 상황, 직업, 나이 등을 묻지 않고도 이들의 옷을 보고 추론할 수 있다. 그러므로 의복의 표현적 기능을 통해 개인은 심리적 만족을 얻고 의복을 통한 상징적 커뮤니케이션에 의해 의미를 전달할 수 있다.

(2) 생활 발달에 따른 의복의 주된 기능 변화

생활 속에서 의복은 도구적 기능과 표현적 기능을 수행한다. 그러나 이러한 기능들은 의복 종류와 시대에 따라 중요성이 달라진다. 평상복과 작업복을 비교한다면 평상복은 작업복에 비해 표현적 기능이 더 중요하고 작업복은 평상복에 비해 도구적 기능이 더 중요하다. 또한 시대에 따라서도 의생활이 달라지므로 의복에서의 중요 기능도 차이를 갖게 된다. 이를 생활 발달에 따라 설명하기 위해 고대, 중세, 근대, 현대, 미래로 나누어 살펴본다.

① 고대: 신체보호 도구로서의 의복

의복을 처음으로 착용하기 시작한 초기에 의복은 신체 보호가 중요한 착용 동기 중의 하나였을 것이다. 의복을 통한 신체보호는 체온조절을 통한 생리학적 측면에서의 보호, 외부 위험 환경으로 부터의 보호, 외부 이물질 차단을 통한 위생적인 측면에서의 인체 보호 등을 들 수 있는데 그중에서도 체온조절을 통한 생리학적 측면에서의 보호가 매우 중요했을 것이다.

그러므로 의복 형태 및 소재는 체온조절과 관련되어 결정될 수 밖에 없다. 더울수록 의복에 의해 인체를 덮는 피복 면적은 작고 추울수록 인체를 많이 덮는 형태가 되며, 더운 지방의 경우에는 시원한 감을 주는 소재를, 추운 곳에서는 동물의 가죽 등 보온에 훨씬 유용한 소재들을 이용하여 의복을 만들어 입었을 것이다. 따라서 인류가 옷을 입기 시작한 초기에 의복은 신체보호 도구로서의 의미를 생활 속에서 갖고 있었다고 할 수 있다.

② 중세: 신분이나 계급 지위 상징물로서의 의복

사회가 발달하면서 계급이 발생하였고 신분에 따라 삶의 형태나 모습도 달라지게 되었고 그중의 하나가 계급에 따른 의복에서의 차이였다. 의복의 형태뿐만 아니라 사용하는 소재, 색에 이르기까지 신분에 따라 차이를 두고 이를 엄격하게 지키도록 하였다.

한국도 계급에 따라 차별을 두었으며 지배층은 신분과 위엄을 나타내었고 피지배층은 노동성을 중시하여 발달하였다. 중세 유럽의 경우에도 평민이나 하류층은 어려서부터 노동을 해야 하기 때문에 노동성이 중요하여 미의 기준도 건강한 아름다움이었으나 노동을 천한 신분을 가진 계급들이 하는 것으로 생각했던 귀족들은 허약함을 아름다움의 기준으로 삼기도 하였다.

과거의 신분사회에서는 지배층과 피지배층의 구별도 있었지만 동서양을 막론하고 남성과 여성의 상대적인 지위 차이도 존재하였다. 한국의 경우 여자들의 바깥출입이 엄격히 제한되었고 외출 시에는 얼굴가리개였던 장옷, 쓰개치마 등을 착용해야 했다. 서양도 여성성을 강조한 코르셋과 페티코트를 착용하였으며 이슬람 문화권에서는 무슬림 여성에게 외출 시에는 외부인(남성)에게 신체 노출을 하지 않게 하기 위해 히잡(머리카락을 가리는 두건), 니캅(눈 아래 얼굴을 덮는 천), 부르카(큰 천을 머리부터 발끝까지 뒤집어쓰고 눈 부분을 망사로 가림) 등을 착용하게 하였다(그림 2-19).

이처럼 중세시대 의복은 동서양을 막론하고 계급이나 지위, 신분, 성별 등을 나타내는 상징물로서 생활 속에서 중요한 위치를 차지하고 있었다.

그림 2-19 히잡, 니캅과 부르카

③ 근대: 인간의 활동성을 제공하는 도구로서의 의복

중세를 지나면서 신분제도가 와해되고 기술발전에 따라 공업화가 되면서 근대화가 이루어졌다. 18세기 후반 시작된 산업혁명을 기점으로 신분제도의 철폐와 산업화가 이루어져 이전의 전통복식이 갖고 있던 신분제에 따른 규제를 없애 의복에서의 평준화가 시도되었다. 특히 산업화에 따른 노동자 계급의 출현으로 노동자들의 기능성과 편리성을 고려한 의복이 개발되었다. 서양의 경우 남성복과 여성복 모두 의복이 간소화되어 실용적이고 활동적인 복장으로 변했고 특히 여성의 경우 코르셋과 패티코트를 착용하지 않게 되어 활동성이 크게 증가되었다.

한국의 경우에는 1894년 갑오개혁을 시행하면서 신분제를 철폐하여 복식제도가 바뀌었다. 서구식의 편리성을 추구한 최초의 의복 개혁이자 전통복식의 현대화가 시도된 것이다. 그러나 서양과 달리 한국의 근대복식 도입은 전통복식을 전통적 의식과 문화의 상징으로 여겼기 때문에 매우 거센 저항을 받아야만 했다.

근대에서 의복은 의생활 역사에서 가장 큰 변화를 겪었다고 해도 과언이 아니다. 오랫동안 의생활에 영향을 미쳐 온 신분제 철폐로 인해 신분에 따른 전통복식을 폐기하였고 산업화에 따른 노동 또는 활동 시 편리함을 추구하는 특성으로 인해 이전의 의복과는 확실하게 차별화된 의복으로 변화가 이루어졌기 때문이다. 요약하면, 근대기의 의복은 의복에서의 기능성과 편리성을 강조하는 형태로 발전되어 생활 속에서 인간의 활동을 편하게 돕는 도구로서의 기능을 수행하였다.

④ 현대: 자기표현과 상징적 커뮤니케이션 표현을 통한 사회적응 도구로서의 의복

근대 문명은 근대인들이 이루어낸 여러 혁명에 의해 발전되었다. 16세기부터 발전한 과학정신에 의해 17세기에 과학혁명이 일어나고, 프랑스 대혁명, 미국 혁명 등의 정치혁명이 민주주의를 실현시켰으며 시장경제제도와 18세기 말의 산업혁명으로 인해 상업이 발전하고 생산력과 물질적 풍요를 가져왔으며 개인주의가 확산되었다.

이러한 근대 문명을 통해 증가한 생산력과 물질적 풍요가 현대로 이어져 의생활을 크게 향상시켰다. 계속적인 기술발달과 나아지는 경제상태는 의복 소비를 부추

졌으며 사회가 분업, 전문화되면서 의복제조자였던 쿠튀르에(couterier)들이 패션디자이너로서의 위치를 갖게 되었다. 그들은 새로운 스타일을 소개했고 유행을 만들었으며 의복제조와 관련된 분야는 섬유의류산업으로서의 위치를 갖게 되었다. 이로써 의복은 인간의 미적 욕구와 자신만의 개성을 표현할 수 있게 되었으며 현대인들은 의복을 통한 자기표현 욕구를 충족하여 심리적 만족감을 얻을 수 있었다.

▌그림 2-20 ▌ 1960년대 Mary Quant의 미니스커트
출처: ohmymag(2016. 1. 9.).

1966년 메리 퀀트(Barbara Mary Quant)가 디자인한 미니스커트는 대중화에 성공하여 젊은 여성들은 무릎 위 다리를 노출하였고(그림 2-20), 이브생 로랑도 시스루(see-through) 소재의 블라우스를 발표하여 인체 윤곽선이 드러나 보이도록 하였다. 이에 따라 패션모드는 신체보호나 신분과시보다는 자기표현의 한 방식으로 자신의 육체도 복식의 한 형태로 간주하면서 자기만족감을 충족시키려는 경향으로 바뀌게 되었다.

현대에는 모든 영역이 전문화 · 분업화되었고 개인주의가 이기주의로 변질되면서 사회 내 인간관계가 약화되어 타인과의 의사소통이 어렵고 타인을 파악하기 쉽지 않게 되었다. 이와 같은 조건에서 의복은 매우 유용하게 사용되었다. 의복은 개인의 감정, 성격, 가치관 및 신분 지위 등을 표현하는 기능을 가져 대인지각의 단서로써 사용할 수 있기 때문이다. 따라서 인간관계가 약화된 사회에서 비즈니스적 관계를 맺고 바쁘게 살아가는 현대인들은 이러한 의복단서를 사용하여 상황에 맞게 의복을 착용함으로써 특정 상황에서 개인이 갖는 의사나 감정을 의복을 통해 표현하고 전달하고 있다.

특히 의복의 상징적 커뮤니케이션의 기능은 신분이나 지위, 소속을 표시하는 것이 업무 수행에 도움이 되는 군대, 경찰, 병원 등에서 매우 유용하게 사용되어 그와 같은 조직에서는 유니폼을 입게 되고 이러한 유니폼은 착용자가 속한 집단의 상징적인 표현물로써 사용된다.

따라서 20세기 들어 의복은 미적 표현의 수단으로 착용자에게 즐거움과 심리적 만족감을 제공하면서 개인의 성격, 지위 등을 나타내고 상황에 맞는 예의규범을 표현하는 사회적응 도구로써의 기능을 수행하고 있다.

⑤ 미래: 첨단기능을 장착한 능동적 반응주체로서의 의복

21세기 의생활 변화를 가져올 가장 큰 요인 중의 하나는 첨단기술과의 융·복합이며 이는 전혀 다른 개념을 갖는 의복으로의 혁명적 변화를 예고하고 있다.

이제까지 의복은 인간과 환경간의 상호작용에 영향을 끼치는 매개체 역할을 수행하였으며 이때 의복은 외부 자극에 대해 수동적으로 반응하였다. 그러나 이제 의복은 두 인자의 영향을 스스로 감지하고 그에 대해 능동적으로 반응한다. 이미 몇몇 기업에서는 이러한 개념에서 상품을 개발하였는데, 온도가 낮은 곳에서 높은 곳으로 이동하면 의복 스스로 흡열하여 착용자의 의복 내 온도를 낮추거나 온도가 높은 곳에서 낮은 곳으로 이동하면 발열하여 의복 내 온도를 높이는 의복이 발표되었다. 또한, 몸에서 땀과 열이 나면 섬유분자 구조가 열려 땀과 열을 배출하고 외부 온도가 낮으면 분자 구조를 오므려 열 방출을 막는 의복소재도 소개되었다. 외부 자극을 감지하고 스스로 인체가 환경에 적응할 수 있도록 반응하는 지능형 의복이 만들어지고 있는 것이다.

더욱이 지금까지 의복에 없던 기능들, 예를 들어 심박수 측정, 위치 추적, 음악 재생 등의 기능을 수행하고, 멀리 떨어져 있는 사람에게 나의 포옹을 전달해 주어 내 감정을 표현하여 전달하는 옷도 시판되고 있다. 미래에 의복은 지금보다 더 많은 첨단기능을 갖은 채 인간과 환경사이에서 외부 자극에 대해 스스로 능동적으로 반응하는 주체자가 될 것이다.

3) 인간, 의복과 환경으로 구성된 의생활

인간과 환경사이에 의복이 존재하고 이들은 서로 영향을 주고받으며, 의생활을 형성하게 된다. 세 변수 중 인간은 시간에 따라 변화하나 그 속도가 느리고 환경은 계속 변화하면서 조절될 수 없다. 그러므로 인간이 환경에 적응하기 위해서는 의복에서의 변화가 필요하다.

따라서 의복은 자연(물리적)환경과 사회적 환경의 영향에 의해 유기체처럼 변화되고 성장, 발전되어 왔다. 본 절에서 자연(물리적)환경은, 인간을 둘러싸고 있는 물리적인 의미에서의 기후, 지역 등의 자연환경과 착용자가 처한 운동/작업 환경 등을 의미한다. 사회적 환경은 인간을 둘러싼 사회라고 하는 구조가 갖고 있는 특성을 사회적 환경으로 정의한다. 이러한 환경들이 의복에 어떻게 영향을 미쳤는지를 알아본다.

(1) 의생활에 대한 자연(물리적)환경의 영향

의복에 영향을 미치는 가장 중요한 환경은 자연환경이다. 즉 인간을 둘러싼 기후조건과 지리적 조건은 의복에 큰 영향을 미친다. 특히 의복 소재와 형태에서 나타난다. 여름은 얇은 소재를 사용해 팔다리를 내놓는 형태의 옷을 착용하지만 겨울은 두꺼운 소재를 사용하고 몸통과 팔다리뿐만 아니라 머리와 손도 덮기 위해 모자와 장갑을 착용하게 된다. 또한 같은 위도상에 존재한다고 하더라도 그 지역이 산지, 평야, 사막이냐에 따라 각 지역에서 입는 의복은 다르다(그림 2-21).

(a) 산악지역(페루) (b) 사막지역 (c) 극지방 에스키모인

그림 2-21 지역에 따른 의복 차이

지금과 같이 기술이 크게 발전하지 않았던 과거에 자연환경이 의복에 미치는 영향은 매우 컸을 것이다. 그러나 현대에 와서는 의복 재료가 풍부해졌고 온습도가 조

절되는 실내 생활이 증가하면서 기후 조건이나 지리적 조건이 의복에 미치는 영향은 크게 줄어들고 있다. 대신 착용자가 처한 환경에 대한 인체 적응성을 높이려는 측면에서 의복이 크게 개선되고 있다. 착용자가 처한 환경은 운동과 작업환경으로 나눌 수 있다. 운동환경의 경우 운동 시 착용자의 능력을 강화시킬 수 있는 의복을 개발하고 있으며 이렇게 개발된 의복들로 운동선수의 기록이 크게 향상되고 있다(그림 2-22).

그림 2-22 운동경기력 향상을 위한 운동경기복

또한 과거에는 존재하지 않았던 작업환경에 현대인들이 놓일 때가 있다. 예를 들어 우주 비행사가 가게 될 우주, 분진과 미세먼지가 많이 발생하는 도장 작업장, 독한 가스가 발생하는 화학공장 등 이전에 비해 직업이 전문화되고 특별한 작업환경이 생기면서 그 환경에 노출되는 작업자들의 위험도는 증가하여 이런 상황에서 인체를 보호하기 위한 특수한 의복이 개발되고 있다(그림 2-23).

▌그림 2-23▌ 특수한 작업환경에서의 작업복

(2) 의생활에 대한 사회환경의 영향

착용자가 살고 있는 사회환경 요인 중 의복에 영향을 미치는 특성을 정리하면 아래와 같다.

① 기술 수준

인류가 직물을 만들기 시작한 것은 7000~8000년경인 신석기 시대로 추정된다. 그 이후 의복과 관련된 기술들이 발전하면서 의생활은 크게 향상되었다. 인류의 의생활에 큰 변화를 일으킨 중요한 기술은 재봉틀 발명, 방적기와 제직기 등 섬유기계 개발, 인조 섬유 개발을 들 수 있다. 1829년 재봉틀의 발명은 생산속도와 기술을 증가시켜 의복의 대량생산을 가능하게 하였으며, 1차 산업혁명에서의 방적기와 제직기 개발로 의복의 품질은 더욱 향상되었고, 기성복이 생산되면서 의복 스타일이 보다 단순해졌다. 재봉틀의 발명과 방적기와 제직기 등 섬유기계의 개발은 생산관련 기술로 생산 속도와 양에서의 획기적인 증가를 가져왔다. 이에 반해 인조섬유 개발은 의복 소재를 풍부하게 하여 의생활을 보다 풍요롭게 하였으며 새로운 디자인, 새로운 기능들을 갖는 의복을 만들게 하였다.

② 계급

사회 내 지배 계급과 피지배 계급이 있는 신분사회인지 아닌지는 의복에 영향을 미친다. 신분사회라면 신분에 따라 의복이 정해져 의복에 대한 규제가 많지만 신분사회에서 벗어나면 의복에서의 평등화가 실현된다.

③ 여성 지위

동서양을 막론하고 남성은 여성보다 우월한 지위를 갖고 있어 남성복식보다 여성복식에서 사회적 규제가 많았다. 그러나 제1, 2차 세계대전으로 여성 노동인구가 증가하였고 여성의 근대교육이 이루어지면서 차츰 여성복에서의 규제가 사라지고 활동성이 증가하였다. 근대화가 진행되면서 지속적으로 여성의 사회적 지위가 향상되었고 1980년대에는 남성의 의복으로부터 남성적인 요소를 가져와 여성복에 가미한 비즈니스 슈트 등이 인기를 끌기도 하였다.

④ 이데올로기

한 사회가 갖고 있는 이데올로기는 의복에 크게 영향을 미친다. 이데올로기는 존 프라메나츠에 따르면 어떤 집단이나 사회에 긴밀한 연관성을 갖고 있는 일련의 신념이나 관념 또는 태도 등을 뜻한다. 이데올로기는 개인이나 시대에 따라서 다양한 양상을 나타내며, 계속적인 변화를 겪는다(정영도, 2012).

개인에게 이데올로기는 자기 보존과 지속적 자기 유지에의 경향을 나타내고, 고정된 이데올로기를 통해 주변 환경을 해석하고자 한다. 따라서 개인은 자신이 갖고 있는 이데올로기에 따라 행동하게 되는데 예를 들어 개인이 갖는 이데올로기 중 종교적·도덕적 이념과 같은 것에 맞추어 옷을 착용하게 된다. 개방적인 사람은 개방적인 옷차림을, 보수적인 사람은 보수적이고 전통적인 옷차림을 선호하게 되는 것이다.

시대에 따라서도 특징적인 이데올로기가 존재하게 되는데 20세기 전반기는 모더니즘이, 후반기는 포스트모더니즘이 전 세계를 지배하였다고 볼 수 있다. 모더니즘의 영향으로 20세기 전반기는 기능적이고 단순하고 합리적인 스타일이 유행하였다.

후반기는 포스트모더니즘에 의해 탈 중심적 다원적 사고의 영향을 받아 제3세계에 대한 관심이 높아지면서 에스닉룩이 유행하였고 해체주의적 사고의 영향으로 성고정 관념에서 탈피하여 엔드로지너스룩(androgenious look)이 유행하였다.

⑤ 풍속이나 관습

오래전부터 전해 내려오는 생활 전반에 관한 습관을 풍속이라 하는데, 어느 사회나 의식주 전반에 관련된 것뿐만 아니라 놀이, 의식 등에도 풍속 또는 관습이 있다. 의생활 관련해서도 특별한 의식들과 관련되어 전해 내려온 풍속들이 있으나 후대로 내려오면서 변화되거나 사라지기도 하였다(그림 2-24). 과거에 한국에서는 장례를 치를 때 상주는 삼베옷을 나머지 일가친척들은 흰옷을 입었으나 최근 들어 장례식장에 갈 때는 상주뿐만 아니라 참배객도 검은색 의복을 착용하는데 우리의 전통 풍속이 외래문화에 의해 바뀐 대표적인 사례이다.

그림 2-24 서양 결혼식과 인도네시아와 일본의 전통결혼식

⑥ 경제 상황

현재, 의복은 시장을 통해 구매하는 상품이다. 따라서 경제상황에 따라 의생활도 달라지는데 경제상황이 안 좋으면 섬유의류산업은 위축되고 의생활도 단순해진다. 1939년 시작된 제2차 세계대전으로 소비재 공장들이 군수품 공장으로 전환되었고 그로 인해 직물을 비롯한 의복 등의 생필품이 부족하여 패션이 정체되기도 하였다. 결국 1941년 영국은 실용계획안을 발표하여 의생활을 통제하였고 의복 소재와 디자인을 제한하는 실용적 의복(utility cloth)을 추천하기도 하였다. 한국에서도 1950년 한국전쟁으로 인해 물자가 귀해지고 경제적 상황이 어려워 질기고 오래 입을 수 있

는 나일론 의복이 선호되었다.

이와 같이 경제상황은 국민들의 의생활에 큰 영향을 끼쳤으나 때로는 경제상황이 아무리 어려워도 의생활에서의 변화를 유도하지 못하는 경우도 있었다. 제1차 오일쇼크가 왔을 때 일본정부는 그에 대한 대응책을 강구하여 승강기 단축 운행, 에어컨 사용자제, 반소매 정장 등을 발표하였다. 승강기 단축운행이나 에어컨 사용 자제 등은 국민들이 협조하였으나 수상까지 반소매 정장을 입고 착용을 독려하였지만 반소매 정장은 끝내 유행하지 않았다(Yergin, 1993).

⑦ 의복에 대한 규제

1960년대 서구의 복식혁명을 일으켰던 미니스커트가 세계적으로 유행하였고 한국에서도 1967년 미국에서 활동 중이던 가수가 입고 귀국하여 많은 사람들의 관심을 끌었고 젊은 여성들이 착용하게 되었다. 그러다 1973년 2월부터 경범죄처벌법에 '저속한 옷차림'에 대한 규정이 들어가면서 무릎 위 15cm 이상 올라간 미니스커트를 입는 것이 금지되었고 경찰들이 자를 들고 다니면서 여성들의 드러난 허벅지를 재게 되었다. 이 조항은 1988년 12월 31일 이후로 없어졌지만, 한국 사회가 여성의 신체 노출에 대해 어떻게 생각하는지를 보여주는 대표적 사례라고 할 수 있다.

5 식품영양과 생활

식사를 하는 것은 개인의 건강과 질병예방을 통해 인간 삶의 안정적 유지를 가능하게 할 뿐만 아니라 최근에는 외식문화로 인해 맛있는 식사를 좋은 곳에서 하는 여가생활이나 취미활동으로까지 그 의미와 중요성이 커지고 있다. 따라서 식품, 영양 등을 다루는 식품영양학이 우리 생활에 미치는 영향도 더욱 증가하고 있어, 이에 대한 이해가 필요하다. 따라서 본 절에서는 식품영양과 건강 및 질병 간의 관계와 현대인의 식습관에 대해 알아본다.

1) 식생활의 이해

(1) 식품영양과 건강

① 식품의 종류

식품은 영양소에 따라서, 자원에 따라서, 그리고 생산양식에 따라서 분류될 수 있다(박성수 외, 2013). 첫째는 영양소에 따른 분류로서, 6그룹으로 구분할 수 있다. 1그룹은 '어류, 육류, 난류, 콩류'를 포함하며 주로 단백질이 풍부하나 지질을 공급하기도 한다. 2그룹은 '우유, 유제품, 해초, 작은 생선류'를 나타내며, 주로 무기질이 풍부하다. 3그룹은 '녹황색 채소'를 의미하며 카로틴이 풍부하고, 그외에 다양한 비타민과 무기질을 공급한다. 4그룹은 3그룹 이외의 '채소와 과실'을 포함한다. 5그룹은 '곡류, 서류, 설탕'을 포함하며, 6그룹은 '유지류'와 지방이 많은 식품을 의미한다.

둘째는 자원에 따른 분류이다. 식물성 식품과 동물성 식품으로 구분한다. 식물성 식품은 '곡류, 두류, 서류, 채소류, 과실류, 종실류, 버섯류, 해초류'를 포함하며 동물성 식품은 '가금류, 육류, 어류, 난류'를 포함한다.

셋째는 생산양식에 따른 분류이다. '두류, 채소류, 과실류'는 농산물 식품으로 분류되며, '가금류, 육류, 우유'는 축산물 식품으로, '어패류와 해산물'은 수산물 식품으로, '버섯류와 산채류'는 임산물 식품으로 '조미료, 향신료, 유지류, 기호음료'는 그외의 식품으로 분류된다.

② 영양소의 정의와 기능

우리는 끊임없이 음식을 섭취하고 있다. 잘 먹는다는 것은 우리의 삶을 꾸려나가는데 있어서 아주 중요한데 이는 식생활이 건강과 밀접한 연관성이 있다는 의미이고 이는 영양과 질병의 관련성을 통해 검증되고 있다. 최근에 매일 섭취하는 음식이 우리의 몸에 중요하게 작용한다는 사실을 현대인들이 많이 인식하고 있는 것은 의미 있는 일이다.

영양학에서는 "you are what you eat"이라는 표현을 통해 음식의 중요성을 강조한다. 사람이 어떤 음식을 섭취하느냐에 따라 건강이 좌우되므로 좋은 음식을 먹고 좋은 식생활을 유지하는 것은 매우 중요하다.

영양소는 식품의 성분 중 체내에서 영양적인 작용을 하는 유효 성분으로, 우리 몸을 만들고 에너지를 제공하며 몸의 생체 기능을 조절하는 것으로, 우리가 식품을 먹는 것은 건강의 모든 단계에서 중요한 역할을 한다(박명윤 외, 2010). 우리 몸에 필수적으로 섭취해야 하는 영양소는 탄수화물, 단백질, 지방의 3대 영양소와 비타민, 무기질 그리고 물을 강조할 수 있다. 이 모든 영양소를 골고루 섭취해야 건강한 생활을 유지할 수 있다.

한편 식사로부터 얻어진 영양은 다양한 역할을 하게 된다(최혜미 외, 2012). 첫째, 생명을 유지하는데 필요한 에너지를 공급하는 역할을 하며, 둘째로, 몸을 구성하며 셋째로 다양한 기능을 조절하여 정상적인 생활을 하게 한다. 마지막으로, 면역기능을 향상시키며 질병을 예방한다.

③ 6대 영양소의 이해

사람이 성장기에 정상적인 성장을 하고, 전 생애를 통하여 심신의 건강을 유지하기 위해 필요한 영양소는 현재까지 밝혀진 것만 약 50개 정도이다. 영양소들은 우리가 매끼 먹고 있는 음식물을 통해서 얻는다.

영양소는 그 구조와 성질 및 기능에 따라 여섯 개의 영양소로 크게 구분할 수가 있다. 이 중 세 가지는 신체에 에너지를 제공하는 것으로써 탄수화물(carbohydrates), 지질(lipids), 단백질(proteins)이며, 탄수화물, 단백질은 각각 1g이 4㎉, 그리고 지질은 9㎉의 에너지를 발생한다. 탄수화물, 지질, 단백질은 에너지의 주된 영양원으로써 대부분 에너지와 체온 유지를 위한 열에너지로서의 기능을 한다.

다른 세 가지 영양소는 무기질(minerals), 비타민(vitamins)과 물(water)로, 위의 영양소들처럼 에너지를 주지는 못하나 신체에 꼭 필요한 영양소들이다. 비타민과 무기질은 생리적 기능 조절자의 역할을 하는 영양소로 부족할 경우 우리 몸도 기능이 떨어지거나 병이 날 수가 있다. 여섯 가지 영양소를 자세히 살펴보면 아래와 같다(박명윤 외 2010; 김영주 외, 2015).

첫째, 탄수화물은 지방, 단백질과 함께 식품의 중요한 기본 성분으로 식사를 통해 얻는 열량의 60%를 차지하는 체내 주된 에너지원의 역할을 한다. 탄수화물은 당류, 전분 외에 셀룰로오스 등의 형태로 식품에 널리 분포되어 있다.

둘째, 단백질은 탄수화물, 지질과 더불어 3대 영양소에 속하며, 생체를 구성하는 주성분이다. 체내에 필수적인 중요한 물질들을 만들거나 운반하고, 생체 내 생명현상을 유지하기 위한 다양한 기능을 가지고 있으며 뼈, 근육 등의 연결 조직을 이루기도 한다.

셋째, 지질은 탄수화물, 단백질과 더불어 3대 영양소의 하나이며, 중요한 에너지원인 동시에 지용성 비타민을 함유하고 있다. 지방 함량이 높은 식품은 중성지방이 주성분이라고 볼 수 있다.

넷째, 무기질은 신체의 성장과 유지 및 생식에 필요한 영양소로서 에너지를 가지고 있지는 않으나, 뼈와 치아를 구성한다. 신체의 구성 성분 중 무기질은 체중의 약 4%를 차지한다. 식품성분으로서의 무기질은 Na, K, Ca, P, Mg, Fe, Cu, S 등이 있다.

다섯째, 비타민은 세포 속에서 대사 기능을 위해 필요로 하는 유기물이다. 스스로 합성되지 못하기 때문에 식사 및 외부적인 투여를 통해 공급되어야 한다. 에너지를 생성하지는 않으나, 세포 분열, 성장, 혈액 응고 등의 과정에 필요하다.

여섯째, 물은 사람의 생명을 유지하기 위해 필수적인 물질로서 신체의 2/3을 차지한다. 영양소와 노폐물의 운반, 분비액의 성분(타액, 위액 등), 대사과정의 촉매작용, 체온조절작용 등의 역할을 수행한다.

(2) 식품영양과 질병

① 생활습관병

개인의 식생활은 건강과 삶의 질에 미치는 영향이 매우 크다. 특히 식습관은 생활습관병과 밀접한 연관성을 가진다. 생활습관병(life-style related diseases)이란 식습관, 운동습관, 흡연, 음주 등의 생활습관과 관련하여 발생하는 질환을 의미한다. 즉, 사람의 삶이 질병의 발병이나 진행과 관련 있다는 것이다(Japan Ministry of Health and Welfare, Public Health Committee, 1996), 예를 들어 만성퇴행성 질환(혹은 성인병이라고

도 불림)의 발병과 진행에 있어 생활습관을 개선하면 그 발병과 진행을 예방할 수 있다는 개념에서 출발한 것이다.

생활습관병이라는 개념에 의하면 생활습관이 고혈압, 암, 뇌졸중, 심장병, 당뇨병 등의 질병 발생 및 진행에 많은 영향을 끼치므로 생활습관을 개선하는 것이 중요하다. 일례로, 식생활로 인한 영양 과잉 및 불균형이 만성퇴행성질환과 연관이 되는데, 고열량, 고포화지방산, 고콜레스테롤, 고나트륨, 섬유소 부족 등의 음식을 섭취하는 것은 관상동맥 질환, 암, 뇌졸중, 당뇨병 등의 질병과 관련성이 있다. 육류의 과도한 음섭취는 LDL(Low Density Lipoprotein) 콜레스테롤을 높혀 동맥경화성 질환의 확률을 증가시키며, 고나트륨(소금 섭취)은 혈압을 상승시켜 심혈관 질환의 발병 확률을 증가시키게 된다.

식생활습관은 어려서부터 몸에 익히므로 가정에서 올바른 식생활을 형성시키기 위해 노력해야 할 것이다. 또한 가정뿐만 아니라 학교 및 지역사회에서도 건강한 일상생활의 실현을 목표로 올바른 태도 형성 및 태도를 습득하도록 지식 제공 및 적절한 교육의 중요성이 강조되고 있다.

② 건강식을 추구하는 트렌드

몸과 마음의 건강을 목표로 삶의 질을 향상시키려고 하는 웰빙 트렌드에 따라 소비자의 식품 선택은 달라지고 있다. 웰빙 트렌드에 따라서 변화된 식품 선호도가 달라지고 있는데, 자세히 살펴보면 다음과 같다(서남미, 2003).

첫째, 건강한 삶을 추구하는 웰빙 트렌드는 각종 공해와 환경오염으로부터 벗어나 자연친화적인 가치를 바탕으로 한다. 따라서 화학조미료가 가미된 음식보다 친환경 음식, 혹은 유기농 음식을 선호하며 수요가 증가하고 있다. 둘째, 삶의 여유를 중요시하는 웰빙 가치에 따라 인스턴트 및 패스트푸드보다 가정에서 만드는 슬로푸드를 선호한다. 셋째, 육체적으로 질병이 없는 건강한 상태를 추구하는 웰빙족은 고기보다 유기농법으로 재배된 채소를 선호하는 경향이 있다. 넷째, 신체 건강을 추구하는 문화로 인하여, 기능성 식품 및 건강보조식품의 소비가 증가하고 있다. 일례로 우리나라 건강기능식품 시장의 성장세가 증가하고 있으며 미국도 식품 보조제 시장이 증가한 것으로 나타났다(식품유통연감, 2003).

2) 현대인의 식습관

(1) 식품 및 영양소 섭취 변화

현대인의 식품 소비는 우리나라의 급속한 경제 성장으로 인한 국민 소득 증가와 식생활의 서구화로 그 형태나 양상이 크게 변화되었다(심보섭, 2006; 이현정, 2010). 이러한 변화를 크게 당류 섭취와 지방 섭취의 변화를 중심으로 살펴본다.

① 당류 섭취의 변화

당류 섭취의 변화를 2015년 식품의약품안전처의 보고서 통계를 통해서 살펴볼 수 있다. 한국인의 1인 평균 당류 섭취량은 2007년 59.6g, 2010년 70.0g, 2013에는 72.1g으로 증가하고 있으며, 가공식품을 통한 당류 섭취량은 2007년 33.1g, 2010년 42.1g, 2013에는 44.7g으로 계속 증가하는 추세이다.

연령별 당류 섭취량을 살펴보면 어린이의 당류 섭취량이 높게 나타났다. 다른 연령에 비해 6~11세는 WHO 섭취권고기준보다 높게 나타났다. 특히 가공식품을 통한 당류의 섭취량이 높게 나타났다. 청소년의 당류 섭취량 역시 WHO 섭취권고기준을 초과하는 것으로 나타났다. 식품 중 음료류가 당류의 주요 공급량으로 하루 평균 34.3%를 섭취하는 것으로 나타났으며, 특히 탄산음료 섭취량이 높아 청소년의 음료 섭취가 문제가 된다는 것을 알 수 있다(보건복지부, 2015).

② 지방 섭취의 변화

지방 섭취의 변화를 살펴보기 위해서 에너지섭취비율 25%를 초과하는 사람의 비율을 살펴보면, 1998년에 비해 2013년에는 남녀 모두 지방 과잉 섭취자가 약 2배 정도 증가하였다(그림 2-25). 즉, 성별과 관계없이 높은 증가율을 나타내고 있다(보건복지부, 2015).

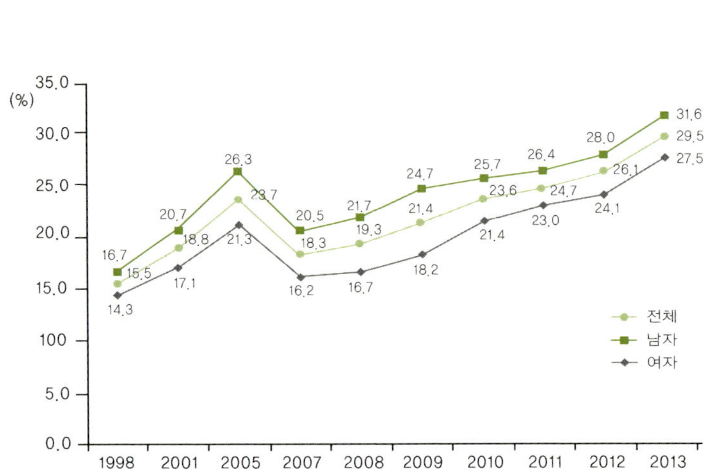

▌그림 2-25▌ 지방 과잉섭취자 추이
출처: 보건복지부 · 질병관리본부. 국민건강영양조사.

(2) 현대인의 영양소 섭취 실태

현대인의 영양소 섭취 실태는 성별, 연령, 소득수준, 교육수준 등의 인구학적 변인에 영향을 받게 된다. 이는 식품에 대한 태도와 가치관이 식품의 선택에 영향을 끼치게 되고 식품의 선택은 영양 섭취 실태에 영향을 끼치기 때문이다(이현정, 2010; 진영희, 2001).

한국인의 영양소 섭취 실태를 파악하기 위해 2007년부터 매년 정부차원에서 국민건강 영양조사를 실시하여 왔다. 질병관리본부가 실시하는 국민건강영양조사에서는 건강 설문조사, 영양조사, 검진 조사로 구성하여 영양 실태를 구체적으로 파악하고 있다.

2013년 국민건강 영양조사 결과를 기준으로 영양섭취 기준에 따른 영양소별 섭취 비율을 살펴본 결과, 에너지는 남자에서 기준섭취량의 106%를 섭취하고 있었으며 여자는 96%를 섭취하고 있어서 남자는 여자에 비해 평균적으로 에너지를 과잉 섭취하는 경향을 보였다. 한국인의 영양섭취는 전반적으로 나트륨의 섭취는 낮추고 칼슘의 섭취는 증가시킬 필요가 있는 것으로 나타났다.

(3) 식습관과 만성질환

만성질환으로 인한 사망은 전체 사망의 81%에 육박하고 있어 만성질환의 관리는 건강 예방과 직결된 중요한 사안이 되었다. 한국인의 사망 원인 중 다수가 만성질환으로 OECD의 평균 수준보다 만성질환의 사망률이 높은 편이다. 식습관은 만성질환과 관련이 깊으며 식이를 잘 조절하였을 경우 질병이 예방될 수 있다. 만성질환을 예방하기 위한 식습관에 대해서 하나씩 살펴보면 다음과 같다(이기완 외, 2006).

첫째, 암 예방을 위한 영양 섭취가 필요하다. 채식위주의 건강한 식사, 건강 체중 유지 및 관리를 위한 적정량의 식사량, 가당 음료 섭취의 감소, 가공육과 붉은 고기 섭취의 감소, 매일 2.5컵 이상의 채소 및 과일 섭취, 정제하지 않은 곡류의 섭취 등이 이에 포함된다(대한암학회, 2012).

둘째, 심혈관 질환 예방을 위한 영양공급이 필요하다. 정제하지 않은 곡물류, 콩류를 통해 복합 탄수화물, 섬유질, 칼륨, 비타민의 섭취는 혈압을 낮춘다. 또한, 칼로리가 낮은 식품 섭취, 염분, 단순당, 동물성 적색육류, 트랜스지방의 섭취를 제한할 필요가 있다. 생선에는 다가불포화지방산이 포함되어 있어서 심뇌혈관질환을 예방하는 데 도움이 된다(대한심장학회, 2014).

셋째, 당뇨병을 예방하기 위해서는 설탕이나 꿀 등 단순당의 섭취를 주의하여야 한다. 소화흡수가 빨라 혈당상승을 촉진시키기 때문이다. 또한 식이섬유소의 섭취는 혈당을 낮추므로 도움이 된다. 동물성지방 및 콜레스테롤은 심혈관계 위험을 증가시키므로 콜레스테롤 섭취를 제한할 필요가 있다. 소금의 섭취 역시 줄일 필요가 있다(대한당뇨병학회).

넷째, 간질환 예방을 위한 영양공급은 다음과 같다. 과잉 당 섭취는 간의 중성지방의 합성을 증가시키므로 당질 섭취에 유의하여야 한다. 양질의 단백질과 신선한 과일 및 채소의 섭취 등을 통해 비타민과 무기질을 섭취하면 좋다(이기완 외, 2006).

(4) 식생활 지침

2016년 보건복지부에서는 농림축산식품부, 식품의약품안전처와 공동으로 정부부처에 분산되어 있는 지침을 종합하여 균형 있는 영양소 섭취, 올바른 식습관 및 한국형 식생활, 식생활 안전등을 종합적으로 고려한 식생활 가이드라인을 제시하였다(보건복지부 외, 2016). 9가지 수칙이 포함된 가이드라인을 살펴봄으로써 바른 식생활 실천을 통해 건강생활을 유지하기 위한 방법을 알아보자.

첫째, "쌀, 잡곡, 채소, 과일, 우유 및 유제품, 육류, 생선, 달걀, 콩류 등 다양한 식품을 섭취하자." 다양한 식품을 매일 필요한 만큼 골고루 균형 있게 섭취해야 한다.

둘째, "아침밥을 꼭 먹자." 아침밥을 매일 먹으면 두뇌 활동의 에너지원인 포도당을 공급할 수 있으며, 위 운동이 시작되어 신진대사가 활발해지고, 폭식을 방지하여 비만을 예방한다. 어린이 및 청소년의 아침 결식은 성장 부진과 연관되어 있다.

셋째, "과식을 피하고 활동량을 늘리자." 과식은 비만, 심혈관질환, 위장병 등 만성질환에 영향을 끼치므로 적정량을 섭취하고 신체활동을 통해 에너지 소비량을 늘려야 한다.

넷째, "덜 짜게, 덜 달게, 덜 기름지게 먹자." 짜게 먹으면 심혈관질환, 뇌졸중을 유발할 수 있으며 골밀도 및 신장기능이 저하되고, 위염, 위암, 비만 및 부종을 유발할 수 있다. 달게 먹으면 지방으로 축적되며, 체중이 증가하고, 심혈관계 질환이 유발될 수 있다. 또한 기름지게 먹으면 비만, 심장마비 및 뇌졸중 등의 질환이 유발될 수 있다.

다섯째, "단 음료 대신 물을 충분히 마시자." 가당 음료를 하루에 1~2잔 매일 섭취하게 되면 당뇨병은 26%, 대상 증후군운 20% 발생 위험을 증가시킬 수 있다.

여섯째, "술자리를 피하자." 한국인의 주류 섭취는 2005년 1일 81g에서 2014년 125g으로 급격히 증가하였다. 지나친 음주는 간경화와 간암을 일으킬 수 있다.

일곱째, "음식은 위생적으로, 필요한 만큼만 마련하자." 비위생적인 음식은 식중독 발생의 위험을 높이므로 음식을 위생적으로 처리해야 한다. 유통기한 확인, 충분히 익히기, 손 씻기 등을 실천해야 한다.

여덟째, "우리 식재료를 활용한 식생활을 즐기자." 현재 로컬 푸드가 유행하고 있는데, 식품의 생산, 운송, 유통 단계가 짧아 식품의 신선도를 유지하기 때문이다.

아홉째, "가족과 함께 하는 식사 횟수를 늘리자." 가족과 식사를 함께 하게 되면 어린이는 균형 잡힌 식습관이 형성되며, 행복 호르몬인 옥시토신의 분비가 활발해진다고 한다.

이상과 같이 생활과학에서 바라본 인간생활을 주제로 가정생활, 주생활, 의생활, 식생활에서 주목하는 내용을 소개하였다. 이러한 생활의 영역들은 서로 연계되면서 우리의 일상적인 삶을 구성한다. 의식주생활의 대부분은 무엇을 입고, 무엇을 먹으며, 어디에 살 것인가를 결정한다는 의미에서 자원의 사용이며 동시에 소비행동 자체이기도 하다. 가족이 모여 식사를 하고 여가를 함께 하며 무엇인가를 먹고 쇼핑을 하는 일상적인 삶의 내용 속에는 가족관계, 소비생활, 가족자원관리, 부모역할과 자녀돌봄, 주거, 식품영양, 의류 등 생활과학에서 공부하는 모든 요소들이 다 들어있다. 따라서 '생활' 이라는 주제를 통해 우리는 생활과학에 속한 세부전공들을 이해할 수 있음과 동시에 통합적 관점에서 생활과학 그 자체를 이해할 수 있을 것이다.

토의문제

1. 현재 대학생의 라이프스타일 특성을 토의해 보고, 식습관과의 관련성을 토의해 봅시다.

2. 현재 청년세대를 N포세대라 부르기도 한다. 왜 그런 용어가 생겨났는지 친구들과 생각을 나눠 봅시다.

3. 1인 가구를 위한 쉐어하우스 사례를 찾아봅시다.

4. 내가 '의복'을 선택하는 이유와 동기는 무엇인지에 대해 서로 의견을 나눠 봅시다.

참고문헌

강정숙 (2017). “건강믿음모형을 이용한 공무원의 생활습관병에 대한 건강행동 요인”, 충남대학교.

국민일보 (2006, 10. 31.). 짧은치마 · 장발→카바레→문신 단속... 경범죄에 담긴 시대상. http://v.media.daum.net/v/20061031182509346?f=o에서 검색.

김소영, 김선미, 이기영 (2011). 맞벌이 가정의 일-가정 양립의 양상과 조화로운 양립의 가능성 탐색 연구. **한국가족자원경영학회지**, 15(1), 93-116.

김순자, 유화숙, 이미영, 전은경 (2005). **의복의 이해**. 서울: 교문사.

김승권, 장영식, 조흥식, 차명숙 (2008). 한국인의 행복 결정요인과 행복지수에 관한 연구. 한국보건사회연구원 연구보고서.

김연아, 윤혜원 (2014). “식생활 라이프스타일에 따른 싱글족의 편의점 편의 식품 만족도와 재구매 의도에 관한 연구”, **한국호텔외식경영학회학술발표논문집**, 2014(12), 35-47.

김영주, 김정근, 박수경, 박혜원, 박희진, 서정희, 송혜림, 양세화, 유복희, 유화숙, 이은숙, 이지혜, 전은경, 정민자, 허은정, 홍순명 (2015). **생활과학의 이해**. 울산: 울산대학교출판부.

대한심장학회 (2014). 심혈관질환 예방을 위한 효과적인 생활습관 10계명.

대한암학회 (2012). 암 예방을 위한 영양과 운동 가이드라인.

동아일보 (2015. 12. 21.). 세대갈등 푸는 ‘매너 노인’. http://news.donga.com/3/all/20151221/75487474/1에서 검색.

동아일보 (2018. 5. 24) 올해 출산율 1.0명도 위태롭다. http://news.donga.com/3/all/20180524/90219029/1에서 검색.

디지털타임스 (2015. 3. 11.). ‘노후’ 키워드 빅데이터 분석 결과. http://www.dt.co.kr/contents.html?article_no=2015031202101858785001에서 검색.

문수재 (1999). **영양과 건강**(개정판). 서울: 신광출판사.

문화체육관광부 (2008). ‘한국인의 의식 및 가치관 조사’ 보고서.

박명윤, 이건순, 박선주 (2010). **파워푸드 슈퍼푸드**. 서울: 푸른행복 출판사.

박성수, 곽윤서, 최덕주, 이윤정 (2013). **최신 식품학**(개정판). 파주: 형설출판사.

박현우, 나건 (2015). 1인 가구의 소비패턴을 반영한 외식업 서비스 방향 연구. **디지털디자인학연구**, 15(3), 697-704.

보건복지부 (2016). 2016년 전국아동학대현황보고서.

보건복지부, 농림축산식품부, 식품의약품안전처 (2016).“정부, 건강한 식생활 위해 [국민 공통 식생활 지침] 제정.

보건복지부, 한국보건사회연구원 (2015). 국민 공통 식생활지침 제정 연구. 발간등록번호 11-1352000-001538-14, **정책보고서**, 2015(40).

서남미 (2003). 웰빙 트렌드가 건강 지향적 소비행동에 미치는 영향에 관한 연구. 동국대학교.

서울시여성가족재단 (2011). 서울시 남성의 가족생활 활성화 방안.

서정희 외 (2015). 생활과학과 진로. UUP.

서지원, 조영희, 송혜림 (2018). 비영리기관 운영관리. 서울: 한국방송통신대학교 출판문화원.

설훈구, 이상호, 전재균 (2007). 식생활 라이프스타일 유형에 대한 연구. 외식경영연구, 10(2), 267-284.

세계일보 (2016. 9. 14.). [김현주의 일상 톡톡] "아빠도 아빠가 처음이야, 그럼 엄마는?" 독박육아. http://www.segye.com/newsView/20160912001746에서 검색.

송혜림 (2008). 변화하는 가정생활과 복지교육. 한국가정과교육학회 동계학술대회 기조강연.

송혜림 (2016). 백세시대 가족정책의 과제. 2016년 한국가족자원경영학회 추계 학술대회 구두발표.

송혜림 (2018a). 건강가정지원센터와 가족정책. 서울시건강가정지원센터 서울가족학교 강사워크샵 자료집.

송혜림 (2018b). 저출산 고령화 가족정책. 한국건강가정진흥원 종사자 교육 자료집.

송혜림, 유아랑 (2014). 돌봄노동의 사회적 지원 정책을 통해 본 일가정 양립 실태에 대한 연구: 학령전기 자녀를 둔 기혼취업여성의 경험을 중심으로. 한국가족자원경영학회지, 17(4), 101-125.

송혜림, 이승미 (2015). 정책이 행복을 보장하는가? 2015 한국가정관리학회 춘계학술대회 기조강연.

식품의약품안전처 (2015). 국민 다소비 식품의 당류 DB 확보 및 조사연구.

식품저널 편집부 (2003). 식품유통연감.

신윤정 (2013). 영유아보육정책의 전망과 향후 과제. 보건복지포럼 195.

신화경, 조인숙 (2014). 대학생의 주거의미 및 주거선택시 고려요인에 관한 연구. 한국주거학회논문집, 23(5), 957-968.

심보십 (2006). HMR 이용고객의 선택속성이 지출과 구매빈도에 미치는 영향. 세종대 관광대학원 석사학위논문.

에너지경제 (2018. 10. 25.). N포세대 결혼·출산 포기하는 이유는? 괜찮은 일자리 없어. http://www.ekn.kr/news/article.html?no=393449에서 검색.

여성가족부 (2010). 제2차 가족실태조사보고서.

여성가족부 (2015). 제3차 가족실태조사보고서.

연합뉴스 (2016. 4. 20). SNS 비혼 언급량 증가. https://www.yna.co.kr/view/GYH20160424001500044?input=1363m에서 검색.

연합뉴스 (2016. 9. 15.). '나홀로 추석' 언급량 폭증… 바뀐 명절풍속도. https://m.yna.co.kr/view/MYH20160915008800038에서 검색.

월간 CEO& (2018. 4.). 많이 벌고 적게 쓰는 4050 홀로족. Poll, 중장년층 1인 가구 보고서. http://www.ceopartners.co.kr/bbs/board.php?bo_table=bd_03&wr_id=680에서 검색.

유엔지속발전해법네트워크(SDSN) (2017). 세계 행복보고서.

유해미, 배윤진, 김문정 (2014). 맞벌이 가구의 영유아 자녀 양육지원 실태 및 개선방안. 육아정책연구소 연구보고 2014-25.

은기수 (2015). 2014년 생활시간조사 결과를 활용한 한국인의 삶 심층분석. 통계청 위탁연구 보고서.

이기영 (2008). 지나온 50년 다가올 50년. 원광대학교 생활과학대학 설립 50주년 기념 심포지움 기조강연.

이기영 외 (2002). **가정관리학**. 서울: 도서출판 신정.

이기완, 명춘옥, 박영심, 남혜원 (2006). **식사요법(Diet Therapy)**(개정판). 파주: 대덕문화사.

이민아, 유복희 (2017), 대학생이 인식한 주거의미 및 이상적인 주거환경 분석. **한국주거학회 논문집**, 28(6), 41-52.

이성림, 이승주 (2016). 1인 가구의 식생활 행태와 식생활 라이프스타일이 식생활 만족에 미치는 영향. **소비문화연구**, 19(3), 115~133.

이승미, 송혜림, 이완정, 성미애, 진미정, 이현아 (2011). 가족의 전환기적 특성과 가족정책. 한국가정관리학회 2011년 춘계학술대회 기조강연.

이장환 (2004). 2000년대를 지속할 장기적인 사조, 웰빙, 마케팅. **한국마케팅연구원**, 2004(05), 13.

이현정 (2011). 식생활 라이프스타일에 따른 문화센터 요리강습 실태 및 활성화 방안. 숙명여자대학교 전통문화예술대학원 석사학위논문.

전교조 (2014. 3.). 참교육연구소 설문조사결과 발표.

전혜정 (2007). **현대패션디자이너**. 서울: 도서출판 신정.

전홍택, 박명호, 윤석명, 송양민, 정형선, 방하남, 한주현 (2011). 100세 시대 보고서. 경제 · 인문사회연구회.

정영도 (2012). **철학사전**. 서울: 이경.

정형선, 송양민 (2011). 한국인의 100세 장수시대 인식과 영향요인. **보건행정학회지**, 21(4), 511-526.

조선일보 (2015. 2. 7.). [빅데이터 읽어주는 남자] 프래밀리(framily). 친구와 가족 사이. http://news.chosun.com/site/data/html_dir/2015/02/06/2015020601951.html에서 검색.

조희금 외 (2010). **가정생활복지론**. 서울: 도서출판 신정.

조희금, 김경신, 정민자, 송혜림, 이승미, 성미애, 이현아 (2018). **건강가정론**(4판). 서울: 도서출판 신정.

주간동아 (2015. 4. 6.). 마트가 먼저 안 엄마의 탄생. http://weekly.donga.com/3/all/11/99142/1에서 검색.

주거학연구회 (2013). **넓게 보는 주거학**. 서울: 교문사.

중앙일보 (2015. 6. 24.). “엄마 사랑해” 아빠의 2배. 딸 선호한다지만 “사랑해 아들”. https://news.joins.com/article/18091441에서 검색.

진영희 (2001). 경북 김천지역 성인의 식행동 특성. 한국식생활문화학회지, 16(1), 43-57.
최승균, 박대섭, 홍완수 (2012). 싱글족의 식생활 라이프스타일에 따른 외식 행동 연구 서울 및 수도권 지역 25세 이상 54세 이하 성인을 대상으로. 외식경영연구, 15(1), 131-153.
최혜미 (2012). 교양인을 위한 21세기 영양과 건강 이야기 제2판, 라이프사이언스 출판.
통계청 (2017a). 2016년 사망원인통계.
통계청 (2017b). 2017년 출생통계(확정). 국가승인통계 제 10103호 출생통계.
통계청 (2017c). 2017년 인구총조사.
파이낸셜뉴스 (2018. 8. 28.). 한국인 근로시간 세계 2위, 일에 미쳐가는 대한민국. http://www.fnnews.com/news/201408281623540771?t=y에서 검색.
한국노동연구원 (2014. 9.). 여성고용률과 출산율 국제비교. 월간노동리뷰, 9, 75-77.
한국방정환재단, 연세대 사회발전연구소 (2014). 2014 한국 어린이 · 청소년 행복지수 국제 비교연구 보고.
한국보건사회연구원 (2011). 보건 복지 이슈 앤 포커스 인생 100세 시대 대응 국민인식 조사 결과.
한국보건사회연구원 (2015a). 전국 출산력 및 가족보건 · 복지실태조사 보고서.
한국보건사회연구원 (2015b). 한국 아동의 주관적 웰빙수준과 정책과제 보고서.
한국여성정책연구원 (2011). 가족의 미래와 여성 · 가족정책 전망.
한국역사연구회 (1999). 우리는 지난 100년 동안 어떻게 살았을까 1. 서울: 역사비평사.
한인경, 하애화 (2009). 여성소비자의 식생활라이프스타일에 따른 체중 조절 행위에 관한 연구. 한국식품영양학회지, 22(2), 177-184.
dongA.com (2014. 8. 8.). 가족 관련 빅데이터에 드러난 '2014 부모들 모습'. http://news.donga.com/3/all/20140827/66055354/1에서 검색.
EBS 토크쇼 부모: 놀라운 데이터(2015.06.16). 풀고 살자, 고부갈등! [동영상] http://home.ebs.co.kr/bumo/etc/66/htmlMenu.
EBS 토크쇼 부모: 놀라운 데이터(2015.06.23). 대한민국 엄마들을 괴롭히는 고민들은 무엇?! 엄마는 괴로워! [동영상] http://home.ebs.co.kr/bumo/etc/66/htmlMenu.
Japan Ministry of Health and Welfare, Public Health Committee (1996). Basic Direction of Disease Countermeasures Concerning Lifestyle Habits.
KBS NEWS (2015. 5. 19.). 반반결혼족 증가, 결혼문화도 바뀐다. http://news.kbs.co.kr/news/view.do?ref=A&ncd=3078604에서 검색.
Lazer, W. (1963). Life style concepts and marketing, *Toward scientific marketing, 15*(4), 130-139.
MNB (2014. 2. 7.). 식품업계, 소비자 빅데이터를 활용한 고객밀착형 마케팅 시작. http://mnb.moneys.mt.co.kr/mnbview.php?no=2014020609258019271에서 검색.
OECD (2015). How's Life? 2015.
OECD (2017). How's Life? 2017.

ohmymag (2016. 1. 9.). Most iconic fashion trends from the 60s. https://www.ohmymag.com에서 검색.

PD저널 (2015. 6. 1.). JTBC '톡투유' 결혼, 동화의 마지막 장 뒤에는. http://www.pdjournal.com/news/articleView.html?idxno=55595에서 검색.

Schweitzer, V. (1991). Einführung in die Wirtschaftslehre des privaten Haushalts. ulmer Verlag.

Watkins, S. M. (1984). Clothing: The portable environment, Ames, Iowas: Iowa State University Press.

Yergin, D. (1993). **황금의 샘 3**. 김태유 옮김. 서울: 고려원.

(사)가정을건강하게하는시민의모임(http://www.healthyfamily.or.kr).

대한당뇨병학회(http://www.diabetes.or.kr/general/food/index.php).

여성가족부(http://www.mogef.go.kr).

03 CHAPTER

생활과학 관점에서 바라본 문화

New Insights into Human Ecology

CHAPTER

03 생활과학 관점에서 바라본 문화

학/습/목/표

1. 식문화의 개념과 영향요인, 세계의 대표적 식문화와 현대인의 식문화 특성에 대해서 알아본다.
2. 가정생활문화의 하위요소에 대해서 이해한다.
3. 각 나라의 고유 주거문화 형성 배경과 특성에 대해서 이해한다.
4. 유행개념을 이해하고 지역별 고유한 전통복식문화와 현대 의생활에 대해서 알아본다.

문화(文化)란 한 사회나 집단이 가지고 있는 독특한 생각과 행동 방식으로서 사회 구성원들로부터 배우고 전달받은 모든 것을 뜻한다. 특히 사회의 기본 구성요소인 가정 내에서 일어나는 의식주생활 그리고 가족, 아동, 소비자 등과 관련된 다양한 활동과 현상은 그 시대 문화를 형성하는 기초가 될 것이다. 따라서 생활과학을 이루고 있는 전공영역들은 문화를 만드는 기본 구성요소로써 한 시대를 특징짓고 다른 시대와 다른 독특한 시대정신과 생활양식을 만드는 데 일조하고 있다.

문화는 의식주를 비롯하여 언어, 풍습, 종교, 학문, 예술, 제도, 도덕, 법, 가치관, 지식 등을 모두 포함하고 문화의 각 요소들은 상호 유기적으로 관련을 맺으며 통합된다. 그러므로 문화는 한 사회의 구성원들에게 공통적으로 나타나며, 후천적으로 습득되면서 기존의 문화에 새로운 내용을 축적한다. 또한 문화는 형성되고 안착된 후에도 고정되어 있는 것이 아니라 시간의 흐름에 따라 계속 변화하므로 다양한 문화를 지속적으로 관찰하는 것이 중요하다. 현대는 그 어떤 시대보다 문화에 대한 관심이 높고 문화가 인간의 삶에서 차지하는 비중이 증가하고 있는 것으로 보인다. 이와 같은 상황에서 인간 삶의 가장 기본적인 문화를 형성하는 데 관여하는 생활과학은 매우 중요한 학문며 생활과학과 문화를 관련시켜 다루는 것이 필요하다.

따라서 본 장에서는 생활과학의 각 전공 영역인 식생활, 주생활, 의생활 및 가족, 아동, 소비자를 포함한 가정생활과 관련되어 한국뿐만 아니라 다른 나라의 문화를 살펴봄으로써 문화에 대한 이해를 증대하고자 한다. 이를 통해 생활과학을 구성하는 영역들이 현재 우리 가정생활에서 어떠한 문화를 형성하고 있고, 우리의 삶에 어떤 영향을 끼치는지 알아본다.

1 식품영양과 문화

음식은 그 나라를 대표하고 시대의 사회상을 담아내는 문화의 산물이다. 따라서 우리 생활에 영향을 끼치고 또 영향을 받으면서 변화, 발전하여 새로운 식문화를 형성하고 있다. 따라서 본 절에서는 이러한 식문화의 개념과 이에 영향을 미치는 요인, 한국과 세계 여러 나라의 식문화를 살펴보고 마지막으로 현대인의 식문화 특성에 대해 알아본다.

1) 식문화의 개념과 영향요인

식문화는 "여러 민족이 제각기 발달시켜 온 음식의 종류, 조리법과 상차림 및 식사 예절 등 각 민족의 역사적, 문화적 소산"(김영수 외, 2013)이라고 정의된다.

식문화는 기후, 풍토, 생산물에 따라 각기 다른 특색을 가지며, 조리법도 다르고 각 나라의 정치, 경제, 사회, 문화 등 종합적 환경 변화에 영향을 받는다(김영옥, 1983; 윤서석, 1999; 이기열 외, 1974; 이윤화, 2002). 식문화에 영향을 끼치는 요인을 살펴보자.

첫 번째 영향요인은 자연환경이다. 자연환경의 지리적·기후적 환경에 따라 식생활의 문화 형성은 영향을 받는다. 예를 들어, 한대 기후환경은 생선류가 많고 음식이 담백하며 가공을 거의 하지 않는다는 특징을 갖는 반면 열대지방은 향신료의 사용과 기름을 이용한 조리법이 발달하였다(김혜영 외, 1998).

두 번째는 사회적 요인이다. 한 사회의 전통과 관습은 음식 문화에 많은 영향을 끼치는데 그중 종교와 사상이 지대한 영향을 끼쳤다. 불교는 육식 동물의 도살을 금지하여 채식 문화의 발달에 영향을 주었다. 또한 무역 자유화 등 세계화에 영향을 받으며, 미디어의 발달로 식문화에 대한 정보가 다양해짐으로써 식문화의 폭을 넓히고 다양한 변화를 추구하게 되었다(이윤화, 2002; 조경자, 2001).

세 번째는 경제적 요인이다. 가계 소비 지출에서 식품비는 소득이 낮을수록 많은 금액을 차지하게 된다. 소득 수준이 향상되면서 질과 맛 그리고 새로운 식품에 대한 수요가 증가하게 되며, 식기류나 도구의 구매 증가에도 영향을 끼치게 된다.

네 번째 요인은 세대차와 사회 계층적 요인이다. 소득수준이 낮았던 시기에는 영양적으로 불량한 음식을 먹을 경우가 많고, 식사에 대해 부족한 영양을 채우기 위한 경우가 많았으나(이윤화, 2002; 조경자, 2001). 최근에는 영양보다는 맛과 즐거움에 더 많은 비중을 두면서 생활의 질과 만족감을 높이려는 경향이 있다. 가족형태가 대가족에서 핵가족화가 되면서 전통적인 식문화는 많이 사라지게 되었으며, 식생활의 간편화와 서구식 식습관으로 인해 인스턴트 음식과 외식 문화 등이 발달되었다.

다섯 번째는 기술적 요인이다. 수렵, 채취를 통해 음식을 섭취하던 시대에는 식품을 저장하는 것이 최대 관건이었으며 그로 인해 태양건소, 소금저장, 훈제 등을 통한 식품 저장법이 발달하였다(이윤화, 2002; 조경자, 2001). 최근에는 식품제조업과 가공업, 식품유통업, 식품포장 및 운반과 관련된 기술의 발달로 인하여 냉동저장식품, 통조림 식품, 레토르트식품의 소비가 증가하였고, CA(controlled atmosphere) 저장기술의 발달로 인하여 과일의 소비가 사계절 모두 가능하게 되었으며, 우유병이 종이 포장으로 바뀌면서 우유 소비가 증대되었다. 또한 유전자 조합을 통해 세포 융합, 대량 배양 등이 이루어져 품종이 개선되었고, 새로운 비료기술과 재배기술이 식품에 적용되고 있다(이윤화, 2002; 조경자, 2001).

식문화는 현대 사회에서 그 나라의 문화와 생활을 이해하는 데 핵심적인 역할을 한다. 우리나라의 식문화와 세계의 식문화를 살펴보자.

2) 한국의 식문화

한국은 삼면이 바다로 둘러싸여 있으며 지세와 기후가 농경에 적합하여 다양한 곡물이 산출된다(신미경, 1995). 온대기후에 속하며 봄, 여름, 가을, 겨울의 사계절 구분이 뚜렷하여 다양한 음식문화가 발달되었다. 수렵채집의 구석기 시대를 거쳐 농업의 발달로 벼농사가 정착되었다. 수산물이 풍부하며, 종교적으로는 불교의 영향을 받았다.

주식은 밥이고 부식은 반찬으로 분리되어 있으며 식재료가 부족하던 시절에는 채소류가 육류나 어류보다 발달되었고 부족한 동물성 단백질은 콩을 이용하여 보충하였다. 전통 발효식품은 곰팡이, 세균, 효모 등의 미생물을 이용한 과학적인 음식으로 선조의 지혜가 드러나는 자랑스러운 한국의 음식이다. 최근 건강을 추구하는 분위기에 힘입어 한국 전통식품은 세계적으로 인정받고 있으며 특히, 김치와 장류(간장, 된장, 고추장, 청국장)에 대한 많은 이점이 새롭게 부각되고 있다. 이렇듯 한국 전통식품은 수천 년을 이어 내려온 전통문화이며 그 가치를 인정받고 있다. 한국 음식의 종류와 특성, 그리고 지역별 특성을 살펴보면 다음과 같다.

한국 음식의 종류를 크게 주식류, 부식류, 후식류로 구분하여 살펴보면 다음과 같다(김영수 외, 2013; 김지연, 2007).

- 주식류: 밥, 죽, 미음, 떡국, 면, 만두, 수제비 등 약 350여 가지 곡류를 주식으로 한다.
- 부식류: 국, 찌개(조치[1]), 전골, 숙채, 구이, 적(재료를 양념하여 꼬치에 꿰어 굽는 음식)/전(어류, 어패류, 채소류 등의 재료를 이용하여 밀가루, 달걀을 입혀 기름에 지진 음식), 조림(다양한 식재료를 간장이나 고추장으로 양념하여 약한 불에서 오랜 시간 익

1) 뚜껑이 없는 그릇(조칫보)에 담는 국물이 바특한 찌개류.

힌 음식), 볶음, 찜, 선(오이, 호박, 가지, 배추 등의 재료에 쇠고기 등으로 소를 넣고 고명을 얹어 찌는 음식), 회/숙육/족편, 장아찌, 젓갈, 김치류 등 약 1,500여 가지로 한국 음식의 약 50%를 차지한다.

- 후식류: 떡, 한과(유과, 다식 엿강정, 과편), 음청류(차, 장, 화채) 등 약 850여 가지로 한국 음식의 약 25%를 차지한다.

▌그림 3-1▐ 비빔밥

▌그림 3-2▐ 다양한 젓갈

한식 요리의 특성은 다음과 같다(김영수 외, 2013; 김지연, 2007). 첫째, 밥을 주식으로 하는 곡류중심 문화이다. 둘째, 계절에 따른 다양한 부식을 제공하는 반찬과 탕반 음식이 발달하였다. 셋째, 김치, 장아찌, 젓갈 등의 발효 식품이 발달하였다. 넷째, 주식과 부식의 구분이 뚜렷하다.

한국 향토 음식의 지역별 특성을 살펴보면 다음과 같다(이승진, 2005; 이효지, 1998; 정현숙 외, 2012).

- 서울 음식: 전국 각지에서 생산된 재료가 수도인 서울로 모였으므로 고급스럽고 화려하다. 음식의 양은 적으나 가짓수를 많이 만들고 조선시대의 음식풍이 특징이다.
- 경기도 음식: 서해안은 해산물이 풍부하고 동쪽 산간지대의 밭농사, 벼농사로 인해 식재료가 고루 생산된다. 개성은 고려시대의 음식풍으로 인해 호화롭고 사치스럽지만, 그외에는 소박하고 양이 많은 편이다.

- 강원도 음식: 산악이나 고원지대로 인해 밭농사가 발달하여 감자, 옥수수, 메밀 등의 곡물이 풍부하고, 해안지대의 해산물은 황태, 건오징어, 건미역 등으로 가공하여 섭취한다. 육류를 쓰지 않으며 멸치나 조개를 이용하여 맛을 내고, 소박하고 담백하다.
- 충청도 음식: 쌀, 보리 등의 곡물과 해안지방의 해산물 그리고 채소, 산채, 버섯 등이 풍부하다. 육류보다는 닭, 굴, 조개, 된장 등으로 음식 맛을 내며 양념을 최소화하여 담백하고 구수한 것이 특징이다.
- 전라도 음식: 호남평야의 풍부한 곡식과 각종 해산물, 산채 등 산물이 많아 음식의 종류가 많다. 해산물과 젓갈류가 많고 콩나물과 고추장의 맛이 좋으며 음식에 정성이 많이 들어가서 호사스러운 것이 특징이다.
- 경상도 음식: 남해와 동해의 해산물이 풍부하고 벼농사가 발달하였다. 생선회를 즐기며 음식은 대체로 소박하며 맵고 간이 세다.
- 제주도 음식: 어촌, 농촌, 산촌의 생활방식이 차이가 있다. 특산물은 감귤, 전복이며 그외에 바닷고기, 채소, 해초가 주재료이다. 양념을 최소화하며 자연 그대로의 맛을 살린 것이 특징이다.
- 황해도 음식: 곡창지대로 쌀과 잡곡의 질이 좋아 가축들이 살찌고 고기의 맛도 좋다. 김치에는 고수와 분디[2)]라는 향신채소를 사용하며, 음식을 푸짐하게 내는 것이 특징이다.
- 평안도 음식: 중국과 교류가 많아 성품이 진취적이다. 모양에 신경 쓰지 않고 음식을 크게 만들어 푸짐하게 내는 것이 특징이며, 평양냉면 어복쟁반 등이 유명하다.
- 함경도 음식: 한반도의 가장 북쪽에 위치하여 험한 산골이 많고 동해바다를 접하고 있다. 생선식해 중 가자미식해는 해안지역의 특산물이며 전반적으로 담백한 음식을 즐기지만 고추, 마늘 등을 많이 사용하여 맛이 강한 음식을 즐기기도 한다.

---

2) 기름의 원료로도 쓰이는 산초나무의 열매.

3) 세계의 식문화

세계의 식문화를 문화권으로 나누어 살펴보고자 한다. 동양 식문화의 특징을 중국과 일본의 식문화를 통해 살펴보고, 유럽의 식문화로는 프랑스와 이탈리아의 식문화를, 남미의 식문화는 브라질과 멕시코를 통해 살펴보자.

(1) 동양의 식문화

① 중국

중국은 지형적 특징으로 인해 한대부터 열대까지 다양한 기후와 자연환경을 갖고 있고 그에 따라 식재료가 풍부하고 조리법의 종류가 많다. 중국 음식은 해산물, 동물, 조류, 식물, 뱀, 곤충, 상어 지느러미, 제비집, 오리발 등의 다양한 식재료를 이용한다. 조리는 불이나 물을 이용하여 익혀 먹는 숙식을 기본으로 하며, 기름의 사용이 많고, 녹말이 조리에 많이 이용된다. 찜요리가 많으며 조미료와 향신료로 맛이 풍부하고 외관이 화려하다는 것을 특징으로 들 수 있다. 중국의 음식은 워낙 지역이 넓어 크게 4가지로 구분하는데, 지역마다 각각 다른 특징을 가진다(정현숙 외, 2012; Song Fangfang, 2016).

- 북경요리: 밀농사가 발달하여 면, 빵, 만두와 같은 음식이 대표적이며 고급스럽고 사치스러운 요리 문화가 특징이다.
- 광동요리: 아열대 기후 지역으로 해산물 요리가 발달하였고 조미료를 많이 사용하며 화려한 장식이 특징이다. 광동식 탕수육, 팔보채 등이 유명하다.
- 상해요리: 국제 교류가 활발하여 국제적인 음식이 많고, 계절에 따라 요리법을 달리한다. 동파육(돼지고기를 간장에 조린 음식)과 서호초어(숭어 요리)가 유명하다.
- 사천요리: 중국의 중심지역으로 향신료를 사용한 요리가 발달하였고, 맵고 기름지며 자극적인 음식이 많은 것이 특징이다. 마파두부가 유명하다.

탕수육

마파두부

▌그림 3-3▐ 중국의 대표적인 음식

② 일본

네 개의 섬으로 이루어져 있는 일본은 국토의 70%가 산간지역으로 해산물이 풍부하다. 온대, 냉대, 아열대 기후로 이루어져 있어서 습도가 높고 사계절이 뚜렷하여 계절감과 담백함을 중요시하는 음식 문화가 형성되었다(정현숙 외, 2012). 한국과 일본은 지리적 특성이 비슷하여 식문화가 비슷하기도 하지만 여러 의식의 차이로 인해 많은 차이점을 지니고 있다.

일본 음식이 주식과 부식을 구별하고 계절적인 음식을 하는 것은 한국과 닮아있지만, 미적 감각을 중요시 하고, 다양한 콩제품(두부, 유부, 미소, 된장, 낫토, 간장)의 발달과 1인분 식기를 사용하여 음식을 소량 섭취하는 것은 차이점이라고 볼 수 있다(김진희, 2010).

대표적인 음식은 사시미(날생선), 스시(초밥), 덴푸라(생선류, 야채 등을 튀긴 음식), 소바/우동/라멘(면류), 나베모노(고기, 야채 등을 끓여서 먹는 냄비요리), 오코노미야키(밀가루 반죽에 야채나 고기를 넣어 굽는 음식) 등이 있다.

▌그림 3-4▐ 사시미와 낫토

(2) 유럽의 식문화

① 프랑스의 식문화

프랑스는 대서양과 지중해가 근접해 있어 기후가 온화하고 토지가 기름져서 농산물, 수산물, 축산물이 모두 풍부하다. 프랑스 요리는 포도주, 향신료, 소스를 많이 사용하며 식재료를 살리는 뛰어난 조리법으로 섬세한 맛을 내어, 세계적으로 유명한 요리들이 많이 있다(김석화, 2006).

프랑스 요리는 대부분 오르되브르(전채), 수프, 생선요리, 육류요리, 치즈, 디저트, 과일, 음료의 일정한 순서대로 제공이 된다. 전채요리의 하나로 푸아그라 테린(foie gras terrine: 특수한 방법으로 사육한 거위의 간을 요리), 트러플(송로버섯), 캐비어(철갑상어알)는 세계 3대 진미에 속한다. 생선요리에는 레몬을 많이 곁들이는데 이것은 레몬의 상큼한 맛과 향기뿐 아니라 생선의 살을 단단하게 만들어 먹는 것을 좋아하기 때문이다(김기숙 외, 1999).

프랑스의 대표적인 식품은 와인이다. 와인이 발달하게 된 배경에는 품질관리제도에 의한 포도주 산업을 들 수 있다. 포도주는 지역에 따라 맛, 빛깔, 향기 등이 다르며 종류가 매우 다양한데 예를 들어, 백포도주는 생선요리와 함께 적포도주는 육류음식과 함께 마신다. 이는 백포도주의 산미가 생선의 맛과 잘 어울리기 때문이며, 적포도주의 탄닌은 육류의 기름기와 맛을 조절하기 때문이다. 음식을 먹는 것뿐만 아니라 요리를 돋보이게 하는 그릇, 서비스, 식사 예절까지 식사에 포함시켜 음식을 먹는 행위를 보다 풍성하게 함으로써 식문화의 수준이 높다고 볼 수 있다(김기숙 외, 1999).

▌그림 3-5▌ 프랑스 치즈와 와인

② 이탈리아의 식문화

이탈리아는 삼면이 바다로 둘러싸여 있는데 40%가 산지이고 40%가 구릉지여서

농사를 지을 수 있는 토지가 많지 않다. 이탈리아는 크게 북부와 남부로 나뉘고 각 지역마다 고유한 특색이 있다. 18세기 이후 이탈리아인들이 세계 여러 나라로 진출하여 감자, 토마토, 후추, 옥수수 등의 다양한 식재료가 들어오면서 요리는 변화하기 시작했다(이명배, 2016).

간이 되어 있지 않은 빵을 우리나라 사람들이 먹는 밥처럼 먹으며, 빵에 고기, 생선, 치즈 등을 곁들어서 먹는다. 파스타는 물과 밀가루를 섞어 반죽한 음식을 부르는 것으로 모양과 형태 질감 등 종류가 매우 다양하다. 대표적인 음식으로는 '라비올리'(ravioli: 얇은 밀가루 반죽 사이에 고기나 채소를 넣은 음식), '피자'(밀가루 반죽에 소스나 다양한 토핑을 얹은 음식) 등이 있다(김영수 외, 2013). 피자와 파스타는 모든 음식과 조화를 이루는 가장 대표적인 음식이라고 볼 수 있다. 이탈리아의 식사 문화 중 '스카르페타(scarpetta)'라는 것이 있는데, 파스타 요리를 먹은 후에 빵으로 그릇을 깨끗이 닦아 먹는 것을 뜻하는 것으로 가까운 지인 및 가족 등 친한 사이에서 행해진다.

(3) 남미의 식문화

① 브라질의 식문화

브라질 식문화의 형성에 지질학적 특성은 큰 영향을 끼쳤다. 남반구 전체에서 가장 넓은 면적을 바탕으로 세계 최대의 강인 아마존 강이 흐르며 계곡지역은 국토의 40%를 차지한다. 습지와 늪이 많은 열대 밀림지대, 삼림이 적고 관목과 선인장이 자라는 동북부 지역, 해안 지방, 낮에는 더우나 밤에는 서늘한 대륙성 기후를 바탕으로 하는 서부 중앙지방으로 구분된다. 브라질은 세계 굴지의 농업국으로 코코아, 목화, 오렌지, 담배, 사탕수수, 옥수수, 쌀, 밀을 생산하며 특히 커피는 세계 생산의 50% 이상을 생산하고 있다. 소와 돼지를 많이 기르는 목축 국가이다.

브라질 요리는 인디오 음식, 흑인 음식문화, 백인 음식문화가 섞인 융합 음식문화를 그 특징으로 볼 수 있다(김혜영 외, 1998).

- 인디오 음식문화: 인디오 음식문화의 특징은 브라질 원주민들의 음식으로 싱싱한 과일 그리고 식물의 뿌리를 요리하지 않고 천연의 음식 그대로를 사용한

다. 브라질은 '자연의 천국'으로 불릴 만큼 천연자원이 풍부하여 싱싱한 열대 과일, 바나나, 오렌지, 파인애플 등은 그냥 먹어도 손색이 없을 만큼 맛이 좋은데, 그중 바나나를 많이 먹는다. 동물 사육의 필요성도 별로 느끼지 못하였으며, 식물의 뿌리 등을 그대로 사용하는 것이 특징이다.

- 흑인 음식문화: 사탕수수밭에서 일하는 아프리카에서 온 흑인 노예들의 음식으로 소금과 마늘을 많이 사용한다. 더운 곳에서 힘든 일을 하면 염분이 중요하므로 보충하기 위해 소금을 추가하였으며, 마늘은 열병에 걸리는 것을 막기 위해 많이 사용하였다.
- 백인 음식문화: 브라질로 온 유럽의 백인 이민자들의 음식문화로, 버터, 치즈, 와인, 생선류 등 유럽의 음식 문화와 흡사하다.

브라질의 음식은 다양한 인종처럼 다채로운데, 대구 볼 요리, 야자수 잎을 이용한 새우요리, 호박파이 및 브라질 식 칠면조 요리, 엥파다(파이의 일종), 아카라제(케이크의 일종)가 대표적이다.

② 멕시코의 식문화

멕시코는 지형이 다양하고 고도도 달라 열대에서 사막까지 다양한 기후가 존재한다. 따라서 식품의 종류도 다양하다. 300년간 스페인의 통치를 받아서 스페인 문화의 영향을 받았으며, 프랑스의 통제도 받아서 프랑스 음식도 남아있다. 이와 반대로 미국의 텍사스 지역은 멕시코가 근접하여 멕시코 음식이 많다.

사탕수수, 바나나, 오렌지, 파파야, 망고, 파인애플, 커피, 밀, 보리 감자, 용설란 등이 나는데, 음식의 주재료로 옥수수가 사용된다(김영수 외, 2013). 다양한 조리법이 사용되는데 그중 '토르티야'라고 옥수수 반죽을 굽거나 튀긴 음식이 가장 대표적이다. 고기나 채소를 토르티야와 함께 싸서 먹는 것을 '타코(taco)', 토르티야를 기름에 튀겨 고기, 채소, 구아카몰소스(guacamole sauce, 아보카도, 레몬, 양파, 토마토를 섞어 만든 소스)을 얹어 먹는 '토스타다스(tostadas)', 토르티야에 고기, 살사소스를 얹어 먹는 '엔칠라다(enchilada)' 등이 대표적인 음식이다. 토르티야에 콩과 고기를 얹어 소스를 발라먹는 '부리토(burito)'도 대표적인 멕시코 전통 요리이다.

멕시코에서는 고추를 많이 재배하여 세계적인 원산지로 꼽히는데, 매운맛의 강도가 매우 다양하며 매운 소스류가 발달하였다. 고추와 다양한 향신료를 섞어 만든 고추소스를 살사라고 부른다.

▌그림 3-6▌ 토르티야

4) 현대의 식문화

문화가 끊임없이 시대의 변화에 따라 변동하듯이 식문화도 사회의 변화에 따라 지속적으로 변화의 과정 속에 있다. 우리나라 현대 식문화를 과거와 비교해 보면, 1950년대의 보릿고개로 대변되던 굶주림의 시절에서 급속한 경제 성장에 의해 이제는 영양 과잉을 걱정하는 시대에 살고 있다. 국민소득의 증가와 서구 식생활은 한국의 식문화에 영향을 많이 끼쳤으며(심보섭, 2006; 이현정, 2010) 새로운 문화에도 영향을 받았는데, 아파트가 많아지면서 장류 및 김치 등이 공장에서 대량생산되는 것도 그 예로 볼 수 있다(윤서석, 1999; 이윤화, 2002). 현대의 식문화 특성을 몇 가지 살펴보자.

첫째, 간편성을 추구한다. 산업화가 진행됨에 따라 바쁜 일상, 여성의 사회진출, 가공 식품의 발달, 급식의 확대 등으로 조리 시간과 노동을 단축할 수 있는 홈 밀 리플레이스먼트(Home Meal Replacement: HMR, 가정식 대체식품)의 식품 판매가 증가하고 있다. HMR은 식재료 구입, 식재료 손질, 조리, 섭취, 정리 등의 음식 조리 과정을 최대한 줄여 조리가 된 상태에서 가공 포장되어 제품이 판매되기 때문에 간편하게 식사를 할 수 있는 장점을 가지고 있다. 또한 현대인의 바쁜 일상으로 인하여 햄버거, 피자, 프라이드치킨 등의 패스트푸드도 간편성과 편리함을 제공하여 판매가 증가하고 있다.

둘째, 외식이 증가하였다. 가정 내에서 식사를 하는 것을 내식(內食)이라 하고 가정 밖에서 식사를 하는 것을 외식(外食)이라고 하는데 현대에는 과거와 비교하여 외식이 증가하였다. 외식 증가에 영향을 끼치는 요인을 살펴보면, 산업구조 확대로 인하여 사회에 참여한 가족의 일원이 가정 밖에서 식사를 하는 기회의 증가, 국민 소득 증대로 인한 가계수입 증가, 여성 경제활동 인구 증가로 인한 가사 노동 절감의 필요성 증가, 자동차 보유 가구 증대로 인해 이동의 자유로움, 여가생활 증가, 그리고 급식의 확대를 꼽을 수 있다.

셋째, 혼밥 문화가 형성되었다. 1980년대에는 5% 정도가 1인 가구였으나, 1990년대에는 9.0%, 2000년대에는 15%, 2010년 23.9%로 증가하였으며, 2015년에는 27%를 기록하고 있다(통계청, 2016). 1인 가구는 현재 흔하게 발견할 수 있는 가구의 한 형태로써 '나 혼자 산다(MBC)'처럼 TV에서도 다루고 있고, 많은 사람이 공감할 수 있는 소재이다. 1인 가구의 라이프스타일은 혼밥, 즉 혼자 식사를 하는 현상에 영향을 주고 있다. 또한 바쁜 사회활동으로 인한 가족 및 주변 사람들과의 시간 공유 부족, 개인의 가치관, 비인간관계 등이 혼밥 증가에 영향을 끼치고 있다.

넷째, 에스닉 음식의 수요가 증대되었다. 무역 시장의 활성화, 여행 자유화, 자국 식품의 세계화 노력, 다문화 가정의 증대, 그리고 새로운 것을 추구하고 개성을 중시하는 소비자의 성향에 따라 에스닉 푸드(ethnic food) 수요가 증가되고 있다. 에스닉 푸드란 다른 나라의 고유 전통 음식으로써 각국의 풍부한 재료와 선통적인 조리 방법을 사용하고, 그 나라의 음식 문화가 반영된 전통음식으로 정의할 수 있다.

2 가정생활과 문화

가정생활과 관련된 문화는 사람들이 일상생활을 어떻게 살아가고 있는가를 나타내는 중요한 지표가 된다. 가정생활과 관련된 문화현상을 이해함으로써 현장에서의 실무능력 및 가정복지, 소비자, 아동과 관련된 프로그램의 개발 등 실천적인 역량 향상에도 기여할 수 있다.

1) 가정생활문화의 개념과 의미

개념으로 볼 때 문화는 자연 상태에서 벗어나 일정한 목적이나 생활 이상을 실현하고자 사회구성원에 의하여 습득/공유/전달되는 행동양식이라고 할 수 있다. 자연과 대비적인 개념, 자연의 제약에서 벗어나 도구를 사용하여 생활을 변화시킨 결과, 한 집단의 고유한 것, 학습과 세대 간 전수를 통해 축적되는 것 등을 의미한다(김양희 외, 2009).

그중에서 가정생활문화는 가족원의 일상적인 생활에서 축적된 생활양식, 삶의 흔적 등으로 규정할 수 있다. 즉 가족원의 일상생활을 통해 축적된 공유의 행동, 규범, 생활태도 등 일정한 행동의 기준이나 규칙 등을 의미한다(계선자 외, 2009). 이러한 요소들이 축적되어 가족의 라이프스타일, 행동양식 등으로 나타나는 것이다. 가정생활문화는 세대를 통해 전수되는 역사적 의미를 갖는다. 가정생활문화는 가족의 여가생활, 소비생활, 자녀돌봄, 의사소통, 가족관계, 자원관리, 역할분담 등 다양한 하위요소들을 통해 나타난다. 여기에서 문화는 생활양식으로, 때로는 특정한 행동으로, 다른 한 편으로는 생활 그 자체로 혹은 또 다른 모습으로 다양하게 나타나는 하나의 현상이라고 할 수 있다.

2) 가정생활문화 하위요소

가정생활문화의 하위요소는 가정복지, 가족, 가족자원관리, 소비자, 아동 등 세부 전공분야들과 관련되는 현상 중 최근 부각되는 주제들로 선정하여 제시하고자 한다. 즉, 가족여가문화, 소비문화, 가족식사문화(집밥문화), 영유아기 자녀를 둔 맞벌이가정의 돌봄문화, 생활시간사용실태로 분석한 가정의 성평등문화의 핵심 내용을 간략히 제시한다.

(1) 가족의 여가문화

① 가족여가문화의 의미

오늘날 현대인은 가족 여가에 대해 새롭게 의미를 부여하고 있다. 가족과 함께 하는 여가가 많을수록 여가만족도는 물론 가정생활만족도와 삶의 질도 높다. 현대 사회의 가족에게 가족 여가는 행복과 삶의 질에 중요한 요소로 부각되고 있기 때문이다. 특히 일과 생활의 균형이 중요한 패러다임으로 자리 잡고 있기 때문에 '일/학업-여가의 균형'은 삶의 질을 결정하는 중요한 지표가 된다. 그러나 대부분의 가족은 늘어난 여가시간에 무엇을 해야 할지 구체적인 계획이 없는 경우가 많다. 가족 여가를 중시하고는 있지만 가족 여가를 통해서 무엇을 해야 할 것인가에 대한 해답은 불충분한 상태다.

특히 중년기 한국인은 가정이 화목할 때, 가족과 함께 시간을 보낼 때, 그리고 가족과 원만한 관계를 유지할 때 행복을 경험한다고 한다. 가족구성원들이 함께 참여하는 여가는 가족 결속력, 친밀감, 상호작용, 의사소통에 영향을 미쳐 궁극적으로는 개인의 행복도, 가정의 건강성을 결정하게 된다(조희금 외, 2018).

② 가족여가실태

여성가족부에서는 건강가정기본법에 근거하여 매 5년마다 가족실태조사를 실시한다. 가족실태 안에 포함된 가족여가 관련 내용들을 보면, 한국 사회 가족여가의 현주소를 잘 알 수 있다. 그 내용을 주제별로 간략히 요약하면 다음과 같다.[3)]

먼저 가족여가시간과 활동에서, 평일 가족과 함께 보낸 여가시간은 하루 평균 1시간 46분으로 나타났다. 평일 가족 여가활동은 TV시청(58.3%)이 가장 많으며, 산책(14.7%), 문화예술관람(3.5%), 공원가기(3.5%) 등 생활권 내에서 이루어지는 여가활동 순으로 나타났다. 휴일에 가족과 함께 보낸 여가시간은 3시간 3분 정도로 평일보다 더 길다. 대부분의 가족여가활동이 평일보다는 휴일에 집중하는 경향이 있음을 알 수 있다. 휴일에도 TV시청(42.0%)이 가장 많았으나, 평일(58.3%)보다 적었으며

3) 여성가족부(2015). 제3차 가족실태조사 보고서 중 가족여가 관련 부분을 발췌하여 정리함.

2005년 1차 조사(52.8%)와 비교해도 비율이 낮아졌다. 휴일동안 집중된 가족여가활동이 TV시청 이외에 여행, 놀이공원가기, 등산, 산책 등의 다양한 활동으로 확대되고 있음을 알 수 있다.

최근 부각되는 일·생활의 균형은 가족여가에 대한 관심을 더욱 높이고 있다. 일하는 부모의 경우 직업생활과 가정생활 간의 균형을 취하는 것이 삶의 질과 행복에 중요하기 때문이다. 그런 맥락에서 일 중심의 생활을 해 오던 남성, 즉 아버지의 역할에도 변화가 생기고 있다. '친구 같은 아버지'가 부각되고 있으며((사)가정을건강하게하는시민의모임, 2012), 여가를 가족, 자녀와 함께 보내는 아버지들도 증가하고 있다(그림 3-7).

그림 3-7 친구 같은 아버지

다음으로 환경 변화에 따른 가족여가시간의 변화를 보자. 휴대폰이나 인터넷 등의 IT기술 환경의 변화로 부부간의 여가시간(21.0%)보다는 부모-자녀의 여가시간(31.0%)이 더 적어졌다고 응답한 경우가 많다. 주40시간 근무제나 주5일 수업제 실시로 인해 부모-자녀의 여가시간이 더 많아졌다고 응답한 경우(10.8%)보다 더 적어졌다고 응답한 경우(13.8%)가 더 많다.

한편 가족여가 제약요인으로는 '가족이 함께하는 시간을 내기 어려워서'로 응답한 경우가 가장 많았으며, 경제적 부담, 바쁜 일, 신체적 피곤 등의 순으로 나타났다. 희망 여가활동 중, 배우자와 함께하길 희망하는 여가활동은 여행이 가장 많다. 그 다음으로 문화예술관람, 취미오락활동, 스포츠활동, 문화예술참여활동 순으로 나타났다. 부모-자녀가 함께하길 희망하는 여가활동 역시 여행이 가장 많으며, 그 다음으로 휴식활동, 문화예술관람활동, 취미오락활동, 스포츠관람, 스포츠활동 순으로 나타났다.

가족여가활동에 대한 인식을 보면, 가족여가활동이 가족원의 결속과 신뢰감을 형성하고(67.9%), 가정교육의 한 방법(64.7%)이며, 부부관계의 질과 만족을 향상시키는(63.5%) 긍정적인 기능에 동의하고 있었다. 가족여가활동이 개인시간을 희생하고(43.5%), 의무감이나 강제적으로 부여된 시간(30.9%)으로 인식하는 경우는 상대적으로 낮게 나타났다.

(2) 소비문화

① 소비, 소비문화의 개념

소비문화는 소비행위를 통해 자신의 정체성 형성, 자신의 행위양식을 결정하게 되는 문화를 의미한다(이성림, 2006). 현대 사회는 소비가 개인의 사회와의 관계, 타인과의 관계에서 중요한 매개체로 등장하고 있는데, 따라서 소비 자체가 하나의 문화적 과정이기도 하다(김선우, 2012). 즉, 소비는 단지 어떤 상품이나 서비스를 구매하여 사용하는 것에서 더 나아가, 나와 나의 생활양식을 표현하는 기제, 그래서 문화적 현상의 하나라고 할 수 있다.

대량생산과 유통이 가능한 현대 사회는 소비자가 소비할 수 있는 재화와 서비스가 매우 많고 또 다양하다. 또한 소비자가 접근할 수 있는 예술작품도 많아졌기 때문에, 우리가 무엇을 소비하는가는 그 사람의 독특한 생활양식을 표현하게 된다. 나의 독특한 생활양식을 통해 다른 사람과 구별되므로, 소비는 나와 다른 사람을 구별하는 기준이 되기도 한다.

또한 소비는 소통활동으로서의 의미도 갖는다. 집단적, 개인적 정체성 의식을 상징적으로 구성하는 역할로 옷, 음식, 장신구, 가구, 오락 등을 소비함으로써 내가 누구인가에 대한 생각을 표현할 수 있다. 따라서 내가 누구인가에 대한 정체성 의식을 만들어 가는 것이 바로 소비이고 또 그 표현이 바로 소비문화이다(이진희, 2017).

그림 3-8 현대인의 소비 수단

그러므로 소비문화는 개인 소비자들의 제품 및 서비스의 기능적 사용을 넘어서 자아개념 전달 수단 및 의사소통 수단으로서의 소비를 하게 됨으로써 나타나는 일련의 가치관과 라이프스타일이라고 정리할 수 있다(이성림, 2006). 소비가 부각되는 사회에서 소비하는 인간형(homo consummens)이 나타나는데, 즉 풍요로운 소비사회에서 소비하는 인간이 출현했다고 할 수 있다(한국경제, 2017. 8. 31.).

② 소비문화 현상의 사례들

우리나라의 소비문화를 잘 나타내는 키워드와 현상을 선정하여 소개하면 다음과 같다.

한국방송광고 진흥공사가 발표한 2017 소비자 행태조사 결과를 보면, 2017년 소비트렌드는 '욜로' 그리고 '1코노미' 등이 선정된 것으로 나타났다. 이 조사에서는 2017년 한국 사회 전반에서 나타난 라이프스타일 및 소비 시장의 새로운 변화를 아우르는 트렌드를 'ONE'이라는 키워드로 정의하였다. 소비트렌드 'ONE'에는 '한 번뿐인 인생, 지금을 즐겨라'는 의미의 YOLO(You Only Live Once), 1인 단위의 소비문화를 나타내는 1conomy(1+economy), 구매과정을 손쉽게 만드는 '간편 결제' 등이 포함되고 있다(싱글리스트, 2017. 12. 28.). 특히 1인 가구의 증가는 다양한 집단의 소비문화에도 영향을 미치고 있다. 혼족이나 혼밥, 미니멀 라이프 등이 부각되는 경향과도 맥을 같이 한다고 할 수 있다.

한편 집단별 소비문화를 비교한 연구에서는 음식 소비 관련하여, 건강 지향적 음식 소비를 추구하는 중장년 세대에 비해, 청년 세대는 상대적으로 취향과 기호로서의 음식 소비를 중시하는 경향이 나타났다. 기업에서는 사회적 책임을 수행하기 위해 코즈 마케팅(cause marketing)을 통해 착한 소비문화를 확산시키고 있다(고명지 외, 2017). 예를 들어 소비자가 어떤 상품이나 서비스를 구매할 때 일정 금액의 기부금이 축적되는 방식의 소비, 지역농가와의 상생, 환경보호를 위한 소비, 약자에 대한 지원 등 다양한 방식으로 착한 소비문화가 실천될 수 있다(오수연, 2017).

이처럼 소비문화는 개인이나 가족 단위, 기업에 이르기까지 대상별, 주제별로 다양하게 파악할 수 있다.

대학생인 나의 소비실태를 살펴보고, 이를 통해 나의 소비문화를 표현하는 두 개의 핵심어를 제시해 보자.

(예) 실용파, 선택과 집중형, 무조건 절약형, 쓰고보자형, 미래준비형, 외모집중형, 문화생활 집중형…

(3) 가족식사문화(집밥문화)

① 왜 집밥인가?

최근 들어 대중매체에 소위 쿡방, 먹방이 부각되는 추세를 볼 수 있다. 그중에 집밥이 중요한 트렌드로 자리 잡고 있다. 즉 화려한 외식이 아닌 소박한 식사, 가족과 함께 집에서 먹는 밥, 편안한 시간 등에 대한 요구의 표현이라고 할 것이다. 따라서 집밥이나 가족식사는 하나의 가정생활문화로 분석할 수 있다(송혜림, 2018). 1인 가구, 맞벌이, 잦은 이동, 개인주의, 군중 속에서의 고독, 외식 증가, 화려한 외식에 지친 삶, 맛의 단일화에 대한 반발, 삼시세끼를 못 챙겨먹는 바쁜 일상 등은 따뜻함, 소박함, 가족과 함께 하는 식사, 집밥 등에 대한 요구로 이어지고, 이는 대중매체에서 하나의 트렌드로 자리 잡게 되었다는 분석이다.

장시간 근로, 과도한 학업 등으로 바쁘게 일상을 사는 부모와 자녀가 제대로 집밥을 함께 할 수 없는 현실이다. 이러한 상황은 역설적으로 집밥에 대한 관심과 요구가 높아지는 데 영향을 미치고 있다. 집밥을 못 먹는 시대, 집밥을 찾는 집밥의 역설이라고 할 수 있다(경향신문, 2015. 8. 8.). 또한 일과 생활의 균형을 찾기 위해 가족과 함께 보내는 시간을 충분히 확보해야 한다는 요구의 표현이기도 하다. 외식과 회식이 주가 된 일상생활에서 집밥은 정서적 허기, 심리적 허기를 충족시켜 줄 수 있는 하나의 대안으로서의 의미도 있다.

② 집밥 그리고 가족 식사[4)]

집밥과 관련된 요구도와 이미지 등을 조사한 자료에 의하면, 집밥 하면 생각나는 것은 엄마가 해준 따뜻한 밥, 직접 요리해서 만든 밥, 소중한 사람과 함께 먹는 밥, 집에서 먹는 밥, 가족과 함께 먹는 밥 등 다양하게 나타나고 있다. 그 이미지로는 조미료를 치지 않은 소박한 음식 혹은 김치찌개나 된장찌개와 같은 음식을 떠올릴 수 있다. 대부분의 경우 어릴 때부터 집에서 먹고 자란 음식을 집밥의 이미지로 떠올린다고 볼 수 있다.

따라서 집밥 대신 찾는 식당은 고급 레스토랑이 아니라 소박하고 평범한 한식당, 가정식 백반집 등이다. 1인 가구가 많아지고 개인화된 생활양식이 확산되면서, 앞으로도 집밥에 대한 그리움이나 요구는 더욱 많아질 수 있다. 그래서 '집밥 없는 집밥의 시대'라는 말이 나온다. 집밥은 노동시간, 식재료비 등 조건이 따라야 한다.[5)] 그래서 집밥에 대한 소망은 일찍 귀가하고 싶은 소망, 밥을 지어먹을 여유에 대한 소망 등을 포함한다. 그런 면에서 현대 사회의 일면을 잘 나타내는 문화적 현상이기도 하다.

한편, 집밥이 보편적인 용어라면 가족식사는 다소 학문적인 용어라고 할 수 있다. 가족과 함께 하는 식사는 단지 먹는다는 의미에서 더 나아가 가족 간 의사소통, 상호작용하는 과정이다(배희분 외, 2015). 따라서 가족식사를 통해 가족 간 친밀성과 응집성, 연대감, 공동체성 혹은 갈등, 책임과 역할에 대한 인식, 가족문화의 세대 간

---

4) 마크로밀엠브레인(2015a, 2015b)과 오수연(2015)의 조사결과를 합하여 발췌.

5) 경향신문 (2015. 11. 18.). 집밥 신드롬, 환상과 희망 사이.

전달 등을 파악할 수 있으며, 그런 맥락에서 가족식사는 가정생활문화의 중요한 요소라고 할 수 있다.

(4) 영유아기 자녀가 있는 맞벌이 가정의 돌봄문화

① 맞벌이 가정 증가와 자녀돌봄

대부분의 OECD 국가와 마찬가지로 우리나라 역시 여성의 취업률 향상과 함께 맞벌이 가정의 보편화가 진행되고 있다. 2016년 현재 맞벌이 가구는 전체 가구의 44.9%를 차지하고 있다(통계청, 2016). 맞벌이 가구는 부모가 모두 취업생활을 하고 있는 형태이므로 가정에서 자녀돌봄이나 살림을 전통적인 방식으로 수행할 수 없다. 즉, 남성과 여성이 가족 역할을 함께 분담해야 한다. 그러나 현실적으로 여성의 돌봄부담이 크기 때문에 자녀돌봄은 특히 기혼취업여성에게 큰 부담으로 다가온다. 따라서 맞벌이 가정이 보편화되는 현재 시점에는 여성과 남성이 함께 자녀 돌봄의 책임을 지고 국가도 가족 돌봄을 적극적으로 지원해야 한다(서지원 외, 2018).

그림 3-9 고용노동부 포스터
출처: 고용노동부.

가족과 사회가 함께 자녀를 돌본다는 것은 주로 보육정책 및 돌봄정책과 관련이 된다. 어린이집, 보육교사, 아이돌보미, 방과 후 교실 등 자녀 돌봄을 지원하는 기관 및 전담인력과 관련된 정책과 제도는 가정복지학, 가족학, 아동학 등의 중요한 과제가 되고 있다. 또한 남성과 여성이 함께 자녀 돌봄을 분담한다는 것은 일하는 부모의 가족 생활권과 노동권을 병행시키고 일·생활 균형을 충족시킨다는 측면에서 양성평등, 일·생활 균형 등의 정책과 직결되는 주제라고 할 수 있다. 건강가정지원센터의 아버지교육, 가족친화교육, 양성 평등한 부모교육 그리고 육아종합지원센터의 부모교육과 같은 프로그램이 이러한 목표에 부합되는 프로그램이다. 그리고 이는 가정복지, 가족, 가족자원관리, 아동 등 전공분야의 주요 현장이기도 하다.

② 일하는 부모의 일과 생활 균형

맞벌이 가정의 자녀 돌봄에서 특히 영유아기 자녀를 둔 경우에 주목하는 이유는, 6세 미만의 어린자녀, 즉 학령전기 자녀가 있는 경우, 가정생활과 직장생활의 역할 갈등 수준이 다른 생활주기보다 더 높기 때문이다(송혜림 외, 2014). 미취학 자녀는 기혼취업여성이 취업을 포기하게 하는 요인이며 동시에 저출산의 원인이 되기도 한다. 이처럼 일·가족 양립과 관련되어 가족이 처한 생활주기상의 특성도 영향을 줄 수 있다. 예컨대 30대 육아기의 경우 직장에서의 업무 수행과 승진의 압박, 가정에서의 자녀양육 역할을 동시에 부여받으면서 시간갈등을 경험하고 심리적 부담도 많이 느끼는 때라고 볼 수 있다(김소영 외, 2011). 그렇기 때문에 영유아 자녀를 둔 가정에 대한 보육지원정책은, 자녀 돌봄의 경제적 부담 감면을 통해 출산율을 향상시키기 위한 제도로 이해할 수 있다(신윤정, 2013). 맞벌이 가구가 증가하는 현 상황에서 자녀 돌봄의 부담을 얼마나 경감시킬 수 있는가는 부모의 일·생활 균형은 물론 출산율에도 영향을 미치는 주요 요소이다.

영유아기 자녀를 둔 맞벌이 가구를 대상으로 한 양육지원 실태조사 연구에서도 여성경제활동참여율에 영향을 미치는 주된 변수가 미취학 자녀 여부라는 점에 주목하고 있다. 관련 연구의 결과를 요약해 보면, 어린이집과 조부모 돌봄에 대한 의존도가 높고 월평균 돌봄 비용은 민간 베이비시터 70만 원, 조부모 및 친인척 약 44만 원, 아이돌보모 약 34만 원, 유치원 약 30만 원, 어린이집 약 21만 원 선이었다. 자녀가 최초로 기관을 이용하는 평균 나이는 21.4개월이다. 0~2세의 경우 가정어린이집, 5세아의 경우 (사립)유치원 이용율이 높고, 어린이집과 유치원 이용 모두 평균 8시간 정도 이용하는 것으로 나타났다. 이용 만족도는 긴급보육대응, 이용비용, 부모참여, 운영일수의 순으로 나타났다(유해미 외, 2014).

한편 미취학 자녀를 둔 부모가 노동–여가–가족 돌봄 등에 투입하는 시간을 통해서도 자녀 돌봄의 실태를 파악할 수 있다. 비근무일에 남성의 경우 노동시간은 대폭 줄어드는 대신 여가시간이 증가하는 반면, 여성의 경우는 가사노동시간(가족 돌봄 포함)이 함께 증가한다. 영유아기 자녀를 둔 맞벌이 가구에서 특히 여성의 돌봄 부담이 크다는 것을 알 수 있다. 미취학자녀를 둔 맞벌이 집단에서 여성의 경우 남성보다 총 노동시간이 길다. 이는 주로 자녀 돌봄과 가사노동 때문이다. 미취학 자녀를 두고 맞벌이를 하는 취업여성의 경우, 미취학 자녀로 인한 가사노동시간의 요구가 커지고, 이로써 총 노동시간이 길어지며 결과적으로 여가시간의 제약을 경험하고 있음을 알 수 있다(은기수 외, 2015).

맞벌이 가정의 자녀 돌봄은 우리 사회의 양성평등 수준, 돌봄 양식, 일·생활 균형의 정도 등을 나타내는 중요한 지표이며, 따라서 가정생활문화의 한 요소가 될 수 있다. 학령 전기 자녀 양육기에 있는 맞벌이 부부에게는 자녀 돌봄 부담을 경감시킬 수 있는 보육시설이 절대적으로 필요하다. 아동학 분야의 과목들을 이수하고 보육현장에서 활동하는 보육교사의 역할이 그만큼 중요하다고 할 것이다. 보육교사에게 어린이집은 하나의 일터이면서 동시에 우리 사회에서 맞벌이 가구의 자녀 돌봄 부담을 경감시켜 주는 중요한 장치가 된다. 이로써 일하는 부모의 일 생활 균형에 기여하는 매우 중요한 의미를 갖는다. 다른 한 편으로 가정 내에서 남성과 여성 간 자녀 돌봄을 평등하게 수행해야 하는데, 이에 대해서는 아래 양성평등문화라는 차원에서 더 구체적으로 다루고자 한다.

(5) 생활시간 사용에 나타난 양성평등문화

① 양성평등한 역할분담의 필요성

맞벌이 가정의 보편화 현상은 전통적인 성별 역할분담의 변화를 요구한다. 즉 남성은 밖에 나가 돈을 벌어오고(생계부양자) 아내는 집에서 살림을 한다는 패러다임에서 벗어날 필요가 있다. 남성과 여성 모두 함께 직장생활과 가정생활을 병행하는 방식으로 역할분담 및 모든 생활의 구조가 바뀌어야 함을 의미한다. 그런 면에서 '양성평등'은 가족의 관계, 아동양육이나 노인 돌봄 등 가족원 돌봄에 대한 사회적 지원 등의 차원에서 현대 사회의 가장 중요한 가치 중 하나로 자리 잡고 있다.

특히 가정복지, 아동 관련 현장에서도 양성평등은 매우 강조되는 지향성 중의 하나이다. 건강가정지원센터의 다양한 사업들은 양성평등을 지향하고 있다. 이는 부모교육, 아버지교육, 부부상담 등의 세부 프로그램에도 잘 반영되어 있다. 따라서 가정복지학, 가족학, 아동학 등 전공생들은 양성평등이라는 지향성을 잘 배우고 실천할 수 있는 기회가 필요하다.

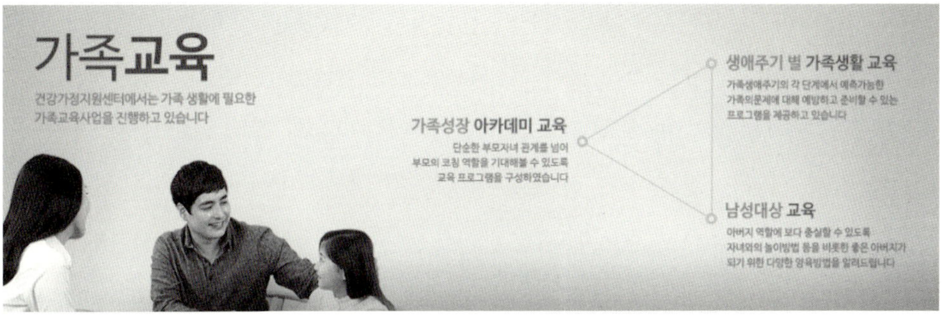

▌그림 3-10▐ 건강가정지원센터 홈페이지
출처: 건강가정지원센터 홈페이지(https://www.familynet.or.kr).

② 여성과 남성의 생활시간 사용실태

가족원 간의 양성평등한 관계는 가정생활에서 이루어지는 많은 활동을 누가 얼마나 하는가를 통해 파악할 수 있다. 즉 생활시간배분 실태는 가정의 양성평등문화를 알려주는 유용한 지표라고 할 수 있다. 통계청에서는 매 5년마다 국민생활시간조사를 실시하여 그 결과를 발표하는데, 2014년 자료를 2015년에 발표하였다.

가정의 양성평등문화는 전통적으로 여성이 담당해왔던 가사노동을 현재 양성 간 어떻게 분담하고 있는가를 통해 살펴볼 수 있을 것이다. 먼저, 인식의 차원에서 2016년 가사를 '공평하게 분담'해야 한다고 생각하는 사람은 53.5%로 2년 전(47.5%)에 비해 6.0% 증가하여 처음으로 절반을 넘었으며, 가사를 '부인 주도'로 해야 한다는 생각은 43.8%로 계속 감소하였다. 그러나 2016년 부부가 함께 살고 있는 가구 중 실제로 가사를 '공평하게 분담'하고 있는 남편은 17.8%, 부인은 17.7%로 계속 증가 추세이나 '공평하게 분담해야 한다'는 견해의 수준보다 여전히 낮은 수준으로 나타났다(통계청, 2016). 이처럼 양성평등 관련하여 인식과 실태 간 큰 차이가 있음을 알 수 있다.

한편 2014년 생활시간자료를 통해 직장생활을 하는 기혼 여성과 남성의 시간배분 실태를 분석하여 제시한 연구에서도 양성 간 뚜렷한 차이를 보이고 있다.[6] 정리하면, 근무일의 경우 일하는 시간(유급노동시간)은 남성이 여성보다 많지만 가사노동시간은 여성이 남성보다 많아, 총 노동시간 자체는 여성이 더 많다. 여가시간과 개인유지시간은 남성이 여성보다 더 길다. 비근무일에도 이러한 성별 차이가 그대로 유지되고 있다. 특히 가사노동시간과 여가시간에서 양성 간 큰 차이를 보인다. 이를 종합하면, 남성의 경우는 근로시간이 많고 이는 가사노동시간에 영향을 미친다. 가사노동에는 가족원 돌봄이 포함되므로 남성은 근무시간의 부담으로 인해 가족역할을 충분히 못 한다는 결과이다. 반대로 여성의 경우는 직장노동을 함에도 불구하고 가사노동시간이 일정 부분 유지된다. 그 결과 개인유지시간이나 여가시간이 부족해진다. 이러한 결과는 양성 간의 평등한 역할분담이 충분히 이루어지지 않고, 그로 인해 여성과 남성 모두 일과 생활의 불균형을 경험하고 있음을 알려준다. 즉 남성의 경우는 장시간 근로로 인해 가족역할에서 소외되는 반면, 여성은 직장노동과 가사노동을 병행하기 힘들고 그 결과 개인유지나 여가의 부족이 일어난다는 것이다. 그래서 여성들은 양성평등을 위한 최우선 과제로 가사 및 육아에의 남성 참여를 들고 있다. 또한 양성평등과 관련된 업무를 추진하는 여성가족부의 경우 성평등한 민주사회를 위한 다양한 정책을 수립하여 실천하고 있다(여성가족부).

❚그림 3-11❚ 2017년 여성가족부 제1차 양성평등실태조사 결과 인포그래픽과 2018년도 여성가족부 업무보고 인포그래픽

출처: 여성가족부 홈페이지(http://www.mogef.go.kr).

---

6) 이하 내용 Oisook Kim, Heekeum Cho, Hyerim Song(2015). Work-Life Balance of married workers in Korea. International Workshop on Time use Study findings from KTUS 2014 and Policy Implication Statistics Korea & Korean Association for Time studies에서 발췌.

양성 간 평등한 역할분담은 결과적으로 남성과 여성 모두의 일·생활 균형을 위해서 꼭 필요한 전제조건이라고 할 수 있다. 앞에서는, 우리 가정생활에서 아직 양성 간 평등한 역할분담이 충분히 이루어지지 않고 있음을 확인하였다. 향후 남성의 가족역할 확대를 위해, 즉 아버지의 역할 활성화를 위해 건강가정지원센터, 육아종합지원센터, 학부모지원센터와 같은 기관에서의 가족친화교육, 아버지교육 등이 더욱 필요하다고 볼 수 있다. 가정복지학, 가족학, 아동학 등을 전공한 전문가들은 졸업 후 이러한 기관에서 양성평등을 위한 프로그램을 개발하고 운영하는 등의 활동을 통해 우리 사회가 보다 가족친화적, 양성평등한 문화를 구축하는 데 기여하게 될 것이다.

3 주거와 문화

문화는 자연환경이나 역사와 전통, 그 사회 속에서 살아가는 사람들의 모습에 따라 달라진다. 생활양식은 가치관, 생활의식, 행동 등의 복합물로 다차원적인 개념이며, 주거 공간적인 측면에서 본 것이 주거문화이다. 본 장에서는 주거문화를 형성하는 데 중요한 영향을 미치는 요소를 알아보고, 시대와 지역의 변화에 따라 주거는 어떻게 변화하는가를 살펴봄으로써 인간의 생활과 주거문화의 관계를 이해하고자 한다.

1) 주거문화의 개념과 영향요인

주거문화는 지역에 따른 다양한 물리적 자연환경에 순응하면서 사회·문화적 배경, 자원과 기술의 발전에 따라 주거공간에서 이루어진 생활양식을 의미하며 이는 각 사회마다, 지역마다 다르게 형성된다. 주택은 거주자의 삶을 결정짓는 환경의 역할을 하며, 거주자의 문화적 요구에 따라 다시 변신하는 과정을 거치는 역동적인 문화결정체이다. 주거문화에 영향을 주는 요소를 자연환경, 자원과 기술, 사회문화적 요소로 나누어 살펴본다.

(1) 자연환경

주거는 환경의 영향을 반영하며 특히 기후적인 요소들, 즉 온도, 습도, 바람, 비, 복사량, 일광 등은 주거의 형태에 영향을 미친다. 주택에 대한 자연환경의 영향을 가장 잘 보여주는 예는 에스키모인의 이글루와 열대성 기후권의 고상주거이다. 에스키모인의 이글루는 춥고 바람이 센 북국의 기후에 적합한 주택형태로 알려져 있다. 반구의 외형은 바람에 최소한의 저항을 받으며 입구에는 분리된 공간구역이 있어서 보온에 용이하다. 이에 반해 열대성 기후권의 고상주거는 기온이 높고 습도와 강우량이 많으므로 비에 대한 보호와 햇빛을 막을 수 있는 차양구조를 가지며 열을 축적하지 않는 구조로 되어 있다. 이러한 지역에서 보편적으로 볼 수 있는 주택구조는 벽이 없거나 벽체가 매우 얇아 통풍의 열손실이 좋아야 하며 바닥을 높여 아래로부터 공기 흐름이 가능하도록 하고 해충이나 동물로부터 피할 수 있게 되어야 한다.

그림 3-12 자연을 이용(좌), 전동 블라인더(우)를 이용한 패시브하우스

현대에는 주택들이 자연환경의 영향을 최소화하는 지식과 기술이 집약되어 외부환경을 적절히 조절하거나 재료를 이용하고, 시설·설비 등의 발달로 인하여 외부조건의 영향을 최소화하고 있다. 이러한 주택을 '패시브하우스(passive house)'와 '액티브하우스(active house)'로 구분한다. 패시브하우스는 에너지 사용에 있어서 소극적이라는 의미의 '수동적(passive)인 집'이라는 뜻으로, 단열재, 3중유리 등의 사용으

로 실내와 실외의 공기를 차단하거나 쓰고 남은 폐열(廢熱)을 이용해 에너지로 재활용하는 등 일반 건축물에 비해 적은 에너지 사용으로도 냉·난방이 가능하도록 건축된 집을 말한다(그림 3-12). 이와 함께 액티브하우스는 '능동적으로 에너지를 끌어 쓴다'는 의미로 '태양광, 태양열, 풍력, 지열 등을 시설 및 장치에 의해 적극적으로 이용하여 난방, 전기, 온수 등을 얻을 수 있게 한 주택'을 말하다(그림 3-13).

그림 3-13 태양광 이용과 풍력

(2) 자원 및 기술

지식이나 유용한 자원과 기술의 발전은 주거에 반영된다. 복잡한 디자인의 유무나 건물구조, 시설·설비 등은 특정한 문화권의 기술발달 단계를 말해준다. 또한 자원의 유용성도 주거형태에 영향을 미친다. 석재가 풍부한 지역에서는 석조건물이 많으며 나무가 많은 지역에서는 목조주택을 만든다. 돌과 벽돌을 사용하던 조적조의 낮은 건물로 제한되었던 것에서 철근과 콘크리트의 개발은 고층 건물의 가능성을 있게 하였다.

초기주택인 자연동굴은 제한된 건축기술이 반영된 것이라 할 수 있으며 사냥과 채집생활을 하던 사람들은 단순한 구조물을 주거로 이용하였다. 그러나 새로운 지식의 발달과 과학의 발전은 주택의 구조 변화를 유도하고, 공법의 발달은 주택의 발전과 함께 형태의 자유성을 부여하였다. 가령 첫 번째 단계인 움집은 구덩이를 파고, 둥근 형태의 지붕을 잇고, 지붕과 벽체를 같은 재료를 사용하는 것이며, 두 번째 단계인 원뿔형 구조는 땅 위로부터 원형으로 시작되어 일정한 높이의 벽체구조를 가지며, 기둥을 세우고 이를 받치는 도리가 있고 지붕은 원뿔형으로 구성된다. 이는 내부공간에서 서거나 앉아 생활할 수 있으며, 수직의 수납공간이 있고 기후 조절이 용이한 형태로 움집보다 개선된 형태이다. 세 번째 단계는 기술적으로 가장 정교하고 복잡한 직사각형의 주택이다. 이 마지막 단계의 움집은 가구식(架構式) 구조의 기본 뼈대를 구성하는 부재인 기둥과 도리, 보, 대공, 서까래 등을 나무로 만들어 서로 연결한 목조가구식구조(木造架構式構造)를 이룬 것으로, 이 움집 구조는 한국 민가주택의 시작이 되었다(네이버 지식백과). 이러한 직사각형의 주택유형은 이전의 형태를 완전히 벗어나서 직각으로 평면을 계획하고 트러스 구조(truss structure: 목재나 강재 등의 단일 재료를 핀 접합으로 세모지게 구성하고, 그 삼각형을 연결하여 조립한 뼈대)를 만들 수 있는 능력과 지식 때문에 가능했다.

또한 지식과 기술의 발전은 공법의 발전을 가져오고 재료와 구조의 사용과 함께 주택의 형태도 변화시켰다. 먼저, 목재를 이용하여 건물의 뼈대가 되는 기둥과 보로 구조체를 구성한 후 지붕, 벽, 바닥 등을 이에 연결하여 구축하는 방식으로 지어지는 목조가구식(木造架構式) 주택이 있다. 대표적으로 한옥이 이에 해당된다. 최근에는 주택에서 단열성 등을 개선한 현대적 목조가구식 주택인 경량목구조(light weight wood framing system: 경량목재를 이용하여 기둥, 보, 서까래, 장선, 스터드 등 주요 골조를 세운 목조주택)가 등장하고 신축주택에 많이 적용되고 있다.

또 다른 공법의 주택은 벽돌과 콘크리트 블록, 석재와 같은 재료를 모르타르를 붙여가면서 쌓아 올려서 짓는 조적식(組積式) 주택이다. 조적식은 재료 자체의 하중이 크므로 건물의 무게가 무겁고 벽두께도 두꺼워진다. 또한 수평적 충격에 약하여 지진이 발생하는 지역에서는 사용할 수 없다. 따라서 주택의 구조로는 제한적으로 적용되고 현대에는 주로 주택외부의 마감 치장재로 많이 사용한다.

또한, 모래, 자갈 등의 골재와 시멘트 그리고 물을 적합한 비율로 섞어 만든 콘크리트에 철근을 넣어 만든 재료를 이용한 구조를 갖는 철근콘크리트 주택이 있다. 이러한 철근콘트리트조는 지진, 바람, 화재에 강하고 내구적이면서도 유지관리가 쉽다는 장점이 있고, 수명이 길고 대량으로 공장생산이 가능하여 고층아파트의 출현을 가능하게 하였다. 현대에 가장 많이 적용되고 있는 주택구조이다. 초기에는 하중을 받는 내력벽(耐力壁)과 하중을 받지 않는 비내력벽(非耐力壁)으로 구분되어 평바닥(flat slab)과 하중을 받는 벽체로 이루어진 '벽식 구조'의 주택이 대부분이었다. 벽이

내력벽이므로 이에 대한 융통성을 가지지 못하는 제한점이 존재하였다, 그러나 최근에는 가구의 다양성, 그리고 라이프스타일의 변화 등 공간의 융통성을 요구하게 되어 기둥, 보, 바닥판(slab)로 이루어지고 기둥과 보만이 하중을 받는 '기둥식 구조'나 벽식과 기둥식의 혼합형태의 '혼합형 구조'가 많이 이용된다. 아파트의 기둥식 구조는 내부공간에 힘을 받는 기둥이 배치되고 벽체는 모두 비내력벽으로 하중을 받지 않는다. 따라서 벽체를 헐고 공간을 개조하거나 확장할 수 있다. 최근의 아파트 또는 주택에서는 벽식과 기둥의 중간적인 구조를 택하여 필요에 따라 공간의 확장, 개조가 가능한 방향으로 이루어지고 있다.

마지막으로 건물의 뼈대(flame)를 철강재로 구성한 철골구조로 주택이 초고층화되면서 최근 많이 이용되는 방식이다. 기술혁신에 힘입어 50층 이상의 초고층건물이 가능하여 주로 주상복합아파트에 사용된다. 이런 초고층 아파트에서 벽을 경량구조, 외벽을 주로 커튼월(curtain wall)공법을 이용하여 유리로 처리되는 것이 대부분이다. 주택의 경우에는 경량철골구조(light weight steel construction, 경량형강: 냉강 압연에 의하여 성형한 형강)으로 짠 철골구조로 비교적 살이 얇은 형강을 써서 꾸민 건축물의 구조로 최근 많이 이용되고 있다.

앞에서 살펴본 자원과 기술요인은 미래 주거의 변화를 견인하는 대표적인 요인으로 이로 인해 생산비용이 보다 저렴해지며, 고기능 · 양질의 주택을 대량으로 생산하는 것이 가능해질 것이다. 또한, 첨단정보가 사회를 지배하는 고도 정보화 사회로의 진행에 따라 일상생활과 밀접한 관계가 있는 가정자동화(home automation)의 보급 역시 가속화되고 있다.

(3) 사회문화적 요소

주거에서 사회문화적 요소의 영향은 특히 종교, 가족과 사회구조, 가치관 등에 의해 구체적으로 나타난다. 서구인들은 대부분 주거공간을 종교적인 중요성을 가진 장소로 인식하지 않으나 유태인 가정이나 천주교 가정에서는 종교적인 상징물로 주택을 상징하거나 주거공간에서 종교적인 의식을 행하기도 한다. 우리나라의 전통주거에도 마을 뒷산에 서낭당이 있어 민간신앙의 장소로 사용하였으며, 유교적인 관습으로 중류와 상류 주택에 조상의 위패를 두는 사당을 두기도 하였다. 현대에는 종교적 기능을 주택이 담당하기보다는 사회화 시설인 종교기관들이 담당하고 있어 주택 내 종교와 관련된 독립적인 장소가 있는 것은 극히 드물다.

가족유형과 사회구조는 주거공간의 구성이나 형태에 뚜렷하게 반영된다. 부부간의 권력구조, 부모자녀 관계, 확대가족의 여부, 기타 가족생활의 다양한 측면은 주택형태에 반영되어, 우리나라 전통주거 공간에서도 유교적인 전통으로 남녀 유별사상이 주택에 나타난다. 사랑채의 기단을 안채보다 높게 하여 가족 내의 권위관계를 구분하였고, 신분에 따라서 주택의 규모가 제한되는 등 사회구조에 따른 주택의 차이를 볼 수 있다(주거학연구회, 2013).

현대에는 남녀평등, 부모자녀 관계의 변화, 핵가족화, 1~2인 소형가구의 증가, 여성의 사회진출, 고령화 등의 변화는 주택의 형태, 공간의 구성 및 사용에 많은 변화를 가져왔다. 특히 고령화의 진전, 가구원수의 감소와 이에 따른 단독가구의 증가와 같은 '가구구성의 변화'는 사회구조 변화의 대표적 요인으로 들 수 있다. 또 하나의 변화요인으로는 소득수준의 향상과 수요계층의 다양화를 특징으로 하는 '경제여건의 변화'를 들 수 있다. 인구와 가구구조의 변화는 미래 주택시장의 모습을 가늠해 볼 수 있는 매우 중요한 잣대이며, 고령화와 핵가족화, 1인 가구 수의 증가는 향후 주택시장 수요의 가장 큰 영향을 미치는 요인이 된다.

주거문화의 변화를 가져오는 중요한 요인으로 주거에 대한 가치관의 변화를 들 수 있다. 지금까지 재산가치, 즉 '소유개념'으로 인정받던 주택의 의미가 '거주개념'으로 인식전환이 진행됨에 따라, 주택마련을 위한 무리한 투자보다는 자기개발이나 레저생활에 보다 충실하고자 하는 가치관의 변화가 진행되고 있다. 이러한 변화는 주거선택권을 가진 세대가 젊은 세대로 교체되면서 점점 현실적인 문제로 대두되고 있다. 또 하나는 '여가시간의 증대'이다. 우리나라는 2004년 7월부터 주5일제가 시행되고 있다. 주5일제뿐 아니라 향후에는 유연시간 근무제(flexible time), 성과주의 등 새로운 방식의 근무 형태도 점차 확대될 것이다. 이와 같은 근무형태의 변경은 여가 시간을 적극적으로 활용할 수 있는 기회를 제공할 것이며 주택의 소유나 거주형태에도 영향을 미치고 있다.

2) 고유의 주거문화

(1) 우리의 주거문화[7]

세계 각 지역의 문화가 그들의 지역적 특성 속에서 발전되어 온 것처럼 우리의 전통주거도 한반도의 독특한 자연환경 속에서 발전되어 온돌과 마루라는 이질적인 공간이 한 주택공간에서 발달하게 되었다. 조선시대 이후로는 유교의 영향으로 공간의 배치 등이 정형화되면서 전통주거로 발전하게 된다.

우리나라는 대륙적이면서도 해양적인 특성의 기후에 적응하기 위해 주택구조에 온돌과 마루라는 대조적인 바닥구조가 형성되었다. 한국의 전통주택은 기후환경과 생활환경을 잘 반영하고 있는 주택으로 한 주택 내에 온돌과 마루가 결합되어 있는 세계에서 유일한 주택이다. 온돌은 겨울이 길고 추운 북쪽지방의 서민주택에서 발달하여 점차 남쪽지방으로 전파되면서 상류주택에까지 확산되었다. 또한 마루는 여름이 길고 무더운 남쪽지방의 상류주택에서 발달하여 점차 북쪽지방으로 전파되면서 서민주택에까지 확산되었다.

그림 3-14 한국의 상류주택

한국 전통주택의 공간배치는 상류주택이 신분제도의 영향으로 상의 공간과 하의 공간으로 구분되고, 내외사상으로 여자들이 사용하는 안의 공간과 남자들이 사용하는 밖의 공간이 구분되며, 조상숭배의식이 정착됨에 따라 사당과 같은 의례공간이

7) 주거학연구회(2013). 『넓게 보는 주거학』의 내용을 인용하여 재기술.

집안의 한 구성요소로 자리하는 등 유교의 영향이 매우 컸다.

반면 서민주택인 민가는 워낙 규모가 작았기 때문에 상류주택에서 나타나는 공간 구분이 잘 나타나지 않으며 기후의 영향을 받아 공간배치에 있어 지방별 차이가 뚜렷이 나타나는 특징을 보인다. 추운 지역인 북쪽 지역에서는 보온에 유리한 겹집형태의 주택이 정착하였고, 더운 지방의 남부 지역에서는 통풍에 유리한 홑집이(그림 3-15)이 나타났다.

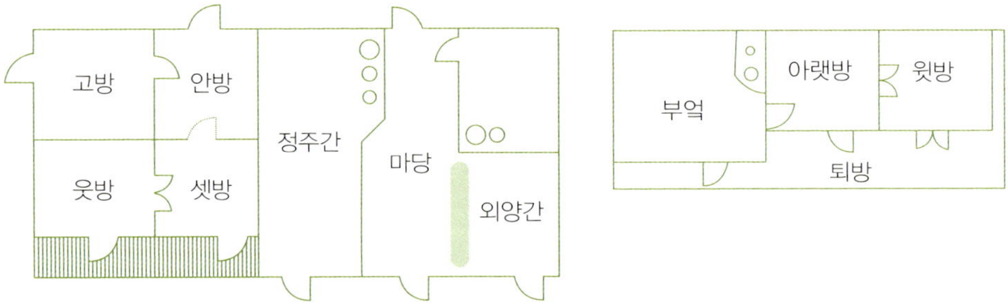

그림 3-15 민가의 겹집(좌)과 홑집(우)
출처: 주거학연구회(2013). 넓게보는 주거학 재인용.

근대 이후 주거형태는 자유로운 사회분위기에 힘입어 규범에서 탈피하는 모습이 보이기 시작하였다. 벽돌이 장식적으로 이용되고 신분에 맞지 않게 솟을대문을 세우거나 사당을 목욕간으로 개축하는 등의 사례가 발생했다.

1930년대 이후 대도시에서 주택난이 심화되고 수요가 급증함에 따라 임대업자들이 우후죽순으로 생겨나며 도시형 한옥의 건설이 활발해졌다. 도시형 한옥은 경기지역 안채의 기본 평면에 문간채가 결합한 ㄷ자형 평면을 기본으로 다양한 유형이 개발되었고 평면의 실내화, 지붕의 일체화, 문간채와 측간의 통합이 이루어졌다.

도심부에서는 관공서나 대저택이 들어서 있던 대형 필지들이 주택단지로 변모되었고, 변두리 지역에서는 농경지나 구릉지가 토지구획정리사업을 통해 개발되면서 격자형 가로체계가 적용되었다. 이러한 도시형 한옥은 새로 등장한 주택 생산업자에 의해 집단적으로 생산되었으며, 벽돌, 타일 유리, 함석 등 근대에 새로 유입된 재료가 과시적으로 사용되었다.

해방 이후 아파트가 들어서고 이를 통해 다양한 주거형태가 실현되기도 하였다. 중층건물에서 온돌의 설치, 입식 부엌의 적용, 보일러 · 수도 등이 설비, 발코니 · 다용도실 · 붙박이장 등의 조절을 통해 효율적인 가사작업이 가능하고 가족 단란의 공간으로 독립성이 강조되는 평면 형태로 자리 잡아 갔다.

1970년대 중반부터는 민간기업도 적극적으로 아파트 건설에 참가하였고 대규모로 개발되면서 도로와 공공시설을 고려한 단지계획이 중요해졌다. 아파트는 점차 고층화되었고 첨단의 설비가 가장 먼저 적용되어 왔으며 각종의 제도적 지원에 힘입어 현재 우리나라 주거문화를 대표하는 주거형태로 자리 잡게 되었다(대한건축학회, 2010).

2000년 이후 국적 있는 도시경관의 조성과 주거 다양성 확보를 위한 노력의 일환으로 한옥, 타운하우스, 단독주택과 아파트가 자연스럽게 어울릴 수 있는 다양한 주거형태가 존재하도록 하는 여러 방안이 모색되고 있다.

(2) 서양의 주거문화[8)]

① 이집트와 그리스 · 로마 시대의 주거

고대의 이집트인들은 현세보다는 사후의 집을 더 좋게 만들어 영원한 안식을 추구하였기 때문에 지상의 주택은 임시거처지로서의 의미가 컸다. B.C. 3500년경 고대 이집트인들은 나일강 유역의 비옥한 농경지에서 경작활동을 하며 문명을 발생시켰고 도시를 형성하여 정착생활을 하였다.

고대 그리스인들의 주거문화는 이집트와 매소포타미아의 중정식 주거에 영향을 받아 중정을 중심으로 공간을 형성하는 중정형 주택이었다. 그리스인들은 온난한 기후를 즐기고 야외생활에 치중하였기 때문에 다른 신전, 궁전 등과 같은 건축분야에 비해 건축수준이 낮으며, BC 6세기경부터 중정식 평면주택이 지배적인 유형이었다. 카마이지(Chamaizi) 지역에 지은 타원형 평면의 민가는 중정을 통해 각 실로 접근하도록 코어 형식의 평면으로 계획되었다. 중정에다 화로(fire place)을 두어 취사

8) 대한건축학회(2010). 『주거론』의 내용을 인용하여 재기술함.

와 식사, 접객 등의 공간으로 활용하였는데 이는 B.C. 5세기 이후에 중정형으로 정착한 것이다.

그림 3-16 고대 이집트 주거(좌)와 로마 폼페이 주거지(우)

② 중세의 주거

그림 3-17 매너하우스

중세 사회란 5, 6세기부터 15세기까지 약 1000년간 유럽에서 계속된 봉건 사회다. 이 시기의 장원(莊園)[9] 제도는 지방에서의 대토지 소유자, 귀족, 제후가 봉건 영주로서 토지와 농민을 지배한 제도다. 따라서 장원주거는 장원(莊園)의 봉건영주 저택과 소작농 및 관리인 주택으로 구성하는 것이 일반적이었다. 사회적으로 지위가 낮은 소작인의 전형적인 주거형태는 주택, 축사, 창고, 중정 등으로 구성되었다. 장원주택을 포함하는 매너하우스(manor house: 귀족계급의 주거건축)의 평면구성은 대홀 중심의 2층 구조로 1층에 부엌과 식료품창고를, 2층에 일광욕을 즐길 수 있는 일광욕실을 두었으며, 부가 축적됨에 따라 부엌을 점점 식료품창고(buttery)와 식기수납장(pentry)으로 분리하고, 현관을 설치하거나 주인공간과 부엌사이에 회랑(gallery)을 두어 두 공간을 연결시킴으로써 이곳을 하인의 실로 활용하도록 하는 등 기본평면 위에 생활의 정도에 따라 방의 규모나 용도를 확장시켜 나갔다.

---

9) 봉건사회의 경제적 단위를 이룬 영주의 토지소유 형태(두산백과).

③ 르네상스 이후의 근대의 주거

산업혁명 이후 근대 유럽의 농촌인구가 도시로 이동하면서 이농현상이 심화되고 도시의 과밀현상으로 도시근교의 주택지가 단독주택과 타운하우스 혹은 테라스 하우스 형태로 개발되었다. 19세기 후반 영국의 미술공예운동에 영향을 받아 유럽대륙 전반에서 아르누보(L'Art Nouveau 혹은 Art Nouveau)예술이 확산되었다. 예로 스페인의 가우디는 스페인 지방의 전통과 고딕에 관심을 가졌으나 역사성을 벗고, 카사 바틀로(casa batllo)(그림 3-18), 카사 밀라(casa milla) 등에서 주택외관을 파동형으로, 굴뚝을 마치 구름의 형상처럼, 입구철문을 식물의 줄기와 같이 자연의 형상으로 표현하였다.

▌그림 3-18▐ 스페인의 카사바틀로

과거의 전통과 관습을 따라 디자인하길 원치 않았던 모더니즘에 따라 1927년 거장 미스 반 데어 로에(Mies von der Rohe)를 포함한 17인의 엘리트 건축가들은 독일의 슈투트가르트의 바이젠호프 주거단지에서 주택의 산업화라는 새로운 주거개념으로 주거문제를 해결하고 현대주택을 예견할 수 있는 주택들을 전시하였다.

미국은 19세기 후반 서부개척이 본격적으로 진행되어 중서부에서도 소도시가 탄생하였고 지역의 독특한 커뮤니티가 형성되었다. 소도시들은 중심가로를 축으로 격자형 도로망을 계획하여 점점 도시로 성장하였는데, 중심지 외곽으로 단독주거지를 개발하여 아름다운 도시경관을 만들어 냈다.

(3) 동양의 주거문화[10)]

① 남아시아 주거

남아시아[11)]의 주거형식은 더운 공기를 위로 올라가게 하고 찬바람을 들어오게 하는 자연순환구조로 다양한 형태의 고상식 주거가 존재하였다. 고상식(高床式) 혹은 지상식(地床式)이라고 부르는 주거형식은 남아시아 주거형식의 특징적 요소 중의 하나이다. 고상식 주거는 전통적으로 남아시아의 다수 종족이 고상식 주거에서 생활해 왔고 산악 소수민족 역시 경사지형에 순응하여 고상식 주거형식(그림 3-19)을 취하여 왔음을 알 수 있다.

▌그림 3-19▐ 경사지 고상식 주거

② 인도네시아 주거

인도네시아는 군도(群島)의 나라로 종족과 언어가 다양하지만 주종을 이루는 자바인(Javanese)[12)]의 영향이 가장 강하다. 따라서 자바주거가 기준이 되며, 그 영향이 크다고 볼 수 있다. 33개의 주의 주거특징과 소수민족의 주거형태까지 종합한다면 민족성을 반영한 다양성의 주거라 말할 수 있다. 자바주거의 기본평면으로 4개의 기둥이

▌그림 3-20▐ 인도네시아 주택구조
출처: 주서령 외(2010).

---

10) 대한건축학회(2010). 『주거론』의 내용을 인용하여 재기술함.

11) 아시아 남부 일대를 가리키는 말로 특정한 지역명이 아니며, 그 범위와 경계 등이 명확하게 구분되어 있지 않다. 인도·파키스탄·방글라데시·스리랑카·네팔·부탄·몰디브 등이 여기에 포함된다(두산백과).

12) 1891년 인도네시아의 자바섬 트리닐(Trinil)에서 발견된 화석인류(化石人類)로 호모 에렉투스(Homo erectus)에 속한다. 약 50~100만 년 전에 생존했던 것으로 추정된다(두산백과).

상부지붕을 지지하고 주택 내부공간을 형성하며, 이를 중심으로 남북축, 혹은 전·후면으로 필요한 실과 테라스 공간을 만들었다. 보통 거실은 전면에 부엌은 후면에 배치하고, 필요에 따라 2~3개의 침실과 창고를 만들어 전체적인 주거공간 및 형태를 만들게 된다(그림 3-20).

③ 베트남 주거

약 2500년의 역사를 북거(北居)와 남진(南進)의 세력으로 구분하는 베트남 역사에서 북거는 중국과, 남진은 동남아시아 지역과 관계가 깊은데도 독특한 민족 정신과 고유한 문화를 지켜온 것은 54개의 소수민족을 하나로 묶어내는 고유한 문화와 주거의 전통 유지 등에 기인하고 있기 때문이다.

베트남은 크게 도시주택과 농촌주택으로 구분되는데 농촌주택은 거실, 방, 자녀방, 부속사(付屬舍)로 구성하는 간단한 형식이다. 부엌은 별도로 만들지 않는다. 즉, 방의 남동쪽에 취사도구만 설치하여 간단히 조리하고 식사를 할 수 있게 한다. 취사공간을 남동쪽에 배치하는 것은 테라스의 우물과 가까이 둠으로써 편리함과 동시에 화재를 고려했기 때문이다.

그림 3-21 베트남 농가주택

④ 일본의 주거

일본의 민가는 15~19C에 걸쳐 발달하게 되었는데 16C까지만 해도 침전조와 서원조는 공가(公家)와 무가(武家) 등 신분이 높은 자들의 주거형식이었다. 그 후에 서민주택은 가로 및 세로의 격자모양 도로를 따라 형성되었다(그림 3-22).

차(茶)문화가 하나의 생활로 정착하여 주거문화에까지 영향을 준 것은 근세 일본 주거 특징 중의 하나이다. 차도의 발생은 나라시대까지 거슬러 올라가나 본격적으로 차도가 문화화된 시기는 무로마치 시대 후기에 형식화되었고, 무사에 의해 계승되었다가 현재까지 하나의 주거전통으로 존재하는데 주택 내부의 차실은 안채에서 별채로 노지(爐址)를 두어 실(室) 혹은 다정(茶亭)에 이르게 하였다. 차실의 구성은 보통 90cm×180cm 다다미 2장의 다다미방으로부터 8장까지 규모가 다양하며 좌식의 다다미방 한 구석에는 화덕(이로리)를 설치하였다.

▌그림 3-22▐ 일본의 가로주택과 실내의 다다미

주택 내부의 바닥은 다다미를 사용하였다(그림 3-22). 다다미는 초기에 이동성이 있는 바닥의 깔개였으나 전체 마루를 덮는 고정된 짚방석 형태로 변화하였다. 다다미는 부드럽고 상하기 쉬운 특성 때문에 무거운 가구를 사용할 수 없었고, 무릎을 꿇고 앉는 정좌법으로 방석을 사용하게 되었다.

⑤ 중국의 주거

중국은 아열대, 온대, 아한대를 포함하는 지역에 걸쳐 있으므로 다양한 기후특성에 따라 주거형태가 다양하다. 오랜 역사와 다양한 민족이 모여 사는 중국은 민족마다 각기 고유한 주거형태를 가지고 있다. 중국은 56개의 다민족국가로 중국의 문화적 동질성은 한대(漢代, B.C. 206~A.D. 221)로부터 비롯되었다. 한대는 여러 다른 인종과의 차이를 드러내는 시기로 총인구의 95% 정도를 차지하고 있는 한족의 독자적인 고유 주거문화가 이 시기를 통해 구축되어 중국문화의 핵심을 이루게 된다.

이 중 대표적인 주거형태는 중국 대륙을 가장 오래 지배했던 한족의 상류주택이라고 할 수 있는 사합원과 소수민족인 객가(客家)족이 살았던 민가형태로 토루(그림 3-23)가 있다. 사합원의 공간구성은 중정을 둘러싸고 있는 정방, 좌우의 상방과 출입구 쪽의 도좌방 등 건물 네 개가 배치되는 형식으로 남북을 축으로 특수한 규칙에 따라 대칭적으로 배치된다. 주택 전체는 개구부가 거의 없는 벽으로 둘러싸여 거리로부터 격리되어 있어서 외부에 대해서는 폐쇄적이고 내부를 향해서는 개방적인 구조를 가지고 있다.

토루는 대가족 전체가 외벽으로 둘러싸인 건물 속에 집결되도록 하고 중정을 공동장소로 사용하도록 되어 있다. 복건성 토루의 경우 자연재료를 활용하여 내부는 목재가구식 구조로 되어 있고, 외벽은 단단히 다져진 흙, 진흙, 돌로 되어 있는 혼합구조로 되어 있으며 박공지붕과 긴 처마로 외벽을 보호하고 있다.

▌그림 3-23▐ 사합원과 토루

3) 현대의 주거문화

현대 산업사회가 대두되면서 도시가 팽창하자 도시주택난을 해결하기 위해 집합주택인 아파트가 중심을 이루게 되었다. 이것은 아시아 대도시를 포함한 세계적인 경향으로 거대도시의 출현과 국토의 도시화에 따라 도시가 근교농촌으로 잠식하여 나타나는 러반(rurban) 현상까지 나타나, 지역경관의 문제와 대도시의 주택난이 동서양을 막론하고 도시주거의 정비는 가장 시급한 문제로 대두되어 왔다.

도시의 주거정비는 도시재생 개념으로 블록단위로 저밀도 도시재개발과 뉴타운을 계획하여 도시에 생기를 불어넣는 일련의 작업들을 진행하고 있으며, 종전의 모더니즘에서 야기되었던 모순들을 수정해 나가기 위해 도시가 가지고 있는 역사문화와 경관을 복원하고 재생하는 작업들을 펼치고 있다. 종전의 방법과는 달리 시민이 참여하는 도시만들기가 가장 일반화되었고 도시 또는 지역의 고유한 경관을 유지하며 주거의 질을 향상시키는 디자인 접근방식을 적용하여 매우 큰 효과를 거두고 있다.

현대의 주거는 단순히 개발만이 아니라 과거의 흔적들을 담고 화석에너지의 부담을 최소화하면서 아름다운 역사문화적, 생태적 경관을 갖고자 노력하고 있는 것이다.

과학기술의 급속한 발달은 생활환경을 포함한 인간의 주거여건을 하루가 다르게 변화시키고 있다. 특히, 반도체 · 정보통신 분야의 기술혁신에 따른 '정보화 사회', '디지털 사회'로의 급속한 진전은 기존의 전통적 생활방식을 크게 위협하고 있으며, 거주자의 주거에 대한 요구를 보다 다양한 방식으로 변모시키고 있다. 즉, 인구 · 가구구성의 변화, 주거문화 및 가치관 변화, 생활의식의 변화, 과학기술의 발전, 환경 · 에너지 문제의 대두 등 직 · 간접적 요인들의 복합작용에 의해 주택에 대한 거주자의 요구조건은 점점 다양화되고 있다.

4 의복과 문화

우리는 무의식적으로 문화규범을 따르는 경향이 있다. 사람들은 이미 규정된 것에 대해 동조할 의무를 느끼고 동조하지 않으면 도태되고 소외될까 두려워한다.

문화는 공유성(한 사회 구성원들에게 공통으로 나타남), 학습성(타고나는 것이 아니라 후천적 습득), 축적성(다음 세대에게 전해지고 기존문화에 쌓임), 변동성(시간흐름에 따라 변화), 총체성(각 영역이 따로 있는 것이 아니라 밀접하게 서로 연관)이라는 5가지 속성을 갖는다.

복식문화도 이런 속성을 가지며 이런 속성으로 인해 의생활에서 문화와 관련 깊게 다루어질 수 있는 주제는 유행, 민족전통복식과 복식문화사이다. 즉 한 집단에 의해 문화가 공유되고 학습되며 변동되는 현상이 바로 유행이다. 또한, 문화의 축적성으로 인해 민족마다 고유한 의상이 있게 되는 것이고 문화의 총체성으로 인해 의복을 통해 한 시대를 이해할 수 있다. 따라서 본 장에서는 복식문화를 형성하는 데 중요한 영향을 미치는 유행을 알아보고, 민족마다 고유한 복식문화를 어떻게 형성하고 있는지 그리고 시대에 따른 주요 사상 또는 사건들이 어떻게 의복에 영향을 미쳐 의생활을 변화시켰는지 20세기 이후의 패션 역사를 통해 살펴본다.

1) 유행

(1) 유행의 사회 · 심리적 기제와 전파

유행은 일정시기 동안 특정집단에 의해 선택된 생활양식을 의미한다. 의류학에서는 유행을 패션이라는 개념과 같이 사용하기도 한다.

유행은 두 가지 사회 · 심리적 기제, 즉 사람들이 타인을 따라 하는 사회적 동조 욕구와 자신과 타인을 구별하기 위한 사회적 구별 욕구로 인해 발생한다(그림 3-24). 따라서 특정 패션스타일은 동조성 때문에 대중에 의해 받아들여져 유행이 되지만, 어떤 개인은 차별화를 위해 새로운 것을 찾아 새 스타일을 만들고 표출하기도 한다.

이런 관점에서 보면 패션리더가 누구인지는 매우 중요하다. 유행은 대중 속에서 개인의 자존감과 정체성을 구성하고 표현하는 수단으로 사용될 수 있어 자신이 속한 집단에서 주류에 속하고 뒤처진 사람이 아니라는 인정을 받고 싶어 하므로 나보다 나은 위치 또는 계급에 있는 사람을 모방하게 된다. 따라서 이런 경우 패션리더는 그 집단의 상류층이 된다(하향전파이론).

그러나 개인의 경제적 능력에 의해 지출 범위가 정해지고 기업도 고객의 지불 능력에 따른 상품 구성 등을 통해 제품을 기획 생산하므로 유행은 비슷한 사회계층 내에서 수평적으로 전파된다고 보는 견해(수평전파이론)도 있다. 또한 정보사회에서 수많은 정보들이 동시에 많은 사람들에게 전달되고 이러한 정보 중 대중들의 기호에 맞는 스타일을 대중들이 집단적으로 동시에 선택해 유행이 전파된다고 보는 견해(집합선택이론)도 있으며, 새롭고 신기한 것에 대한 호기심은 대중들의 흥미를 유

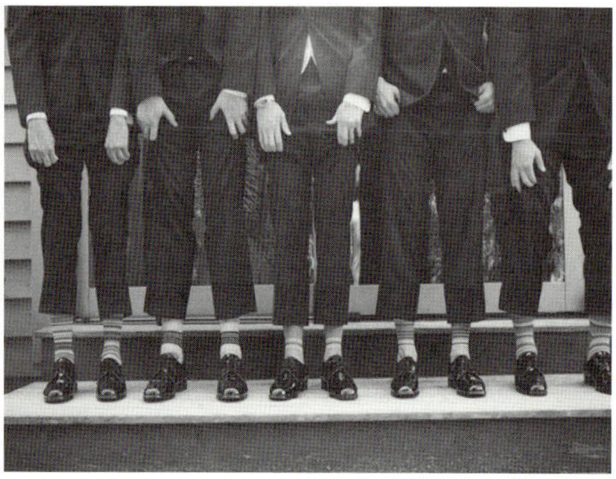

▌그림 3-24▌ 동조(같은 양복)와 차별(다른 양말)의 욕구

발시켜 하류층의 문화가 상류층으로 전파되어 유행한다고 보는 견해(상향전파이론)도 있다. 즉 유행을 선도하는 패션리더는 상류층일수도, 같은 사회 계층 내에 존재할 수도 있고, 아니면 특정 리더가 없이 대중이 집합적으로 유행을 선도할 수도 있으며 하류층에서 나올 수도 있다.

(2) 유행의 경제적 효과

유행은 문화현상이지만 이것이 섬유의류산업에 미치는 경제적 효과는 매우 크다. 어떤 스타일 또는 제품의 유행은 그 스타일 또는 제품을 만든 브랜드 또는 기업의 매출 상승을 가져오기 때문이다. 그러나 패션상품은 시즌에 앞서 제품이 기획되어 생산되고, 사회, 경제, 정치 상황 등에 의해 영향을 받아 어떤 트렌드를 예측하는 것은 매우 어렵다. 그러므로 기업들은 소비자 및 패션트렌드 조사, 산업 동향 등을 파악하여 예측성을 높이려고 한다.

유행은 문화소비 계층에 의해 큰 영향을 받는데, 특히 한국에서 문화소비는 세대 변화와 밀접하게 연관된다. 1960년대 주요 문화소비 계층은 성인층이었으나 1970년대에는 대학생을 비롯한 20대 청년 세대, 1980년대 후반부터는 10대 청소년 계층이 적극적인 문화 소비자로 등장하였고 1990년대에 이르러서는 청소년층의 대중문화가 시장의 주류로 등장하게 되었다(김창남, 2014). 특히 젊은 세대로 갈수록 유행에 민감한 경향이 있기 때문에 이 시기부터 10대 취향의 문화가 유행을 선도하는 양상을 보여주게 되었다(그림 3-25).

그림 3-25 1960년부터 1990년도 까지 주요 문화소비계층

따라서 의복도 대체로 젊은이들의 취향에 맞춘 의복들이 유행을 선도하고 있으며 캐주얼웨어 또는 스포츠 웨어들이 시장에서 큰 비중을 차지하고 있고 대중문화에 의한 영향력이 매우 커 가수, 배우 등이 강력한 패션리더로서 자리 잡고 있다. 또한 젊은이들은 유행에 민감하고 변화를 쉽게 받아들이며 구매력이 낮아 패스트 패션이 세계적으로 큰 인기를 끌고 있다.

(3) 유행과 복식문화

의복은 그 시대의 사회, 정치, 경제 등 주변 환경의 영향을 받아 변화하고 발전한다. 특히 이러한 변화와 발전이 대중의 기호에 부합될 경우 유행이라는 현상으로 나타난다. 따라서 특정 의복이 유행했다는 것은 그 시대의 대중들에 의해 널리 받아들여졌다는 것이고 이를 입고 생활함으로써 의생활에서의 양식 또는 규범들을 만들어 낸 것이므로 유행은 복식문화를 구성하는 주요인자라고 볼 수 있다.

일례로 1990년대를 들어보자. 1990년대 유행했던 패션은 단지 그 당시에 유행했던 의복스타일만을 보여주는 것이 아니다. 그 시대가 갖고 있던 시대정신을 반영하고 대중들의 선호이미지나 추구하는 감성을 나타낸다. 또한 시각적으로 보이는 디자인뿐만 아니라 그 당시에 사용한 소재, 부자재, 봉재방법 등도 알려주기 때문에 1990년대의 복식문화와 지금의 복식문화가 다르다고 말할 수 있는 것이다.

그러나 최근에는 시대를 대표하는 진정한 의미의 'trend'라는 것을 찾아보기 어렵다. 이는 세 가지로 해석할 수 있다. 첫째, 1인 1색이던 소비자의 취향과 욕구가 1인 10색으로 표현될 만큼 다양해졌기 때문이다. 둘째, 디자이너들도 각자 독특한 개성을 표현하고 있어 패션시장도 중요 트렌드가 있기보다 매우 큰 다양성을 갖게 되었다. 예를 들어 1920년대는 샤넬이라는 디자이너가 시대정신을 반영하고 뚜렷한 브랜드 성격을 갖고 샤넬의 이미지를 조성했지만 현재는 베르사체와 같은 극단적인 로맨틱과 여성스러움을 강조하는 디자이너뿐만 아니라 대단히 실용적이거나 이해할 수 없는 의복을 만드는 도전적이고 혁신적인 레이 가와쿠보, 펑키룩의 비비안 웨스트우드, 관능적이고 화려함의 극치를 보여주는 도메니코 돌체와 스테파노 가바나 등이 동시에 활동하고 있다. 셋째, 정보통신기술 발전으로 인해 정보 얻기가 수월하고 해외브랜드도 인터넷을 통해 쉽게 구입할 수 있어 특정 패션이미지가 유행하여 트렌드가 되기 어렵다. 그러므로 현재의 복식문화는 어떤 한 스타일이 주요 트렌드로 유행한다기보다 다양한 스타일이 공존하면서 서로 영향을 미쳐 복식문화를 형성하고 있는 것으로 보인다.

2) 민족 고유 전통문화에 따른 의생활

문화는 보편성과 다양성을 동시에 갖는다. 이런 측면에서 전통복식문화를 설명하자면 보편성에 의해 어느 나라나 전통의상이 존재하고, 다양성에 의해 나라마다 전통의상이 다르다고 할 수 있다.

그러나 18세기 산업혁명이후 대부분의 국가가 근대화되면서 실용성과 경제성이 중요 가치가 되었고, 의복이 공장에서 생산되면서 기성복을 입게 되어 대부분의 국가는 민족 고유 복식을 포기하고 서양식의 재킷, 셔츠, 바지 또는 치마를 입는 복식문화가 자리 잡게 되었다.

그로 인해 민족 고유의 전통의상은 특별한 날이거나 축하할 날에 주로 착용한다. 지역에 따라 다른 민족 고유복식을 크게 5개의 대륙별로 나누어 알아본다.

(1) 한국

한국 복식은 상의와 하의가 나누어져 있어 여자는 저고리와 치마, 남자는 저고리와 바지로 구성되는 북방 알타이계 복식을 근간으로 한다. 상고시대[13]는 계급에 따

13) 상고시대: 고조선부터 삼한(마한, 진한, 변한)시대까지의 시기.

라 복식이 달랐고 삼국시대에는 생활양식이 비슷해 복식도 비슷했다. 통일신라시대에는 복식이 더 원숙해지고 화려해졌으며 의복재료도 풍부했고 고려시대에는 귀족사회의 특성을 반영하고 불교 미술의 영향이 컸다. 서민들의 의복은 큰 변화가 없었으나 고려말기에는 원나라 복식이 전래되어 지배층에서 채택하기도 하였다. 숭유배불주의를 표방한 조선은 의례복과 평상복의 구분이 뚜렷했으며 유교적 의미에서 과장과 허세를 탈피하고 소박한 문화를 형성하였고 목면사용으로 의생활이 다양해졌다(유송옥 외, 2000).

한국 복식문화의 특징을 보면 먼저 형태에서는 여분이 많도록 재단하여 사람이 착용하면 여분이 주름으로 되고 큰 커브의 주름이 곡선으로 나타나면서 풍성함, 우아함과 유동적인 곡선미를 만들어 낸다(그림 3-26). 색의 경우에는 대륙적인 원색과 옅은 색을 즐기면서도 백색을 많이 선호했다. 관복이나 궁중복식은 대부분이 원색이나 순하고 밝으며 산뜻했다. 그러나 백색이 가장 사용빈도가 많았고 선호되었다.

그림 3-26 한복을 입고 다니는 사람들

(2) 아시아

동북아시아 복식은 도교, 유교, 불교를 수용하였고 한자 문화권이라는 문화적 전통을 공유하고 있다. 동북아시아 복식은 북방계 호복[14]과 남방계 포[15]가 융화된 형

14) 서호(중앙아시아와 서아시아)사람들이 입던 고습복(袴褶服: 좁은 바지(고), 좁은 소매 웃옷(습))으로,

태로 나타난다. 이에 반해, 인도네시아 태국, 캄보디아, 베트남 등 동남아시아 복식은 긴 천을 허리에 두르는 요의[16], 요권의[17] 형태이다. 티베트와 네팔, 부탄 등은 중앙아시아에 속하는데, 이 중 히말리야 북쪽 산맥에 위치한 티베트는 추위를 이기기 위해 상의 위에 양모로 된 형태의 포를 입고 네팔은 지역별로 기후가 달라 옷의 형태도 다르다. 서아시아는 페르시아 문명과 기독교, 이슬람의 발상지로 지리적으로 동서양의 접점에 위치해 동서 문물이 교차하는 한편, 주변 민족의 침입 대상이 되기도 했다. 그러므로 서아시아 복식문화는 매우 복잡하고 다양하다.

아시아를 아우르는 전통복식의 공통점은 옷감 그대로를 응용하는 형태가 주를 이룬다는 것이다. 이는 서양의복 방식이 옷감을 몸에 맞도록 재단하는 것과 차이를 보인다(중앙일보, 2010. 8. 11.). 아시아의 대표적 의상은 중국의 치파오, 일본의 기모노, 베트남의 아오자이, 인도의 사리, 이슬람의 차도르 등이 있다(그림 3-27).

이오자이 치파오 사리

▌그림 3-27▌ 아시아의 전통의상

양다리를 움직일 수 있는 좁은 바지를 입고 그 위에 왼쪽으로 직선의 옷깃을 여미거나 둥근 옷깃을 갖고 있는 상의를 입음(유송옥·이은영·황선진, 2000: 67).

15) 아래위가 하나로 된 겉옷.

16) 허리에 둘러 입는 옷.

17) 폭이 넓은 천으로 허리에서부터 발목까지 둘러 입는 형태의 옷. 요의+권의(긴 천을 이용해 몸을 감싸서 입는 옷).

(3) 유럽

유럽의 전통의상은 대체로 남성은 블라우스와 조끼에 바지를 입고, 여성은 블라우스와 보디스를 입고 주름진 스커트에 에이프런을 두르는 형태를 띠는 경우가 대부분이다. 여기에 천의 종류나 세부적 디자인, 모자 등이 나라마다 차이가 난다.

영국은 스코틀랜드식 킬트(Kilt)가 유명하다(그림 3-28). 킬트는 무릎길이의 타탄체크 무늬의 스커트로써 주로 스코틀랜드의 고지대에 사는 사람들이나 군인이 착용하였다.

전통적 러시아 의상은 남자는 모직바지 위에 화려한 색상의 소매가 풍성하고 블라우스 형태의 셔츠인 루바슈카를 입고, 여성은 블라우스 형태의 셔츠(루바슈카) 위에 어깨 끈이 달린 긴 점퍼스커트 형태의 치마인 '사라판'을 입는다. 또한 겨울에는 몹시 춥기 때문에 남녀 모두 '샤프카'라는 털모자를 쓴다.

네덜란드는 지역별로 다양하여 대표적인 전통의상을 말하기 어렵지만 여성 의상에는 꽃무늬가 많고 나막신에 풀 먹인 레이스로 만든 고깔모 '휼'이 포함된다. 스페인의 의상은 화려하며 특히 춤출 때 입는 '플라멩코 드레스'는 채도가 높은 원색을 주로 사용하여 정열적인 느낌을 준다. 그리스 의상 역시 유럽의 의상과 크게 다르지 않은데, 고대 의상인 '튜닉'과 '키톤', '히마티온'은 영화에 많이 나온다. 튜닉과 키톤은 남녀 공용으로 형태가 비슷한데, 사각형의 천을 반으로 접어 어깨부분을 고정하고 허리에 가는 띠를 묶은 헐렁한 옷이다. 히마티온은 외출 시 입는 긴 겉옷으로써, 천을 몸에 둘러 입는 형태에 따라 신분이나 직업이 구분되었다.

그림 3-28 유럽의 전통의상: 킬트, 플라멩코 드레스, 네덜란드 전통복

(4) 아메리카

미국은 유럽에서 건너온 이주민에 의해 건설된 나라이기 때문에 전통의상도 유럽과 비슷하다. 그러나 남성의 카우보이 복장인 가죽점퍼와 챙이 넓고 독특한 '텐갤런 햇(Tengallon hat)'은 서부 개척시대를 상징하여 남성의 전통복장으로 볼 수 있다(그림 3-29). 또 하나 북미대륙에서 특징적인 전통 복장은 북아메리카 원주민이던 인디언 복장인데, 인디언들은 랩어라운드스커트와 에이프런, 허리에 두르는 로인클로스(loincloth), 각반 등을 착용하고 화려한 깃털 등을 이용하여 머리를 장식하였다.

남아메리카는 기후나 지형에 따라 나라마다 다른 의상을 입지만 '판초'라고 불리는 망토 형태의 겉옷을 공통적으로 착용한다. 이는 사각형 천 가운데에 구멍을 내고 다양한 실이나 가죽을 이용해 화려하게 만들며, 보온효과가 뛰어나 산악지대인 남아메리카의 기후에 적합하다.

그림 3-29 카우보이 복장

(5) 아프리카

아프리카는 수천에 이르는 다양한 종족이 살고 있고 지역마다 기후 차이가 있어 복식 또한 다양하다. 남아프리카 유목민은 가축의 가죽으로 된 망토를 입고, 북 아프리카 원주민들은 뜨겁고 건조한 날씨 때문에 얇은 천으로 된 사롱(sarong: 크고 긴 천으로 허리를 싸서 입는다) 스타일의 푸타(futa, 남성용)를 두른다. 아프리카 동쪽 여인들은 이슬람여성들처럼 머리까지 덮는 긴 옷을 입는다(그림 3-30).

이집트인들은 뜨겁고 건조한 기후에 적응하기 위해 공기가 잘 통하는 마직물로 바느질 하지 않고 옷감 그대로를 허리에 두르거나 느슨하게 휘둘러 입는 드레이퍼리

(drapery)형 의상을 착용했다. 의복의 형태는 단순하지만 장신구는 화려하고 독특하다.

사하라사막 이남의 의복 형태는 기후와 관습에 따라 다양하다. 현재에도 도시 사람들은 대개 서양식 옷을 입지만 일부 도시 주민들과 농촌 사람들은 다채로운 색상과 대담한 형태를 특징으로 하는 아프리카식 전통의상을 입는다.

그림 3-30 아프리카 전통의상

대륙별로 민족 복식을 살펴본 결과, 지역이 인접한 경우에는 기후나 토양 조건이 비슷하여 의복도 비슷한 양상을 보여 복식문화의 보편성을 알 수 있다. 그러나 같은 대륙에 위치해 있어도 민족 고유의 지역적 특성과 역사로 인해 사상이나 풍속 등이 달라 그 차이가 의복에 나타나 민족 고유의 색채나 형태미를 간직하고 독특한 미의식을 보여주고 있다.

3) 현대 의생활과 영향요인에 따른 복식문화

20세기 의복은 그 이전 시대를 통틀어 나타난 변화보다 더 큰 변화를 겪었고 이는 다양한 복식문화를 만들어 내었다. 현대의 복식문화가 다양성을 갖게 된 데는 여러 이유들이 있다. 현대의 복식문화에 영향을 미친 주요 원인들과 그에 의해 변화된 의생활을 정리해 본다.

(1) 기술발전에 따른 의생활 변화

현대의 복식문화에 큰 변화를 가져온 주요 요인은 첫째, 산업혁명에서부터 근대에 이르기까지 끊임없이 이어져 온 기술발전이다. 18세기 말 영국에서 시작된 산업혁명은 근대화의 촉매가 되었으며 이는 산업과 경제뿐만 아니라 사회구조도 변화시켰고 특히 면방직 공장에서부터 시작된 산업혁명은 어떤 분야보다 섬유업계의 발전을 가져왔다. 또한, 1856년 당대 최고의 화학자 호프만의 18세 조수 퍼킨은 콜타르에서 합성 키니네를 만들다 그 부산물에서 최초의 보라 빛 합성염료를 만들어 내었다. 이후 합성염료들이 개발되면서 이전보다 부드러운 촉감의 튼튼한 직물이 다양한 색감까지 갖게 되어 의생활에서의 큰 변화를 가져오게 되었다.

1891년에 니트로 셀룰로오즈로 된 인조섬유를 프랑스의 샤르돈네(Chardonnet) 백작이 최초로 공업화에 성공하였고 이후 1938년에 최초의 합성섬유 나일론이 개발되었으며 1944년 폴리에스테르계 합성섬유 테릴렌(Terylene)이 공업화되었고, 1950년을 전후하여 폴리아크릴로 니트릴계 섬유들이 개발되었다(안영무, 2006). 많은 인조섬유 개발로 양적으로 풍부한 의복재료를 갖게 되었고, 인조섬유들은 높은 강도와 신도를 가져 의복의 내구성이 향상되었으며, 건조가 빠르고 주름이 생기지 않아 다림질이 필요 없어 의복의 세탁 및 관리도 수월해졌다.

또한 기술발전은 패션스타일에도 영향을 미쳐 1957년 소인공위성 발사 후 우주시대의 개막과 모더니즘, 팝아트의 등장으로 앙드레 쿠레주의 미래지향적인 스타일과 이브생 로랑의 몬드리안룩 등이 패션에 새로운 흐름을 제시하였고 저렴한 가격의 기성복이 대량생산되어 트렌드를 구축하기도 하였다(그림 3-31).

기술 개발은 의생활을 풍부하고 편리하게 만들었지만 기술이 자본과 결합하면서 물질만능주의와 환경파괴라는 결과를 낳기도 하였고 때로는 재앙을 불러일으키기도 하였다. 1986년 체르노빌 원전 사고와 우주왕복선 챌린저호 사고는 기술적 진보에 대한 우려를 증가시켰고 환경에 대한 인식을 강화시키기도 하여 에콜로지룩 등 친환경적 트렌드를 탄생시키기도 하였다.

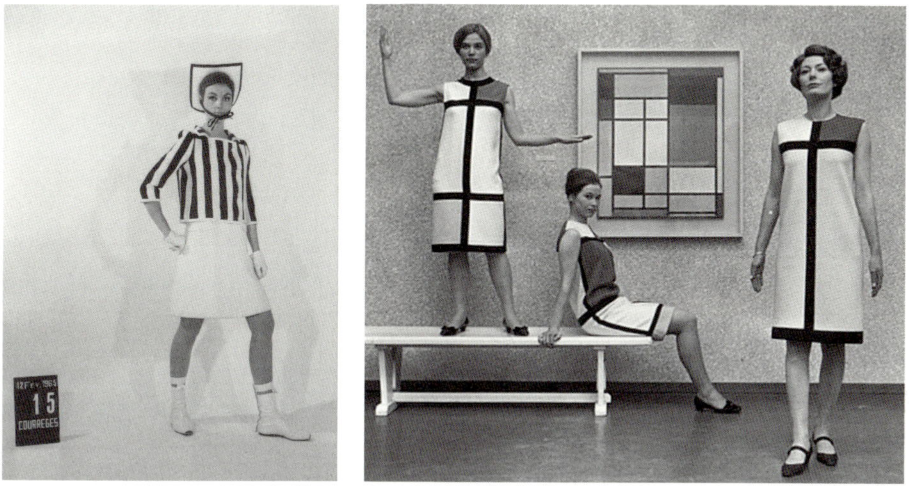

▌그림 3-31▐ 앙드레 쿠레주의 미래지향적 스타일과 이브생로랑의 몬드리안룩
출처: (좌)L'ensemble 15, d'André Courrèges, 1965 by Jacqueline Barrière Courrèges, CC BY-SA; (우)Mondriaan StLaurent 1966 by Eric Koch(ANEFO), CC BY.

(2) 오트쿠튀르와 패션디자이너의 등장에 따른 의생활

과거에도 부유층과 귀족을 위한 옷을 만드는 기술자들이 있었으나, 패션디자이너가 현재와 같은 위치를 갖게 된 것은 오트쿠튀르에서부터이다. 오트쿠튀르는 부유층을 대상으로 한 고급 주문 복점으로 1858년 파리의 찰스 프레드릭 워스(Charles Frederick Worth)의 의상점에서부터 시작되었다. 워스는 고객요구에 따라 옷을 만들던 쿠튀리에(couturier: 드레스메이커)였는데 그는 전속모델을 두고 연 4회 창작 디자인 쇼를 하였다. 그의 성공으로 다른 쿠튀리에들도 패션쇼를 하게 되었으며 이는 현재 컬렉션의 모체가 되었고 쿠튀리에들은 지금과 같은 패션디자이너로서의 위치를 갖게 되었다(김순자 외, 2005).

오트쿠튀르는 20세기 초반인 1900년부터 1920년에 발전하였고 대표적인 디자이너로는 프랑스 패션디자이너인 폴 푸아레(Paul Poiret)와 가브리엘 샤넬(Gabrielle Chanel)이 있다. 폴 푸아레는 나폴레옹 1세때의 엠파이어 스타일을 인용하여 Hobble skirt를 발표하여 코르셋과 페티코트를 없애 여성을 구속에서 자유롭게 해방시킨 디자이너이고 현대적인 실루엣을 개척한 선구자였다(그림 3-32).

가브리엘 샤넬은 디자인에서 실용성을 강조했으며 최초로 저지로 된 투피스를 제작하였고 단추와 주머니를 장식이 아닌 실용적인 측면에서 디자인에 사용하였다. 이후에도 훌륭한 디자이너들이 계속 등장하여 1960년대는 발렌시아, 샤넬, 지방시, 이브생로랑, 피에르가르뎅 등이 있으며 명품 브랜드가 이 시기에 많이 런칭되었다.

1980년대는 프레타포르테(고급 기성복) 디자이너들이 대중을 위한 기성복 라인을 만들었고, 이태리의 조르지오 아르마니, 돌체앤가바나, 페라가모, 프라다, 펜디, 구찌, 일본의 이세이 미야께, 요지 야마모토, 겐조, 미국의 도나카렌, 랄프 로렌, 캘빈 클라인 등이 있다.

하렘팬츠와 술탄 공주(sultana) 스커트(1911) 푸아레 드레스 입고 있는 모델(1914) 하렘팬츠(Harem pants)로 된 동양풍의 fancy dress

그림 3-32 폴 푸아레의 대표작품들

(3) 모더니즘과 포스트모더니즘에 따른 의생활

20세기 문화를 설명할 때 빠질 수 없는 것이 모더니즘과 포스트모더니즘인데 두 사조는 20세기 의복에도 큰 영향을 미쳤다. 모더니즘은 19세기 말에 시작되어 제1차 세계대전 때 전성기를 이루다가 제2차 세계대전 후 쇠퇴하였다. 전위적, 실험적 예술운동으로 주관성, 예술의 순수성을 강조하였고 고급문화와 대중문화의 구분을 명확하게 하였다.

포스트모더니즘은 제2차 세계대전 후 미국에서 대두되었고 고급문화와 대중문화의 벽을 허물고 과거 양식이나 다른 문화권의 예술로부터 인용하는 것을 즐겨하였다. 그러므로 20세기 전반은 모더니즘의 영향으로 단순성과 기능성을 중시하고 엘리트층이 주류복식을 유행시킨 반면, 20세기 후반과 21세기 초반은 과거와 현재, 대중예술과 고급예술 등 모든 것들이 공존하면서 대중문화가 급격히 성장한 시기이다. 이때에는 젊은이 패션과 스트리트 패션이 주축이 되었으며 전위적 시도와 여러 스타일이 절충된 스타일이 복합적으로 등장하여 개성 강한 의복들이 발표되었다.

경제 불황과 에너지 위기를 겪은 1970년대에도 대중문화의 영향은 강력하여 1977년 영화 '스타워즈'의 미래주의적인 패션과 1978년 영화 '토요일 밤의 열기'의 디스코 스타일이 인기가 있었다. 이러한 분위기는 계속되어 1980년대는 대중문화 확산과 팝송 가수, 배우가 문화의 주체자로서 대중의 생활양식과 가치에 큰 영향을 미쳤다. 마이클잭슨의 베르사체풍, 보이조지의 앤드로지너스룩, 마돈나의 란제리룩이 대표적이다(그림 3-33). 이 시기는 포스트모더니즘의 탈경계화 영향으로 절대양식이 붕괴되어 다양한 양식이 공존하였다. 서구 중심적 사고에서 벗어나 제3세계 문화에 대한 관심이 고조되어 아시아, 중남미, 아프리카 등의 문화와 민속복식에서 영감을 받아 에스닉룩을 선보이기도 하였다. 또한, 포스트모더니즘의 해체주의적 사고는 성에 대한 고정관념으로부터 탈피하여 여성과 남성적 요소의 절충과 혼합으로 젠더리스룩(genderless look)이 만들어지기도 하였다.

▌그림 3-33▐ 마이클잭슨의 베르사체풍, 보이조지의 앤드로지너스룩, 마돈나의 란제리룩

출처: Michael jackson by Casta03, CC BY-SA; Culture Club by Eva Rinaldi, CC BY-SA; Express Yourself Under Ground cropped by Hans Schaft, CC BY-SA.

하위문화 스타일로서의 펑크패션도 인기를 끌었는데. 펑크는 '쓸모없는, 보잘 것 없는'의 뜻이다. 주류문화인 기성세대에 대한 반항의 의미로 영국의 중산층 자녀들을 중심으로 시작되어 찢어진 청바지, 스터드로 장식된 가죽옷, 모히칸 헤어스타일, 드라큘라 화장 등이 대표적인 펑크패션 이미지이다.

(4) 세계대전과 경제 불황에 의한 의생활

▌그림 3-34▌ 1920년대 유행한 여성복

20세기에는 크고 작은 전쟁들이 발발하였고 그중에서도 제1차 세계대전(1914년~1919년)과 제2차 세계대전(1939~1945년)은 세계의 대국 대부분이 참가한 전쟁으로 여러 대륙에 걸쳐 일어났고 막대한 규모의 피해를 가져왔다. 두 전쟁 모두 인간의 생활 모든 면에 영향을 끼쳤으며 의생활에도 큰 영향을 미쳤다. 먼저, 제1차 세계대전으로 인해 여성의 노동력이 필요해 여성의 사회활동이 증가하였으며 그로 인해 1920년대에는 여성의복의 기능적 측면이 강조되어 직선의 투브(tube)형 스타일이 유행하였고 이를 보이시(boyish) 스타일이라고 하였다(그림 3-34). 이러한 스타일이 유행하면서 의복의 대량생산이 가능해져 1930년대는 기성복의 대량생산이 가능해졌고 트렌드, 유행이라는 것이 나타났다.

그러던 중 제2차 세계대전이 발발하였고 군복 스타일의 밀리터리 스타일이 1940년대에 유행하였으며 1945년 제2차 세계대전이 끝나고 새로운 사회 체제와 경제적 체제를 구축해가면서 매스패션도 자리를 잡았다. 전쟁 후 여성들은 다시 가정으로 돌아가게 되었고 1947년 크리스찬 디올의 'New Look'이 발표되면서 여성미를 강조한 의복 스타일이 유행하였다(그림 3-35). 또한, 두 번의 전쟁에 참가했지만 유럽에 비해 상대적으로 피해가 적었던 미국은 1950년대에 이르러 새로운 패션중심지로써

▌그림 3-35▐ 디올의 뉴룩
출처: 디올 홈페이지.

부상하였다.

전쟁도 의복스타일에 영향을 미쳤지만 세계적인 경제 불황도 의생활에 큰 영향을 미쳤다. 대표적인 예로 1970년대는 세계경제 불황으로 높은 인플레이션과 실직률, 미국과 소련의 냉전체제, 석유값과 금값폭등, 에너지 위기 등으로 사회적으로 큰 변화가 많은 시기였는데, 석유파동 이후 실용적이며 저렴한 가격의 옷을 선호하여 레이어드룩(layered look)이 유행하였다.

(5) 여성의 사회진출과 지위향상에 따른 의생활

두 번의 세계대전에 따른 비자발적인 여성의 사회활동 참여는 여성의 경제적 지위향상을 가져왔고 점차적으로 여성이 주요 노동인구로서 발돋움하는 계기가 되었다.

제1차 세계대전 때는 여성의 노동력이 필요한 시기여서 실용적이고 단순한 디자인을 선호했으며 이러한 사회분위기에 힘입어 얇고 가벼운 저지로 된 샤넬의 투피스는 여성들로부터 큰 인기를 얻었다. 이후 근대교육에 힘입어 여성들의 사회참여는 더욱 증가하였고 1980년대에는 포스트모더니즘의 영향과 여성의 사회적 지위향상으로 남녀 의복의 경계가 없어져 젠더리스 룩이 나타나기도 하였고 여피족을 중심으로 파워 슈트(power suit)가 유행하였다(그림 3-36).

▌그림 3-36▐ 마거릿 대처
출처: Margaret Thatcher by Margaret Thatcher Foundation, CC BY-SA.

특히 1979년부터 1990년까지 영국 수상을 지낸 마거릿 대처(Margaret Thatcher)는 패드가 든 넓은 어깨의 재킷과 무릎길이의 스커트로 구성된 단색의 파워슈트를 자주 입었는데, 이는 그녀의 능력, 힘, 권위 등을 잘 나타내었다. 파워슈트를 입은 그녀의 이런 이미지들은 그 당시 직장 여성들이 가장 원하는 것들이었다.

토의문제

1. 세계의 음식 문화에 대한 이해가 현대 사회에 중요하게 된 이유를 알아봅시다.

2. 가정과 사회에서 양성평등이 이루어지고 있는지 토론해 보고 그 근거나 사례를 제시해 봅시다.

3. 동양과 서양의 주거 양식의 차이에 대해서 논의해 봅시다.

4. 현재 유행하고 있는 복식에 대해 논의하고, 과거의 유행이 현재의 복식 유행에 어떠한 영향을 미치는지 토론해 봅시다.

참고문헌

(사)가정을건강하게하는시민의모임 (2012). 아버지역할, 그 이상과 현실. 가족정책포럼 자료집
경향신문 (2015. 11. 18.). 집밥 신드롬, 환상과 희망 사이.
http://news.khan.co.kr/kh_news/khan_art_view.html?artid=201508111851171에서 검색.
계선자, 이연숙, 이정우, 양숙희, 강기정, 김연화 (2009). **가족과 문화**. 서울: 도서출판 신정.
고명지, 최유정, 최샛별 (2017). 청년 세대 음식소비문화에 관한 연구. **소비문화연구, 20**(2), 49-78.
김기숙, 김미정, 안숙자, 이숙영, 한경선 (1999). **식품과 음식문화**. 서울: 교문사.
김석화 (2006). 한국 프랑스요리 활성화 방안에 관한 연구. 순천향대학교 석사논문.
김선우 (2012). 한국, 미국, 스웨덴 소비문화의 탐색적 비교. **소비문화연구, 15**(2), 1-18.
김소영, 김선미, 이기영 (2011). 맞벌이 가정의 일가정 양립의 양상과 조화로운 양립의 가능성 탐색 연구. **한국가족자원경영학회지, 15**(1), 93-116.
김순자, 유화숙, 이미영, 전은경 (2005). **의복의 이해**. 서울: 교문사.
김양희, 전세경, 문영소, 박정윤, 장온정, 김예리, 김효민, 백선아, 안진경 (2009). **가족과 생활문화**. 파주: 양서원.
김영옥 (1983). 국민보건과 식량보급. 국민영양 발행.
김지연 (2007). 문헌고찰을 통한 한국 전통식품의 상품화. 울산대학교 석사논문.
김진희 (2010). 고등학교 일본어교과서 식문화 항목 분석과 지도방안 연구. 중앙대학교 석사논문.
김창남 (2014). **대중문화의 이해**. 서울: 한울아카데미.
김혜영, 조은자, 한영숙, 김지영, 표영희 (1998). **문화와 식생활**. 서울: 효일문화사.
대한건축학회 (2010). **주거론**. 서울: 기문당.
마크로밀엠브레인 (2015a). 집밥 관련 인식 조사 리서치 보고서.
마크로밀엠브레인 (2015b). 집밥 이미지 및 니즈 관련 조사 리서치 보고서.
배희분, 옥선화 (2015). 중학생의 부모를 위한 가족식사교육 프로그램이 부모자녀 의사소통 및 부모효능감에 미치는 효과. **가족과 문화, 27**(3), 153-190.
서지원, 조영희, 송혜림 (2018). **비영리기관 운영관리**. 서울: 한국방송통신대학교 출판문화원.
중앙일보 (2010. 8. 11). 역사만큼 다양한 아시아 전통복식.
https://news.joins.com/article/4374555에서 검색.
송혜림 (2018). 가족정책의 동향. 한국건강가정진흥원 종사자 역량강화교육 자료집.
송혜림, 유아랑 (2014). 돌봄노동의 사회적 지원 정책을 통해 본 일가정 양립 실태에 대한 연구: 학령전기 자녀를 둔 기혼취업여성의 경험을 중심으로. **한국가족자원경영학회지, 17**(4), 101-125.

신미경 (1995). 전통음식의 문화적 특성. 산업경영농촌.

신윤정 (2013). 영유아보육정책의 전망과 향후 과제. 보건복지포럼. 76-86.

심보섭 (2006). HMR 이용객의 선택속성이 지출과 구매빈도에 미치는 영향. 세종대학교 석사논문.

싱글리스트 (2017. 12. 28.). 2017 소비트렌드 '욜로'…인기 광고모델은 공유. http://www.slist.kr/news/articleView.html?idxno=24596에서 검색.

안영무 (2006). **섬유학**. 서울: 학문사.

여성가족부 (2015). 제3차 가족실태조사 결과보고서.

오수연 (2017). 착한 소비 문화. **마케팅, 51**(11), 52-57.

유송옥, 이은영, 황선진 (2000). **복식문화**. 서울: 교문사.

유해미, 배윤진, 김문정 (2014). 맞벌이 가구의 영유아 자녀 양육지원 실태 및 개선방안. 육아정책연구소 연구보고.

윤서석 (1999). **우리나라 식생활 문화의 역사**. 서울: 신광.

은기수, 김외숙, 조희금, 송혜림, 서지원, 송유진, 김은지, 차승은 (2015). 2014년 생활시간조사 결과를 활용한 한국인의 삶 심층분석. 통계청 위탁연구보고서.

이기열, 김숙희 (1974). 한국인의 식생활 향상을 위한 종합연구. 서울: 이화여자대학교.

이명배 (2016). 한국과 이탈리아의 음식연구. 경기대학교 석사논문.

이성림 (2006). 소비자학 분야의 소비문화 연구에 대한 소고. **소비문화연구, 9**(2). 127-149.

이승진 (2005). 향토음식의 인지도 및 기호도. 숙명여자대학교 석사논문.

이윤화 (2002). 식생활 단원 내 식문화 영역의 필요성에 대한 연구: 중학교 1학년 식생활 단원을 중심으로. 이화여자대학교 석사논문.

이진희 (2017). 한국과 일본의 소비문화 트렌드 비교. **일본문화연구, 64**, 231-245.

이현정 (2010). 식생활 라이프스타일에 따른 문화센터 요리강습 실태 및 활성화 방안. 숙명여자대학교 석사논문.

이효지 (1998). **한국의 음식문화**. 서울: 신광.

정현숙, 조연숙 (2012). **세계 식생활 문화의 이해**. 경기 파주: 양서원.

정흥숙 (1997). **서양복식문화사**. 서울: 교문사.

조경자 (2001). **현대인의 식생활**. 서울: 학지사.

조윤준, 우나리야, 김현정, 최원석, 신미경, 김운진 (2014). **세계의 식생활과 문화**. 고양: 파워북.

조희금, 김경신, 정민자, 송혜림, 이승미, 성미애, 이현아 (2018). **건강가정론(4판)**. 서울: 도서출판 신정.

주거학연구회 (2013). **넓게 보는 주거학**. 서울: 교문사.

주서령, 고영은 (2010). 말레이시아 전통주택의 특성에 관한 연구-류마 펭홀루 사례를 중심으로. **한국실내디자인학회논문집, 19**(6), 129-140.

통계청 (2015). 2014년 생활시간조사 결과 보고서.

통계청 (2016). 2015 인구주택 총조사.

통계청 (2016). 보도자료 2016 일·가정 양립 지표.
한국경제 (2017. 8. 31.). '호모 콘수멘스'는 어떻게 역사를 바꿨나? http://news.hankyung.com/article/2017083113741에서 검색.
한국사전연구사 (1998). 미술대사전(용어편). 네이버 지식백과에서 검색.
Culture Club by Eva Rinaldi, CC BY-SA. https://commons.wikimedia.org/wiki/File:Culture_Club_(6607689591).jpg
Express Yourself Under Ground cropped by Hans Schaft, CC BY-SA. https://commons.wikimedia.org/wiki/File:ExpressYourselfUnderGround_cropped.jpg
L'ensemble 15, d'André Courrèges, 1965 by Jacqueline Barrière Courrèges, CC BY-SA. https://commons.wikimedia.org/wiki/File:Ensemble15,_Andr%C3%A9_Courr%C3%A8ges,_1965.jpg
Margaret Thatcher by Margaret Thatcher Foundation, CC BY-SA. https://en.wikipedia.org/wiki/File:Margaret_Thatcher.png
Michael jackson by Casta03, CC BY-SA. https://commons.wikimedia.org/wiki/Category:Michael_Jackson#/media/File:Michael_jackson_1992.jpg
Mondriaan StLaurent1966 by Eric Koch(ANEFO)/CC BY. https://commons.wikimedia.org/wiki/File:MondriaanStLaurent1966.jpg
Oisook Kim, Heekeum Cho, & Hyerim Song (2015). Work-Life Balance of married workers in Korea. International Workshop on Time use Study findings from KTUS 2014 and Policy Implication Statistics Korea & Korean Association for Time studies.
Song Fangfang (2016). 중국 남·북방지역의 식문화에 따른 식사섭취실태와 식사패턴 관한 연구. 이화여자대학교 석사논문.

04 CHAPTER

생활과학 관련 산업·현장 그리고 진로

New Insights into Human Ecology

CHAPTER 04

생활과학 관련 산업·현장 그리고 진로

학/습/목/표

1. 생활과학의 각 영역에서의 산업 형태에 대해 이해한다.
2. 생활과학 산업의 특성에 대해 이해한다.
3. 생활과학 전공자의 진출 분야에 대해 파악한다.

세계의 산업구조가 과학기술의 혁신을 기반으로 급속히 재편되고 있는 가운데, 우리 삶의 전 분야에서 새로운 시스템을 받아들일 수 있는 패러다임의 변화가 필요하다. 4차 산업혁명이 삶의 방식을 송두리째 바꿀 것이라는 소식이 연일 쏟아져 나온다. 사회, 경제, 문화, 정보, 디지털 산업의 변화는 가정생활의 변화를 불러오고, 이를 관할하는 생활과학 산업 역시 새로운 시스템의 변화를 요구받고 있다. 지금까지 우리가 살아왔던 삶의 패턴과 경험했던 것과는 전혀 다른 혁명의 시작, 즉 4차 산업혁명이 출발되었다고 보는 관점도 있다. 인간의 지능을 뛰어 넘는 초지능과 기술융복합 사물인터넷이 새로운 삶의 패턴을 만들 것이다. 변화한 세상에 걸맞은 환경을 만들기 위해 새로운 사회 시스템의 구상뿐만이 아닌 가정생활 시스템의 변화를 요구받고 있다.

따라서 본 장에서는 빠르게 변화하는 사회에 적응하는 생활과학 관련 산업은 어떻게 존재하고 변화하고 있는지에 대해 알아보고자 한다. 또한, 이러한 변화와 함께 생활과학을 구성하는 의생활, 식생활, 주생활 그리고 가정복지, 소비자, 아동 영역에서 전공자들의 역할과 진로방향에 대해 탐색해 보고자 한다.

1 의복과 산업 그리고 현장

1) 섬유의류산업과 경제

직물을 사용해 의복을 생산하고 유통을 통해 소비자에게 전달할 때까지 다양한 분야의 협업이 필요하고 그중에서 핵심적인 분야들을 엮으면 섬유의류산업 군이 된다. 섬유의류산업은 섬유를 원료로 하여 제품/서비스를 생산하거나 의복을 생산하고 유통시키는데 관련되는 모든 산업을 의미하며 의류학과 가장 큰 관련성을 갖는 산업이다.

(1) 섬유의류산업의 특성

섬유의류산업은 국가경쟁력 향상과 취업유발효과가 큰 산업으로 다음과 같은 특성을 갖는다(박광희 외, 2000).

첫째, 섬유의류산업은 다단계로 이루어진 산업이다. 섬유의류산업의 최종제품인 의복이나 섬유제품은 여러 단계를 통해 만들어진다. 제품의 특성에 따라 차이가 있으나 대체로 섬유를 생산 또는 제조하고 이를 실로 만드는 방적산업을 거쳐 천을 만드는 방직공업, 천에 염색과 가공을 하는 염색가공업, 천을 갖다 트렌드에 맞추어 디자인을 하고 디자인에 따라 봉제하여 의복의 형태로 만드는 의류제조업까지의 단계를 거치게 된다. 이를 소비자에게 이르는 유통과 물류까지 모두 합쳐 크게 세 단계로 나누기도 하는데, 의류 소재를 생산하는 단계를 upper stream, 디자인과 의류제조업을 합쳐 middle stream, 제품을 소비자에게 전달하기 위한 유통과 물류, 도소매업 까지를 합쳐 lower stream으로 나누기도 한다(그림 4-1).

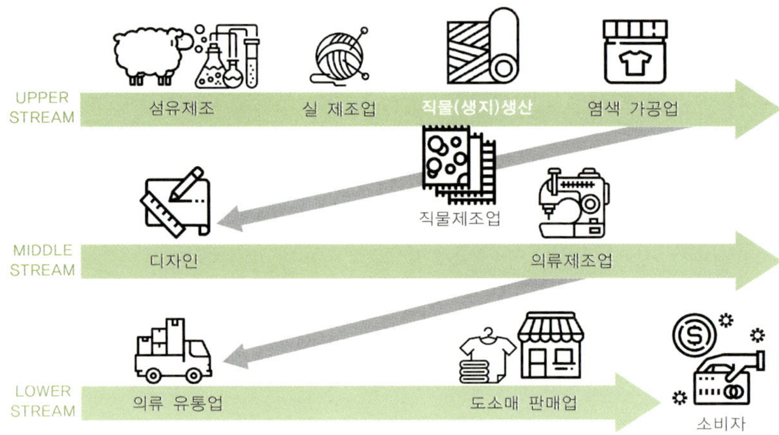

그림 4-1 다단계로 이루어진 섬유의류산업

둘째, 섬유의류산업은 부가가치가 높은 산업이다. 부가가치는 생산과정을 거쳐 기업이 새로 만들어낸 가치로 총생산액에서 중간투입을 뺀 순 생산액을 말한다. 그러므로 기업은 부가가치를 높이고자 노력하며 고급노동비율, 기술, 브랜드 등이 이에 영향을 미쳐 기업은 고급노동비율을 높이고, 제품/서비스에 하이테크를 적용하며 브랜드 가치를 높이기 위해 노력하고 있다.

셋째, 정보지향적 산업이다. 의복은 실제 착용되는 계절 이전에 시장, 소비자, 경쟁제품 등에 대한 정보를 바탕으로 기획 생산되므로 정보가 매우 중요하다. 더욱이 최근에는 정보기술발달로 정보가 전달되는데 지역과 시간제한이 없어 패션수명이 단축되었고 소비자는 더욱 스마트해졌다. 따라서 이런 시장 상황에서 기업이 살아남기 위해 시장예측은 더욱 중요해져 패션트렌드 및 소비자 정보의 빠른 입수와 입수된 정보의 정확한 분석 및 활용이 필수적이다.

넷째, 위험부담률이 높은 산업이다. 패션상품은 예측에 의해 생산되는데 예기치 않은 기후 변화나 사회, 경제적 변화에 의해 예측이 빗나갈 수도 있다. 적중률이 떨어진 예측은 매출감소와 시장 점유율을 떨어뜨리고 재고를 증가시킬 수 있어 섬유의류산업은 위험부담률이 크다.

다섯째, 소비자 감성에 호소하는 산업이다. 최근의 소비자들은 물질위주의 절대가치보다 심리적 욕구위주의 감각적 가치를 추구해 감성마케팅이 필요하다. 따라서 기업의 성공적 마케팅은 소비자 욕구를 얼마나 잘 반영하고, 공감하며 소비자와의 지속적인 관계구축이 가능한가에 달려있다.

여섯째, 중소기업 비중이 높고 중소기업의 경쟁력이 높은 산업이다. 그 이유는 첫째, 고급 수준의 기술이 필요 없고 소자본으로 창업이 가능하여 중소기업 비중이 높으며, 둘째, 희소가치와 짧은 수명 주기에 의해 다품종 소량 생산을 해야 하는 특성 때문에 의사결정이 신속하게 이루어질 수 있는 중소규모의 기업에게 유리하다.

(2) 섬유의류산업이 한국 경제와 세계 경제에 미친 영향

① 한국경제의 주춧돌

한국의 섬유의류산업은 국민의 의생활을 이끌어가는 생활 산업으로 국민의 경제와 생활에 기여도가 높은 산업이다. 산업구조를 보면 원자재의 1/3을 해외에서 수입, 가공하여 완제품을 만들어 그 완제품의 2/3를 해외로 수출하는 해외의존형, 수출주도형 산업구조를 갖고 있다(박광희 외, 2000).

1960년대부터 시작된 경제개발에서 핵심 기간산업으로 국가경제 발전에 견인차 역할을 하였으며 1970년대 대만, 홍콩과 더불어 섬유수출 빅 3로 불릴 만큼 큰 성장을 이루었다. 이 시기에 섬유의류산업은 외화가득원으로서 한국의 사회간접자본의 토대를 형성하였다. 1980년대까지 지속되던 섬유의류산업의 활황은 중국, 베트남 등 후발 개도국들이 섬유의류산업에 뛰어들면서 상대적인 가격경쟁력 상실로 주춤하게 되었고 일본이나 미국 등 선진국과는 기술력 차이로 인해 1980년대 중반 이후부터 성장 정체를 겪게 되었다. 그에 대한 해결책 중의 하나로 많은 기업들이 해외로 나가 공장을 건립하여 해외투자가 급증하게 되었다.

2016년 기준으로 섬유의류산업 업체 수는 47,899개로 제조업 내 11.5% 비중을 차지하고 있으며 고용인원은 301천 명으로 7.5%를 점유하고 있다. 여기에 연관산업[1]을 포함한 전체 섬유패션산업 업체 수는 303,889개, 고용인원은 854천 명을 나타내 한국의 경제발전에 큰 기여를 하고 있다(표 4-1).

---

1) 가죽·가방 및 신발 제조업, 섬유·의류·신발 도소매업, 염료·안료 도매업, 섬유기계업, 신발·의복 및 기타 가정용직물제품 수리업, 세탁업.

2016년을 기준으로 세계 시장 안에서의 위치를 보면 섬유소재 수출은 세계 7위, 의류수출은 세계 31위이며 섬유 기술력은 미국, 일본, EU에 이은 세계 4위로 양적 측면과 질적 측면에서 높은 수준을 유지하고 있다. 특히 스판덱스(크레오라), 타이어코드, LMF(Low Melting Fiber)는 세계 수출시장 점유율 1위 품목으로 그외에도 다수의 1위 품목들이 있다(한국섬유산업연합회, 2018).

표 4-1 섬유의류산업 일반현황(2016년도)

구분	업체수(개사)	고용(명)	생산(십억원)	부가가치(십억원)
제조업	416,493	4,045,121	1,415,810	504,810
섬유의류산업	47,889	301,783	40,998	16,100
비중(%)	11.5	7.5	2.9	3.2

※ 업체수, 고용: 전국사업체조사(1인 이상)/생산, 부가가치: 광업제조업조사(10인 이상)
출처: 한국섬유산업연합회 홈페이지(http://www.kofoti.or.kr).

섬유의류산업 무역수지는 단일산업 최초로 수출 100억 불을 달성한 1987년부터 2001년까지 매년 100억 불 이상 흑자를 기록했으나 2017년 섬유류 수출은 137.4억 불, 수입 151.9억 불로 무역수지 15.0억 불의 적자를 나타내었다.

② 세계 경제를 일으키는 기폭제로서의 섬유의류산업

섬유의류산업은 간단한 도구를 이용하는 가내수공업 형태로 시작되었으나 18세기 영국 산업혁명은 이 모든 공정을 기계를 이용한 생산으로 전환시켰다. 섬유산업의 기계화는 1733년 J. 케이(John Kay)의 북(Flying shuttle)의 발명을 시작으로 이후 방적기, 역직기(Power loom)들이 개발되었고, 1770년 동판날염기, 1856년 최초의 합성염료인 'Mauve'가 개발되어 염색 공정의 기계화도 이루어져 섬유 관련 공정에서의 기계화를 위한 기초가 수립되었다(Wikidipia, 2018a).

천연섬유의 제직, 염색가공과 관련해서 기계화가 이루어지자 품질이 좋아지고 생산속도도 증가하여 직물수요가 증가하였다. 이후 1894년 레이온이 개발되어 1905년 본격적으로 생산되었으며, 1938년에는 미국 듀폰사의 캐로더스(Wallace Hume Carothers)에 의해 나일론이 개발되었고 이를 시작으로 20세기에 걸쳐 10여 종의 인조섬유가 개발되었다.

이와 같이 세계의 섬유산업은 18세기 영국 산업혁명 이후 섬유생산 공정의 기계화와 19세기 말부터 시작된 각종 인조섬유 개발에 의해 크게 발전하였다. 이와 같은 섬유산업의 발전은 패션디자인 역사로 시작되는 의류산업의 발전도 가져왔다.

19세기 중반 이전에 의복은 개인 또는 재단사나 의복제작자들이 만들어 맞춤 주문복의 형태였고 이들에 의해 많은 발전이 있어 왔지만, 패션 디자인 역사는 1858년 찰스프레드릭워스(Charles Fredrick Worth)의 오트쿠튀르(Haute couture) 하우스가 오픈하면서 시작되었다고 볼 수 있다. 오트쿠튀르는 정부의 기준(적어도 20명의 종업원, 1년에 두 번 컬렉션 개최 등)에 맞는 패션하우스에만 붙일 수 있는 이름이었고, 이것의 등장으로 '패션디자이너'가 한 직업인으로의 위치도 갖게 되었다(Wikidipia, 2018b). 이후 폴 푸아레를 시작으로 샤넬, 크리스찬 디올, 이브생로랑 등 유명 패션디자이너들이 새로운 스타일을 제시하고 이것이 유행하면서 세계의 의류산업은 성장하였다. 그러나 유명 패션디자이너들의 오트쿠튀르는 상류층 고객을 위한 맞춤형 의복을 제작하였다.

이에 반해 일반 대중을 위한 기성복은 오트쿠튀르와 다른 방식에서 독립적으로 성장하였으며, 일부 패션디자이너들이 더 많은 사람들을 위해 저렴한 컬렉션을 만들기 시작했고, 20세기 초 재봉틀의 도입, 자본주의와 공장 생산시스템의 발달, 백화점과 같은 소매점의 활성화와 같은 이유로 기성복생산이 가능해지고 발달하게 되었다. 더욱이 1930년대부터는 디자이너의 이름을 붙인 기성복을 판매하기 시작하면서 기성복산업도 크게 발전하게 되었다. 이후, 유명 패션디자이너들의 새로운 트렌드 제시는 새로운 유행을 창조하여 의류산업의 원동력으로 작용하였고 경제성장에 따른 소득과 소비증가로 전 세계의 의류산업은 크게 발달하였다. 그중에서도 파리, 밀라노, 뉴욕, 런던은 패션의 중심지로 패션위크가 열려 새로운 트렌드를 제시하면서 의류 산업을 주도해 오고 있는데, 20세기 중반 이후에는 포스트모더니즘의 영향으로 아시안, 아프리카 등의 패션이 주목받고 있으며, 이세이 미야케, 레이 가와쿠보 등 동양계 디자이너들이 활발하게 활동하고 있기도 하다.

20세기 후반 들어 의류산업은 오랫동안 지속되고 있는 경제 불황과 소비자 니즈의 변화로 패스트패션이 주요 트렌드가 되었으며, 이는 의류산업을 국제적이고 글로벌 산업으로 변화시켰다. 즉 디자인 및 기획, 소재 및 부자재 생산, 의복 생산이 각각 다른 나라에서 이루어지고 전 세계적으로 판매되고 있다. 예로 한국 패션회사는 중국 직물을 사서 베트남에서 의복을 제작하고, 이태리에서 가공하여 한국창고에서 보관했다가 전 세계로 판매한다. 그러나 최근 들어 패스트패션은 싸고 빠르게 많은 옷을 만들기 때문에 쓰레기양이 많고 탄소 배출량이 크게 늘어 환경에 나쁜 영향을 미친다고 하여 패스트패션과 반대되는 '지속가능한 패션' 개념이 의류산업에서 크게 부상하였다.

섬유의류산업은 다른 산업에 비해 고도의 기술이나 큰 자본이 필요하지 않으며 노동집약적 산업이기 때문에 산업화 초기에 경제적 성장을 이루려는 국가들이 정책적으로 육성하는 산업이다. 특히 의류산업은 섬유산업에 비해 노동 집약적 특성이 강해 개발도상국가들은 이 산업을 통해 국가경쟁력을 향상시키고 취업유발효과를 통해 국민의 경제활동을 증가시켰다. 따라서 개발도상국들이 싼 노동력을 이용해 생산된 제품들이 가격경쟁력을 갖게 되었고 이로 인해 선진국의 섬유의류산업은 타격을 입어 기술 경쟁력을 갖는 상품에 주력하게 되었다.

그러므로 현재 섬유의류산업을 기준으로 나라들을 구분한다면, 선진국의 경우에는 고부가가치 상품과 산업용 상품을 주로 생산하고 개발도상국과 후진국에서는 가격경쟁력이 있는 일반 범용품을 생산하고 있다.

2) 의류학 전공자의 진로와 미래 사회에서의 요구특성

(1) 의류학 전공자의 진로

의류학 전공자들의 진로 및 취업분야는 매우 다양하고 의류학을 구성하고 있는 소재, 디자인, 구성, 마케팅 등 세부영역과 관련된 지식 및 실기 능력이 요구된다(그림 4-2).

▌그림 4-2▌ 의류학 전공자의 현장과 관련된 모습

의류학을 공부하고 난 후 진로는 크게 연구·교육분야, 산업 분야로 나눌 수 있다. 연구 교육 분야는 대학, 중고등학교에서 의류학 연구와 교육을 담당하는 교수 또는 교사, 연구소에서 제품 개발 관련 연구와 시험을 담당하는 연구원, 패션 전문 교육기관 또는 학원에서 관련 분야에 대한 전문적인 실기능력 향상을 도와주는 강사 등이 있다. 의류학은 실용학문이면서 응용학문이고 생활과학의 어떤 분야보다 산업화되어 있는 분야이므로 대다수의 학생들은 졸업 후 연구 교육 분야보다는 산업 분야로의 진출이 많다.

산업 분야는 의류 제조 및 판매와 주로 관련되는 섬유의류산업 분야와 의복의 개념을 보다 넓은 의미로 보아 인체에 걸치는 모든 품목을 의복으로 보고 악세사리, 가방, 신발 등의 제조 및 판매 분야, 정보제공 및 광고를 포함하는 섬유의류 보조산업 분야로 다시 나눌 수 있다. 여기서 섬유의류산업 분야는 제품의 재료와 실제 의복을 생산하는 데 초점을 맞추는 생산, 계획, 관리 분야, 새로운 아이디어를 갖고 새로운 제품 개발에 초점을 맞추는 제품개발 분야, 생산된 제품을 소비자에게 전달되도록 하는 유통과 판매 분야로 나눌 수 있다. 이러한 분류에 따라 그에 속하는 세부 분야들과 이 분야와 관련된 직무내용 및 전문가들을 나열하면 〈표 4-2〉와 같다.

표 4-2 의류학 전공자의 진로와 관련 업무 및 전문가

<table>
<tr><td>연구 교육계</td><td colspan="4">학교: 대학, 중고등학교에서 교육과 연구를 담당하는 교수 또는 가정가사 교과목 교사
연구소: 국책연구소와 기업연구소의 연구원
학원: 패션전문 교육기관의 강사</td></tr>
<tr><td rowspan="7">섬유의류 산업계</td><td rowspan="2">생산, 계획, 관리분야</td><td>소재생산</td><td>섬유제조업
(천연섬유, 인조섬유)
실제조업
직물제조업
(직물, 편성물, 가죽 등)
염색가공업
각종 부자재
(단추, 지퍼, 끈 등)</td><td>텍스타일 디자이너
패션 컨버터
품질관리사
Product manager</td></tr>
<tr><td>의복생산</td><td>의류 봉재 산업</td><td>패턴사
테크니컬 디자이너
CAD Technician
(마커&그레이더)</td></tr>
<tr><td rowspan="4">패션 제품 개발 분야</td><td>트렌드 예측과 시장조사</td><td>머천다이징 관련 부서</td><td>기획 MD</td></tr>
<tr><td rowspan="3">의류 제품 디자인</td><td>소재 기획</td><td>소재 MD
텍스타일 디자이너</td></tr>
<tr><td>디자인</td><td>패션디자이너</td></tr>
<tr><td>샘플 제작</td><td>패턴사, 봉제사
CAD Technician</td></tr>
<tr><td>유통 및 판매분야</td><td colspan="3">유통분야: 유통 사업주, 영업부, 물류 관리부 직원
경영: 모든 결재의 최종 결정, 부서 간 업무 조정과 조화 통한 조직 관리
판매: 판매 담당 직원, 소비자 상담실 상담원</td></tr>
<tr><td rowspan="6">섬유의류 보조 산업계</td><td>패션 관련 정보 제공</td><td colspan="3">패션 애널리스트(fashion analyst), 패션 잡지/신문의 기자</td></tr>
<tr><td>패션 광고 및 홍보</td><td colspan="3">디스플레이어</td></tr>
<tr><td rowspan="3">패션 관련 용품 제조 및 판매</td><td>액세사리 및 장신구 제조 및 판매</td><td colspan="2">액세서리 디자이너, 제품 유통 및 판매자</td></tr>
<tr><td>핸드백 및 가방 제조 및 판매</td><td colspan="2">핸드백 디자이너, 제품 유통 및 판매자</td></tr>
<tr><td>구두 제조 및 판매</td><td colspan="2">구두 디자이너, 제품 유통 및 판매자</td></tr>
<tr><td>산업/기업 관련 업무 지원</td><td colspan="3">수출입업무 또는 시장환경 자료 조사 및 분석을 담당하는 협회, 연합회 또는 조합 직원</td></tr>
</table>

- 교사, 교수: 의류학 전공 관련된 내용을 중고등학교와 대학교에서 연구하고 학생들을 교육한다.
- 연구원: 연구소에서 섬유와 의복 관련 제품 개발을 위해 관련 연구와 시험을 담당한다.

- 학원 강사: 패션 전문 교육기관 또는 학원, 관공서 또는 문화센터 등에서 섬유 및 의복 관련 분야에 대한 실기 능력 함양을 위해 학생들을 교육한다.
- 패션컨버터: 염색과 가공이 되지 않은 직물을 구매하여 염색과 가공을 거쳐 완성품으로 만들어 판매하는 직물 판매업자이다. 트렌드를 파악하여 어패럴메이커에게 소재를 제시, 판매하여야 하므로 소재에 대한 지식이 풍부하고 시장조사를 정확하게 하여야 한다.
- 텍스타일디자이너: 텍스타일 디자인을 주 업무로 하는 전문가로 원사 종류, 제직방법, 프린트나 무늬, 색상 등을 선정, 지시하고, 레이스 나 자수 등을 이용하여 소재를 제작할 때 레이스나 자수의 선정과 조정을 하는 등의 텍스타일을 디자인하는 업무를 한다.
- 패션코디네이터: 기획, 생산, 구매, 판매 등의 각 부문별 활동을 원만하게 조정하여 효과적인 마케팅이 되도록 하는 사람으로 기업 내 각 조직 및 기능 간의 조정을 담당한다.
- 프로덕트매니저: 생산관리 담당자로 품질, 제조시간, 수량, 비용 등 생산 활동을 계획, 관리, 통제하는 전문가이다.
- 패턴사: 샘플용 패턴을 제작, 수정하고 대량 생산이 결정되면 공업용 패턴으로 패턴을 수정하는 작업을 한다.
- 마커와 그레이더(CAD technician): 대량생산 투입이 결정된 패턴으로 그레이딩이 끝난 후 실제 사용 원단에 마킹을 하는 사람을 마커라 하고 그레이더는 공업용 패턴을 사이즈 별로 전개시키는 작업을 하는 사람으로 최근에는 이런 작업을 CAD를 도입하여 실시한다. 이처럼 마킹과 그레이딩을 CAD를 사용해 하는 사람을 CAD technician이라고 한다.
- 테크니컬 디자이너: 봉제업무 관리자로 소재를 사용해 의복을 제작하는 과정인 봉제 업무를 관리하는 사람을 말한다.
- 패션 머천다이저: 상품 기획 부문의 총괄자로서 상품계획에서부터 판매에 이르기까지 광범위한 직무영역을 갖고 새 브랜드 개발과 기획, 운영을 하는 사람이다.

- 패션디자이너: 새로운 발상을 하고 이에 따라 디자인을 하는 사람을 의미한다. 패션디자이너는 의복 품목에 따라 아웃도어디자이너, 스포츠웨어 디자이너, 속옷디자이너로 나누기도 하고, 착의대상에 따라 여성복디자이너, 남성복디자이너, 아동복디자이너 등으로 나눌 수도 있다. 또한 의복 재료에 따라 편성물을 소재로 디자인하는 사람을 니트디자이너라고 하여 일반적인 직물을 사용해 의류제품을 디자인하는 디자이너들과 차별해 부르기도 한다.
- 스타일리스트: 디자이너나 외국 제휴기업으로부터 제공된 디자인을 응용하여 새롭게 재배열하는 사람을 말한다. 디자인 단계에서나 샘플 단계에서 디자인을 코디네이트하여 상품화될 수 있는 스타일로 완성시키는 업무를 수행한다.
- 숍 매니저: 유통업체 특히 백화점 업계의 매장 관리 또는 판매 전문가이다. 유통에 대한 전문지식이 있어야 하고 패션에 대한 어드바이저 또는 스타일리스트로서 소비자에게 패션상품에 대한 정보를 제공해야 한다.
- 패션애널리스트(fashion analyst): 패션정보를 수집, 정리 및 분석하는 전문가이다.
- 패션에디터(fashion editor): 섬유 및 의복 관련 정보를 수집, 분석하고 검토하여 편집하고 이를 출판물의 형태로 만드는 일을 하는 전문가를 말한다.
- 패션바이어: 상품을 구매하는 사람으로 유통업 부문의 상품기획 담당자로 볼 수 있다. 소재, 색채, 실루엣, 디테일 및 가격 등의 상품지식뿐만 아니라 소비시장 동향을 명확하게 파악해야 한다.
- 디스플레이어: 쇼윈도우나 점포 내 상품 진열을 하거나 전시 및 쇼를 위해 상품을 일정 테마와 목적에 따라 효과적으로 진열하는 사람을 말한다.
- 협회, 연합회, 조합 근무자: 수출, 수입국과의 통상마찰 해소 및 대응책 강구를 위한 업무 지원, 섬유제품 수출입 실적 동향 조사 및 분석, 섬유의류관련 기업체 네트워크 조성, 최근 산업계 소식 및 패션트렌드 조사 및 분석 등의 일을 수행한다.

이와 같은 전문가들은 기업의 크기나 특성에 따라 맡은 직무만을 수행하기도 하고 다양한 업무를 동시에 수행하기도 한다. 특히 섬유의류산업은 중소기업의 비중이 높아 취업 후 다양한 업무를 동시에 수행해야 할 경우가 많기 때문에 소재, 디자인, 구성, 마케팅 등 의류학을 구성하는 전 분야에 대한 공부를 게을리 하지 말아야 할 것이다.

또한, 이러한 직무와 관련되어 국가기술자격 및 국가공인자격 시험이 시행되고 있는데, 섬유패션 분야 국가기술 자격[2]은 기술사 2종목, 기사 2종목, 산업기사 5종목, 기능사 6종목으로 총 15종목이 시행되고 있으며(표 4-3), 국가 공인자격[3]으로는 한국직업연구진흥원에서 시행하는 샵마스터(3급) 종목이 있다.

미래 사회에 대한 예측과 공론의 내용들을 보면 사회와 산업 변화에 따라 직업세계도 영향을 받을 것으로 예견되고 있다. 지속적인 기술발전으로 인해 단순 작업 반복을 요구하는 직업군은 사라지고 인간이 지닌 고도의 감성이나 감각이 필요한 직업군은 살아남을 것으로 전망된다. 그런 의미에서 생활과학 분야의 직업군은 지속할 것으로 보이고 의류학 관련 직종들은 미래에도 여전히 중요 직업군이 될 것이다.

표 4-3 중분류와 등급에 따른 섬유패션 분야 국가기술자격 종목

등급 \ 중분류	섬유제조	패션
기술사	섬유기술사, 의류기술사	
기사	섬유기사, 의류기사	
산업기사	섬유디자인산업기사, 섬유산업기사	패션머천다이징산업기사, 한복산업기사, 패션디자인산업기사
기능사	염색기능사(침염), 염색기능사(날염)	한복기능사, 신발류제조기능사, 양복기능사, 양장기능사

(2) 미래 사회에서 요구되는 의류학 전공자의 특성

미래에도 의류학 영역의 전문 직종이 활발하게 활동할 것으로 예견되지만 업무방식이나 직무체계가 지금과 달라 의류학 전공자에게 요구하는 특성은 다를 것이다. 첫째, 의류학 영역을 모두 잘 이해하고 융합적 사고를 가진 multiplayer가 요구

2) 국가기술자격법에 의해 규정된 국가자격으로 산업과 관련이 있는 기술, 기능 및 서비스 분야의 자격.

3) 민간단체에서 주관한 자격(민간자격)을 국가에서 공인해 준 것.

될 것이다. 디지털사회에서는 융합화가 필요하고 의복생산도 각 단계들이 융·복합될 것이다. 지금은 생산 방식이 분업화되어 있으나 앞으로의 생산방식은 한 공장에서 모든 공정을 스스로 할 수 있는 형태로 될 것이므로 특정 영역에 대한 업무만 하는 것이 아니라 여러 영역을 두루 조정, 관리할 수 있는 multiplayer가 필요할 것이다.

둘째, 기술발전에 보다 능동적인 대처를 하는 사람이어야 할 것이다. 디지털과 패션의 협업이 증가하고 있으며, 이런 흐름이 가속화되면서 새로운 디지털 방법이나 도구가 패션업계를 선도할 것이다. 이런 상황에서 미래의 기술적인 특성을 파악하지 못한다면 미래 직업인으로서 업무를 수행하기 어려울 것이다. 요즘 많이 언급되는 빅데이터, AI는 패션상품 기획단계에서 적용 가능한 기술로, 미래 취업을 준비하는 사람들은 새 기술 수용에 적극적일 필요가 있다.

셋째, 유연한 발상을 가진 인재여야 할 것이다. 디지털 사회는 탈경계화를 특징으로 내세우고 있으므로 비즈니스 영역의 경계를 허물어 새로운 사업을 기획하고 외부 아이디어와 에너지를 네트워크로 연결하여 기업으로 끌어올 수 있는 사람이 필요하다. 미래에는 기계, 사람, 인터넷 서비스가 상호 연결되어 가볍고 유연한 생산체계를 구현하여 다품종 생산이 가능한 생산패러다임으로 진화 중이므로 협업을 통해 정보와 지식, 경험을 공유해 더욱 큰 가치를 만들 수 있는 유연한 사고를 하는 인재가 필요하다.

넷째, 사회변화에 대해 지속적인 관심을 갖고 사회변화가 의류학에 미칠 영향에 대해 항상 고민하는 자세를 갖고 있어야 할 것이다. 기술은 예전부터 새로운 사회현상이나 문화들을 만들어내었고 이로 인해 가정생활은 크게 달라져 왔다. 디지털 기술은 쌍방향 정보 공유를 가능하게 했고 폭발적인 많은 양의 정보와 디지털에 의한 새로운 처리 방식을 소개하면서 사회, 산업, 문화 전반에 큰 영향을 미치고 있다. 이러한 디지털 기술이 섬유의류산업과 융합함으로써 새로운 산업, 새로운 문화, 새로운 라이프스타일을 발생시킬 것이므로 이런 변화를 파악하고 이것이 의복과 관련되어 어떻게 적용될 것인가에 대해 고민해야 할 것이다.

루이비통, 샤넬, 구찌 같은 명품 브랜드들의 시작은 기술 발전과 그로 인한 문화

변화와 깊은 관련이 있었다. 증기 기관차와 비행선이 발달하면서 상류층들은 여행을 즐기기 시작했고, 명품브랜드들은 이런 트렌드에 맞추어 패션아이템들을 내놓았던 것이다. 루이비통은 1854년 파리에서 여행용 캐리어 전문숍으로 시작했고, 구찌도 여행과 승마를 즐기는 유럽 상류층의 생활을 보고 가방과 승마용품을 제조, 판매하기 시작했고 승마용품에서 받은 영감을 가방, 신발, 벨트 등에 적용, 제조하여 큰 인기를 끌었던 것이다.

의류학 전공자들도 새롭게 나타나는 기술에 대해 심오하게 고찰하고 이것이 의복에서 어떤 의미를 갖는지, 어떻게 적용할 수 있는지 등을 연구해 보아야 한다. 인간의 편리함과 감성적 충만함, 인류 문화의 발전에 의복이 기여할 수 있도록 의류학 전공자들은 그 변화의 중심에서 방향을 잡는 리더로서의 역할을 수행하여야 할 것이다.

2 식품영양과 산업 그리고 현장

1) 식품산업의 이해

(1) 식품산업의 배경과 현황

식품산업의 사전적인 의미는 "인간의 지혜와 기술을 동원하여 인간의 욕망을 충족시킬 수 있는 식품(재화)에 사용가치를 부여하거나 증가시키고자 처리, 가공, 저장, 유통, 포장 등을 실시하여 그 경제성을 높이기 위한 계획적이며 조직적인 경영활동, 혹은 경제행위를 수행하는 업체의 총칭"이다(한국식품연합회, 2008).

식품산업은 가내수공업 형태의 식품생산으로부터 시작하여 산업혁명과 함께 산업화의 발전을 거듭하였다. 또한 지속적인 성장을 보여주는 매력적인 산업으로 자리를 잡고 있다.

세계 식품시장의 규모는 2014년 6조 6000억 달러로 추정되며 2019년에는 7조 억 달러로 예상이 되고 있다(Canadean, 2016). 국내 식품산업의 경우 2004년 기준으로 2014년에 164조에 이르러 10년간 5.9% 증가한 것으로 나타났다(표 4-4). '2016년 식품산업 주요 지표(농림축산식품부 & 한국농수산식품유통공사)'에 따르면, 2014년 국내 식품산업 보다 4.4% 증가하였으며, 이중 음식료품 제조업이 전년보다 80조 원으로 3.4% 증가하였으며, 그리고 외식업은 84조 원으로 5.4% 증가하였다.

표 4-4 식품산업의 성장 추이(2004~2014) (단위: 10억 원)

구분	2004	2006	2011	2012	2013	2014	연평균 증가율 (2004~2014)
제조·외식(A+B)	91,895.9	98,082.8	143,715.2	152,435.1	156,870.1	163,745.2	5.9%
음식료품제조업(A)[1]	43,526.3	44,381.4	70,208.2	75,149.9	77,320.5	79,925.3	6.3%
음식점업(B)	48,369.6	53,701.3	73,507.0	77,285.2	79,549.6	83,819.9	5.7%
농림업	37,288.6	36,389.3	43,214.1	46,357.1	46,648.0	47,292.2	2.4%

1) 2006년 이후 도소매업조사 자료는 9차 개정 자료이고, 2004년 자료는 8차 개정 자료로 분류체계가 다르므로 자료 해석에 주의.
출처: 농림축산식품부(2016).

식품산업은 다양한 사회의 요소들과 맞물리며 발전하여 왔다. 식품산업은 사회 내부적 요인, 경제 및 산업적 요인, 사회문화적 요인 등 다양한 요인에 의해 영향을 받게 되는데 자세히 살펴보면 다음과 같다(고정삼, 2012). 첫째는 내부적 요인으로 인구감소, 노령 인구의 증가, 주부의 가사노동시간의 감소, 자녀 중시 경향, 여성의 고학력화와 같은 요인에 의해 영향을 받게 된다. 둘째는 경제 및 산업적 요인으로 소득증가, 무역의 자유화, 환경공해의 증가, 식품가공기술의 향상, 의료비 증가, 유통체제의 변화, 생명공학기술의 발달에 의해 영향을 받는다. 셋째는 사회문화적 요인으로 건강에 대한 관심 고조, 외식산업의 발달, 여가시간의 증대, 정보화의 확대, 교통수단의 발달, 새로운 질병의 발생, 개인의 개성화 및 차별화 중시에 의해서 식품산업이 영향을 받게 된다.

위에서 언급된 요인 중 노령인구 증가, 주부의 노동시간 감소, 여성의 고학력화,

소득 증가, 여가 시간의 증대는 급식 및 외식 산업의 규모 증대와 1인 소량 식품의 수요 증가에 영향을 끼쳤다. 또한 환경 공해의 증가와 건강에 대한 관심 고조는 친환경 식품에 대한 수요 증가를 불러 일으켰으며, 식품가공 기술의 향상으로 인하여 레토르트 식품의 시장이 증대되었다.

식품산업은 그 산업에서의 크기와 잠재성 때문만이 아니라 식량공급과 직결되어 있으므로 매우 중요한 산업이다. 세계의 인구는 계속 증가하고 있으나 식량 자원의 생산은 인구 증가율을 따라가지 못하는 실정이다. 또한 배기가스 등의 환경오염으로 인한 온난화 현상 및 이상 기온 현상으로 인하여 농작물의 수확량이 감소하고 있어 식량 공급과 직결된 식품산업의 역할은 21세기에 더 중요해졌다. 식품산업 중에서 식품영양과 가장 관계가 깊어 그 중요성이 강조되고 있는 급식산업과 외식산업에 대해서 알아보자.

(2) 단체 급식사업의 이해

급식산업의 분류는 서비스 제공의 목표가 이윤 달성에 있는지 없는지 여부에 따라 크게 단체 급식과 외식산업으로 구분할 수 있다. 단체 급식은 "학교, 병원, 사업체 등의 불특정한 사람들을 대상으로 제공하는 급식(현기순 외, 2010)"을 의미하며, 비상업적이라고 볼 수 있다. 외식산업(상업성 급식)은 상업적인 목적을 두고 식사 및 서비스가 제공되는 급식을 의미한다.

① 단체 급식의 정의와 목적

식품위생법 제2조 제12호에서 언급된 급식소의 정의는 다음과 같다. "집단급식소란 영리를 목적으로 하지 아니하면서 특정 다수인에게 계속하여 음식물을 공급하는 기숙사, 학원, 병원 그 밖의 후생기관 등 어느 하나에 해당하는 곳의 급식시설로써 대통령령이 정하는 시설을 말한다." 단체 급식은 특정 다수인에게 계속적으로 식사를 제공하는 것으로 영양 관리 및 위생 관리를 통하여 영양개선을 하고 건강을 증진하는 것에 그 목표를 두고 있다.

학교 급식, 산업체 급식, 병원 급식, 사회복지시설 급식, 군대 급식, 영유아 보육시설 및 유치원 급식 등이 단체 급식의 예이다.

② 단체 급식산업의 발전 과정과 현황

우리나라의 단체 급식은 UNICEF 등의 외국원조에 의한 구호급식이 그 시초이다. 그 이후 문교부의 학교 급식과 도시 극빈자를 대상으로 한 급식이 시작되었다. 우리나라 학교 급식의 발달 과정은 외국원조 급식기(1954~1972)에 옥수수빵 급식, 밀가루제빵과 건빵 급식으로부터 시작되었다. 그 다음 학교 급식 규칙 제정을 통해(1977) 자립 급식기(1973~1977)가 도래 되었다. 급식제도 정착기(1978~1992)에는 도서벽지형, 농촌형, 도시형으로 구분하여 시범급식을 실시하였으며, 학교 급식법, 학교 급식 확대 5개년(1985~1989) 계획을 1984년에 수립하였다. 급식 확대기(1993~2002)에는 제14대 대통령선거공약으로 학교급식 확대가 채택되었으며(1993), 초등학교 급식 확대사업이 1997년에 완료되었으며, 중 · 고등학생으로 중식지원사업 대상이 확대(1997)되었다(양일선 외, 2008; 조혜영, 2002).

[그림 4-3]의 식품의약품안전처의 통계에 따르면 2017년 기준 국내 단체 급식시설은 45,577개에 달하고 있다. 1996년에는 9,226개소였던 것에 비해 비약적 성장을 한 것이다. 급식산업의 전문화 트렌드에 따라 위탁급식소도 지속적인 성장을 보여주고 있다. 1988년 서울 캐터링 서비스 주식회사를 시작으로 현재는 아워홈, 삼성에버랜드, CJ푸드, 신세계푸드, (주)현대푸드 등의 대기업 계열의 위탁급식 회사가 진출하고 있다(양일선 외, 2008). 이들은 특화 브랜드로 전문성을 강화하고, 사업장 특성에 맞는 맞춤형 서비스 제안, 친환경 식자재 제공 등의 선진 시스템으로 급식업계에 공헌을 하였다.

급식시장은 성숙기에 돌입하고 있으며, 다양한 시장의 변화에 맞게 발 빠르게 대응해야 한다. 고객들의 식품 안전성에 대한 관심이 증대하고 있고, 고객의 요구가 세분화 및 다양화되고 있으며, 더 나아가 식품산업은 고급화 추세를 보이고 있다. 또한 업체 간 재계약의 경쟁이 심화되고 있으므로 차별화된 서비스로 고객을 만족시켜야 한다.

▌표 4-5▌ 단체 급식 시설 시도별 현황

지역	서울	부산	대구	인천	광주	대전	울산	세종	강원
(개소)	6,099	2,887	1,845	2,724	1,477	1,304	1,217	267	1,523
지역	경기	충북	충남	전북	전남	경북	경남	제주	총계
(개소)	10,629	1,941	2,601	2,051	2,071	2,897	3,393	651	45,577

출처: 식품의약품안전처(2017).

▌그림 4-3▌ 연도별 식품접객업, 단체 급식소 및 위탁급식업 증가 현황
출처: 식품의약품안전처(2017).

(3) 외식산업의 이해

① 외식산업의 정의와 현황

외식 산업의 정의는 "음식과 관련된 산업으로, 식사와 관련된 음식이나 음료, 주류 등을 제공 할 수 있는 일정한 장소에서 직접 또는 간접적으로 생산 및 제조에 참여하여 특정인 또는 불특정 다수에게 상업적으로 판매 및 서비스를 제공하는 산업"이다(정용주, 2012).

통계청 자료에 의하면 2016년 외식산업의 매출액은 118조 원을 돌파하였으며 종사자는 199만 명에 달한다. 또한 음식점 및 주점업의 사업체 수는 67만 개로 해마다 증가하는 추세이다.

표 4-6 음식점 및 주점업 사업체수, 종사자, 매출액

(단위: 천 개, 천 명, 10억 원, 백만 원/개소, 백만 원/명, 천 원/m^2)

구분	2004	2006	2011	2012	2013	2014	2015	2016	연평균 증가율 (2011~2016)
사업체수(A)	600	577	607	625	636	651	657	675	2.1
종사자수(B)	1,556	1,529	1,684	1,753	1,824	1,896	1945	1989	3.4
매출액(C)	48,370	53,707	73,507	77,285	79,550	83,820	108013	118,829	10.5
업체당 매출액(C/A)	80.6	93.1	121.1	123.7	125.1	128.8	164.4	176.0	8.2
1인당 매출액(C/B)	31.1	35.1	43.7	44.1	43.6	44.2	55.5	59.7	6.9
건물 연면적(m^2)당 매출액	915.9	954.9	1,154.9	1,220.6	1,239.3	1,264.5	1566.2	1749.7	9.0

출처: 통계청(2017).

② 외식산업의 특성

외식산업은 서비스 및 환대, 관광, 그리고 유통 산업과도 밀접한 연관을 가지고 있다. 외식 산업이 타 산업과 비교하여 가지고 있는 특성을 살펴보면 다음과 같다(나정기, 2012).

첫째, 서비스 지향적이며 점포의 위치가 중요하다. 둘째, 노동집약적이며 독점적 기업이 탄생하기 어렵다. 셋째, 체인화가 용이하며 소자본으로 쉽게 시작할 수 있으므로 경쟁이 상대적으로 심하다. 넷째, 산업화와 공업화는 어려우며 독립적으로 운영하는 업체의 비중이 큰 산업이다. 다섯째, 소비자의 기호가 절대적으로 중요하며 자금회전이 빠르고, 모방이 쉬워 차별화가 어려운 산업이다. 여섯째, 연구 개발비가 적은 반면 광고 및 선전비용은 크다.

2) 식품영양 전공자의 역할과 진출 분야

식품은 인간의 영양상태 더 나아가 생존과 밀접한 연관을 맺고 있어 가정생활에서 매우 중요한 요소이다. 식품영양 전공자의 역할 역시 사회 구성원의 건강을 책임지고 있어 그 역할이 막중하다. 더욱이 서구화된 식생활로 인한 만성 질환이 증가하고 있고, 사람들의 건강에 대한 관심과 웰빙 트렌드로 인해 식품영양 전공자들의 사회에서의 비중이 더욱 증가하고 있다.

(1) 식품영양 전공자의 역할

식품영양 전공자의 역할은 크게 영양사로서의 역할과 식품 전공자로서의 역할로 구분할 수 있다. 영양사의 주 역할은 개인과 사회의 영양을 책임지는 것이다. 건강한 사람이나 환자에 대하여 올바른 식품을 선택하고 섭취하는 것을 도우며 영양에 관한 조언을 통하여 질병의 예방 및 치료에 기여하여 건강을 유지하게 한다. 영양사의 역할을 구체적으로 살펴보자(김병구, 1988).

첫째, 영양사는 국가의 공중보건을 책임진다. 국가의 보건의료와 관련된 영양행정에 참여하며, 국가의 건강증진 프로그램의 영양부분을 담당한다. 과학적이고 체계적인 영양정책의 수립에 기여하며, 보건소를 중심으로 지역사회 주민의 영양수준 향상에 기여한다.

둘째, 영양사는 의료 및 복지시설에서 개인의 건강유지 및 향상을 책임진다. 영양사는 의료 및 복지시설에서 환자급식을 담당한다. 질병을 가진 환자들에게 적합한 식사를 계획하고 공급하여 치료의 효과를 극대화하며 올바른 교육과 관리를 병행하여 환자들의 건강을 유지할 수 있게 도와주는 역할을 담당한다. 환자의 질병 치료에 특화된 임상영양사는 환자 급식 관리 외에 병원 및 복지시설의 관계자와의 협력을 통하여 영양상태 평가, 식사요법, 영양 지도 등 환자 치료를 위한 다양한 역할을 수행한다.

셋째, 영양사는 학교 급식을 통해 성장기 및 청소년들의 건강을 책임진다. 학교 급식은 성장기 아동 및 청소년에게 건강 증진 및 체력향상, 공동체 의식과 사회성 개발, 바람직한 식습관 형성, 식생활에 대한 이해증진을 달성하기 위해서 적절한 영양공급을 계획, 실시하고 올바른 영양지도를 담당한다.

넷째, 영양사는 산업체 급식을 통하여 산업체 근로자들의 건강을 책임진다. 우리나라 산업의 근간이 되는 산업 근로자들의 식생활과 영양관리는 산업체의 생산성 향상과 밀접한 관련이 있으므로 중요한 문제이다. 제한된 예산으로 근로자의 영양을 확보하면서도 근로자의 기호를 고려한 다양한 식단을 계획하고 관리하는 급식관리자로서의 역할을 담당한다. 또한 다양한 영양지도 프로그램을 계획하고 실행함으로써 국민의 식생활 향상에 이바지한다.

또한 식품전공자로서의 역할은 다음과 같다.

첫째, 식품연구 분야에서 연구를 담당한다. 개인의 질병예방을 위한 기능성 식품개발, 바이오 신소재개발, 농림축산식품 분야에서의 농축산물개발 등 다양한 연구개발을 담당한다. 또한 식품회사 연구개발의 경우, 소비자의 기호도를 만족시키는 상품성 향상을 위한 식품개발 등의 연구를 진행한다.

둘째, 식품안전관리자로서 안심 먹거리 제공을 위한 각종검사 및 분석을 담당한다. 식품의약품안전처를 비롯한 여러 기관에서 식품안전 분석을 위한 실험 및 조사를 담당할 수 있으며, 혹은 식품회사에서 식품의 안전성을 확보하기 위한 노력을 하며, 위해요소를 제거하고 관리하는 관리자로서의 역할을 담당한다.

셋째, 식품회사에서 경영자 혹은 마케터로서의 역할을 담당한다. 식품회사의 경영자로서 조직을 관리하기도 하고 혹은 개인 음식점 창업자로서 음식점을 경영한다. 식품회사의 마케팅 부서에서 컨설팅, 홍보, 영업 등의 역할을 담당하는 식품회사 구성원이 되기도 한다.

(2) 식품영양 전공자의 진출 분야

식품영양 전공자의 진출 분야는 크게 영양 분야와 식품 분야로 구분할 수 있다. 영양 분야의 경우, 서구화된 식생활, 잘못된 식습관이나 생활양식으로 인한 질병이 증가하고 있고, 또한 건강에 대한 관심도가 높아지면서 영양사의 역할이 중요해짐에 따라 영양의 중요성이 강조되고 있다. 건강을 미리 지키고자 하는 예방 의학이 강조되면서 영양 전문가의 역할도 더욱 커지고 있다. 영양사는 단체 급식소(학교, 회사, 영유아 보육시설 등), 보건소, 복지시설, 병원, 공공기관(식품의약품안전처, 어린이급식관리지원센터, 질병관리본부, 농촌진흥청 등), 연구소 등으로 진출을 할 수 있다.

식품 분야의 경우 단일 산업으로는 산업 중 비중이 가장 큰 산업으로 종사자는 전체 산업 종사자의 10%를 차지하고 있으며, 고용 동향 역시 증가가 지속되고 있어 취업 전망이 밝다. 식품 전문가로서의 진출 분야는 식품제조 부분, 외식 부분 등 다양하며, 식품회사 및 식품관련 기업체로 식품개발/연구, 생산, 품질/안전관리, 마케팅, 매니저 등의 분야로 진출할 수 있다.

(3) 식품영양 전공자의 진로

식품영양 전공자들은 한국보건의료인국가시험원에서 영양사 시험을 통과한 후에 영양사라는 전문인으로서 활동을 할 수 있으며 또한 식품전문가로서 다양한 영역에서 전문성을 발휘하게 된다(서정희 외, 2015). 여러 분야에서 역할을 수행하고 있는 식품영양 전공자의 진출 분야와 진로 분야에 대해서 자세히 알아보자.

① 영양사

여러 근무지에서 일을 할 수 있다. 예를 들어, 병원(임상영양사)에서는 임상영양사로서 질병이 있는 환자를 대상으로 급식관리, 영양판정, 영양상담, 영양교육, 식사섭취 조사, 의무기록, 식사회진, 영양교육자료 개발 등의 업무를 담당하게 된다. 학교에서는 영양교사로서 학교 교사와 동등한 신분으로서, 영양사와 마찬가지로 급식관리를 담당하게 된다. 보건소에서는 지역주민을 대상으로 영양지도 기획 · 분석 · 평가, 영양상담, 영양조사, 영양교육, 집단급식시설에 대한 현황파악 및 급식업무지도 등의 업무를 담당한다.

② 백화점, 슈퍼마켓, 쇼핑센터의 식품 분야

소비자를 대상으로 영양교육, 영양상담, 신제품 개발 · 영업 · 홍보, 자료제작과 건강기능식품 판매 등의 업무를 담당한다.

③ 어린이 급식관리 지원센터

우리나라는 현재 「어린이식생활안전관리 특별법」 제5장 제21조(어린이 급식관리 지원센터 설치 운영) 1항, 시행령 12조에 근거하여 영양사가 없는 100인 미만 아동급식시설을 대상으로 각 시, 도, 군에 어린이 급식관리 지원센터를 설립하고 있다. 이 조항에 따라 2018년 5월 기준으로 전국에 215개소의 센터가 운영 중에 있으며, 영양관리 지원, 위생 · 안전관리 지원, 영양위생교육자료 개발 등의 업무를 담당한다.

④ 식품분야 관련 공공기관

식품의약품안전처, 보건복지부, 농림축산부, 한국농수산식품유통공사, 질병관리본부, 교육인적자원부, 중앙행정부서, 시 · 도 · 구청 및 시 · 도교육청에서 식품영양관련 정책 및 사업, 식품위생에 관한 지도 등 각 공공기관에서 식품 전문가로서의 활동을 하게 된다.

⑤ 식품제조 분야

식품제조회사에 취업할 경우 시장의 트렌드를 파악하고 수요도가 높은 식품을 만들기 위한 시장분석과 관능검사 등과 같은 연구, 생산 관련 업무, 인증업무(ISO 9001, 위해요소 중점관리기준 HACCP)와 각종 위생 관리 등과 같은 품질안전관리(Quality Management), 그리고 회사 이윤을 위한 마케팅 및 영업 업무 등 다양한 활동을 하게 된다.

⑥ 외식업 분야

외식업 관련 분야로 진출할 경우, 외식업 관련 회사에서 절감을 통한 수익창출을 실현 하는 구매 업무, 신 메뉴 및 최적의 레시피를 개발하는 R&D, 품질관리, 생산기술연구, 효과적 판매를 위한 재고 · 판촉 · 진열 등을 파악하는 Food Sales 업무, 업계의 트렌드를 파악하고 브랜드의 매출과 손익을 책임지는 마케팅, 소비자의 니즈(needs)와 맛에 대한 기호도를 과학적으로 분석해서 제품 개발에 필요한 다양한 insight를 찾는 관능검사 등과 같은 업무를 하게 된다.

⑦ 식품영양 연구소

식품영양 관련 기업 혹은 정부 기관의 연구소로 진출할 경우에 조사 및 관련 연구를 하게 된다. 각종 식품의 영양소를 분석하는 연구, 국민들의 식습관, 영양지식 등에 관한 조사를 통해서 영양 상태를 분석하여 지역사회의 건강증진에 도움을 주는 연구, 식품의 처리 · 저장 · 가공 기술을 개발 · 보급하여 식품산업 발전에 기여하는 연구, 식품의 제품개발을 통하여 외식산업 발전에 기여하는 연구, 그외에도 식품

위생, 시설위생, 식품분석, 식품기술개발, 관능검사 등 식품영양과 관련한 다양한 연구를 하게 된다. 학교, 한국건강증진개발원, 한국식품연구원, 한국식품과학연구원, 한국기능식품연구원, 식품업체의 연구소나 품질관리팀, 제품개발팀, 연구개발팀 등에서 식품영양연구원으로써의 임무를 수행한다.

3 아동가정복지와 산업 그리고 현장

예전에는 개별가정 안에서 가족원에 의해 직접 수행되던 다양한 활동과 기능들이 최근에는 국가가 제공하는 비영리영역, 민간시장에서 제공하는 영리영역 등으로 이전되고 있다. 영유아 자녀들은 대부분 어린이집을 다닌다. 노인들은 노인복지관을 이용하고 노인시설에서 삶을 영위하기도 한다. 건강가정지원센터는 아이돌보미를 제공, 개별가정의 자녀돌봄이라는 기능을 지원한다. 가계의 합리적 재무관리를 위해 컨설팅을 받기도 하고 재무설계 전문가의 도움을 받기도 한다. 이처럼 개별가정의 돌봄 기능 중 많은 부분은 사회로 이전되고, 사회가 제공하는 재화와 서비스를 소비하는 가계의 기능 또한 확장되고 있다. 또한 이러한 영역은 전문가를 필요로 하며, 기관의 운영과 관련된 효율적 관리방안도 필요하다. 이는 곧 생활과학 전공자의 현장이라고 할 수 있다. 구체적으로는 가정복지, 소비자, 아동 등을 공부하는 전공생들의 졸업 후 진로가 될 것이다.

1) 가정생활을 둘러싼 환경의 변화와 산업

먼저, 가정복지, 소비자, 아동과 관련된 현상의 산업화에 주목할 수 있다. 예전에는 가족원 돌봄이 가족원에 의해 행해졌다. 그러나 현재, 맞벌이 가정이 보편화되고 가구수가 줄어들면서 아동, 노인 등에 대한 돌봄서비스가 산업화되고 사회화되고 있다. 어린이집, 아동발달센터, 노인요양원, 노인복지관 등의 기관은 가족이 하는 돌봄의 일부분을 담당하게 되었다. 이런 영역의 서비스는 국가 정책적으로 진행되기도 하지만 민간과 시장 영역에서 유료의 서비스로도 나타난다. 예를 들어 현재 어린이집은 무상보육이라는 차원에서 무료로 이용하지만, 영어 유치원이나 아동치료와 같은 서비스는 대부분 유료로 운영된다. 여성가족부에서 추진하는 아이돌보미 서비스와 같은 경우 가계 소득에 따라 서비스요금을 차별적으로 규정하기도 한다. 개별가정의 다양한 기능을 지지하고 보충하고 대체하는 서비스들이 계속 확산되고 있다. 이 중 비영리로 운영되는 기관을 공공가정이라고 부른다.

앞에서 우리 가정이 어떻게 변화하고 있는지 트렌드를 살펴보았는데, 바로 이러한 트렌드가 가정복지, 가족, 가족자원관리, 소비자, 아동 등과 관련된 산업과 현장에 영향을 미치는 요인이라고 할 수 있다. 여성취업의 활성화는 그 중 가장 핵심적인 요인이다. 여성이 집에서 자녀를 돌보고 살림을 하던 전통 사회와 달리 지금은 여성들이 취업 및 각종 사회활동을 하기 위해 집 밖에서 많은 시간을 보낸다. 개별가정에서 누군가를 돌볼 사람이 없어진 것이다. 그 대신 사회적 기관, 전문가, 전문적인 서비스 등이 개별가정 구성원의 돌봄을 지지하고 보충하며 대체하는 기능을 수행한다. 자녀 돌봄과 관련한 산업은 각종 아동청소년 관련 센터와 기관, 시설들이 포함되고 이러한 산업 현장에는 아동청소년을 전공한 전문가들이 활동하고 있다.

이와 함께 고령화 역시 가정복지 관련 산업과 현장을 활성화시키는 요인이 된다. 노년기가 길어진 백세시대의 특성 상 노후의 돌봄이 사회적으로 중요한 과제로 등장한다. 그러나 여성취업, 가족 수 감소, 동거가족 감소와 가치관 변화 등 다양한 요인으로 인하여 과거처럼 가족이나 자녀가 개별가정에서 노인 돌봄을 직접 수행하기 힘든 상황이 되었다. [그림 4-4]를 보면 인식에서도 사회적 돌봄에 대한 기내가 점점 커지는 것을 알 수 있다(통계청, 2017).

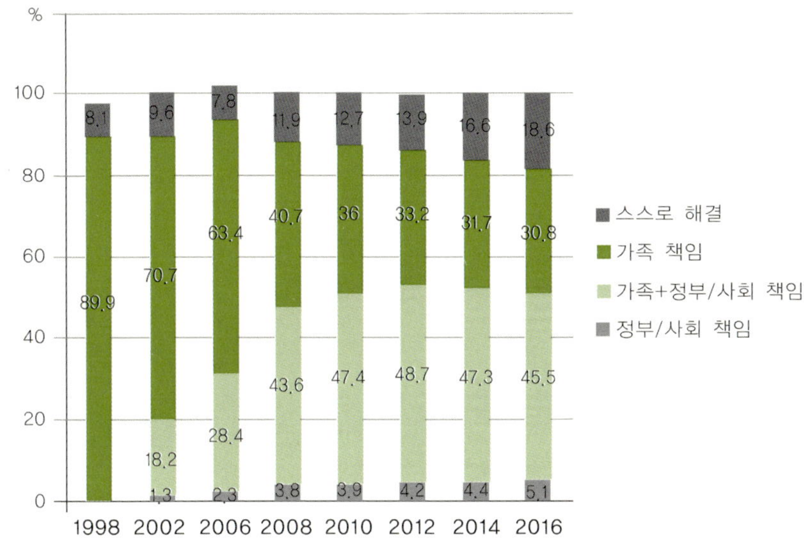

▌그림 4-4▐ 국민인식, '가족 부양'서 '사회적 부양'으로

출처: 통계청(2017). 2017년 사회조사.

따라서 노인돌봄 영역 역시 사회로 이전되고 있으며 비영리와 민간 영역이 분담하면서 노인돌봄기능을 수행하게 되었다. 그러한 현장에는 노인돌봄 전담인력, 시설 운영관리 전문가, 돌봄 프로그램 개발과 평가를 위한 인적 자원이 배치되게 된다.

한편, 시장이 발달하고 소비자가 구매할 수 있는 상품과 서비스가 늘어나면서, 재무 설계와 같은 일도 전문가의 도움이 필요하게 되었다. 노후를 위한 재무 설계, 금융기관에서 제공하는 재무 컨설팅과 상담 등에 대한 수요는 계속 증가하고 있다. 건강가정지원센터와 같은 기관에서도 생애주기별 가계경제교육, 재무상담 등의 프로그램을 제공하고 있다.

또한 결혼, 출산, 1인 가구 증가 등 가족, 가정 관련된 각종 현상에 따른 다양한 산업의 발달도 주목할 수 있다. 그리고 이러한 산업 측면에서 제공하는 재화와 서비스를 구매하고 소비하는 활동이 가정경제의 주요 부분이라고 할 수 있다. 이처럼 가정생활을 둘러싼 환경의 변화 속에서 각종 산업이 발달하고 있다.

예전에는 가정 안에서 자급자족하던 많은 일들이 이제는 산업화되고 있다. 이 중 일부는 국가 정책적 차원에서 무료로 혹은 저렴하게, 다른 일부는 영리를 추구하는 형태로 제공되고 있다. 따라서 가정복지, 소비자, 아동 등의 전공과 관련된 산업과 현장을 다룰 때 비영리 기관에 국한될 필요는 없다. 유료의 서비스를 제공하는 다양한 기관과 시설이 있고 그런 현장 역시 생활과학 전공생들의 활동영역이 되기 때문이다.

2) 아동가정복지의 현장과 전공인의 역할

(1) 가정복지 관련 현장과 전문가[4)]

가정복지 분야는 국민, 지역사회 주민의 행복한 가정생활, 가정복지 증진, 일과 여가의 균형, 삶의 질 향상, 가족친화 문화조성 등을 목표로 세부 주제들을 공부하는 전공영역이다.[5)] 따라서 이와 같은 주제에 대한 연구, 관련 정책의 제안, 현장에서 요구하는 전문가 양성 등에 주목하게 된다. 지역사회에서 다양한 가정의 건강성 증진을 위한 기관과 시설들이 있는데, 이곳이 바로 가정복지의 현장이라고 할 수 있다. 즉, 건강가정지원센터, 다문화가족지원센터, 한부모가족지원센터 등 여성가족부의 관련 법령에 따라 설치 및 운영되는 전달체계가 대표적이다. 그외 각종 가정복지 관련 기관(가족상담과 치료, 가정/성폭력 상담, 가족생활교육 등)도 주요 현장이라고 할 수 있다. 대표적인 현장은 다음과 같다.

① 건강가정지원센터

건강가정기본법에 근거, 중앙-시도-시군구에 설치되어 다양한 가정의 건강성 증진을 위한 교육, 상담, 문화, 돌봄 지원, 지역사회 연계 등의 사업을 수행하는 기관이다. 건강가정사를 필수적으로 채용하여야 한다.

---

4) 여기에서 소개하는 전문가 자격 취득을 위한 교과목은 관련되는 기관의 홈페이지나 인터넷 상에서 찾아볼 수 있음. 국가자격, 국가인증, 민간자격 등은 자격과 관련된 법률 개정, 제도 개정 등에 따라 자격 취득을 위한 교과목이 수시로 변경될 수 있으므로 필요시마다 관련 기관과 부처의 홈페이지 등을 통해 확인하여야 함.

5) 울산대학교 아동가정복지학과 홈페이지(http://child.ulsan.ac.kr). 그외 가정복지 전공을 살펴볼 수 있는 대학의 홈페이지에서 다양한 내용을 확인할 수 있음.

② 다문화가족지원센터

다문화가족지원법에 근거하여 중앙-거점-시군구에 설치, 다문화가족의 한국생활 적응과 가족문제 해결 및 예방을 위한 다양한 사업을 수행하고 있다. 건강가정사가 배치되어 활동하는 현장이다.

③ 한부모가족지원센터

한부모가족지원법에 근거하여 설치된 기관으로, 한부모가족을 위한 교육과 상담, 정보제공, 쉼터 연계 등 다양한 사업을 수행하고 있다. 건강가정사가 활동할 수 있는 현장이다.

④ 가족관련 상담 및 교육센터

다양한 가족문제의 확산으로 가족문제 해결과 예방을 위한 전문적 서비스가 필요하며, 이러한 서비스를 제공하는 상담 및 교육 기관이 지역별로 많이 설치되어 있다. 가족상담센터, 인터넷중독 대응센터, 성폭력/학교폭력/가정폭력 관련 기관 등이 그것이다.

⑤ 가정복지 관련 기관

생애주기별 가정복지 증진/양성평등/사회통합을 위한 사업을 수행하는 기관, 공동체 가정 등 지역사회 내에 다양한 가정복지 관련 현장들이 있다.

기타 공공기관, 학교, 연구소, 시민단체, 중소기업/대기업 등도 가정복지 현장이라고 할 수 있다. 최근에는 가족친화기업 인증제도의 발달에 따라 대기업/중소기업은 물론 공공기관과 시민단체, 각급 학교에서도 가족친화 프로그램을 개발하여 실시하고 있다. 이를 위해 건강가정사와 같은 전문가를 필요로 한다. 따라서 이러한 기관들도 가정복지와 관련된 현장에 포함된다. 다른 예로서, 학교에서는 부모교육이나 부모상담을 할 수 있고 그런 면에서 학생과 그 부모를 위한 서비스를 제공하므로 가정복지와 관련된 기관이라고 볼 수 있다. 또한 지역별로 여성가족개발원, 여성개발원, 가족정책연구원 등이 설치되어 있다. 이런 기관들은 가정의 건강성 증진, 양성 평등한 사회문화 구축 등과 관련된 정책개발, 연구사업 등을 수행하므로 가정복지와 관련된 현장이라고 할 수 있다. 또한 '(사)가정을건강하게하는시민의 모임'과 같은 비영리 시민단체도 가정복지와 관련된 활동을 수행하는 기관이며 전국적으로 지부를 두고 있다. 이러한 곳도 중요한 현장이라고 할 수 있다.

▌그림 4-5▐ 가정복지 관련 시민단체 사례

출처: (사)가정을건강하게하는시민의모임 홈페이지(http://www.healthyfamily.or.kr).

한편, 이러한 현장에서는 전문가를 요구하고 있는바, 가정복지 분야의 교과목을 통해 양성·배출하는 전문가는 다음과 같다(서정희 외, 2015에서 재인용).

- 건강가정사(국가인증: 여성가족부장관): 건강가정기본법에 근거, 가정의 건강성 증진을 위해 관련 기관에서 교육, 상담, 가족친화문화 조성 및 돌봄 지원 등의 역할을 수행하는 전문가이다.
- 가족상담전문가(민간자격): 가족문제 해결을 위한 가족상담센터를 운영할 때 가족상담 전문가 자격이 필요하다.
- 가족생활교육전문가(민간자격): 가족생활교육을 담당하는 교육가로서 가족 관련 센터나 상담소, 교육청, 사회복지기관 등에서 활동하는 전문가이다.
- 가정복지사(민간자격): 대한가정학회에서 인증하는 자격으로 2급(교과목 이수),

1급(자격시험), 전문가(경력 축적) 등 단계별로 구성되어 있다.

- 공공가정관리사(민간자격): 한국가족자원경영학회에서 인증하는 자격으로 비영리기관 운영관리와 관련된 전문가라고 할 수 있다.
- 성폭력/가정폭력 상담 전문가: 여성가족부가 지정한 기관에서 성폭력과 가정폭력에 대한 상담원 교육과정 이수 후 수료를 하게 되면 성폭력/가정폭력 상담원으로 활동할 수 있다.

(2) 소비자 관련 현장과 전문가

소비자 분야는 소비자의 복지향상과 건전한 소비문화 형성을 위하여 필요한 제반 이론과 실제를 연구한다. 소비자학은 소비자가 합리적으로 자원을 배분하고 구매의사결정을 할 수 있도록 탐구하며, 책임 있는 소비자를 길러내는 교육적, 제도적 방안을 연구함으로써 소비자 지향적인 기업 활동과 국가 경제를 이룩하여 소비자 복지 증진에 기여하는 학문분야이다.[6)]

소비자학 전공자의 진로는 대학교, 연구소, 기업의 고객서비스 부서, 소비자마케팅 분야, 소비자재무설계 분야, 소비자조사분석가, 머천다이징 분야 등 매우 다양하다. 소비자 분야의 대표적인 현장은 소자마케팅, 소비자복지, 소비자재무설계 등으로 구분할 수 있다(김영주 외, 2015). 구체적인 현장을 정리하면 다음과 같다.[7)]

- 소비자마케팅 영역: 가족친화산업, 아동청소년대상산업, 결혼산업, 고령친화산업 등의 분야, 언론 및 대중매체 소비자전문 분야, 트렌드 세터(트렌드 스포터), 각종리서치기관, 일반기업체 고객관리부서(CRM), 소비자마케팅 부서 등을 들 수 있다.
- 소비자복지 영역: 공정거래위원회, 재정경제부, 한국소비자원 등 중앙정부 및 지자체 소비자정책 담당 부서, 부산 · 울산 · 경남 지역 소비자 정책 전문가 협

6) 서울대학교 소비자학과 홈페이지(http://consumer.snu.ac.kr). 그외 소비자학을 살펴볼 수 있는 대학의 홈페이지를 통해 다양한 내용을 확인할 수 있음.

7) 울산대학교 아동가정복지학과 홈페이지(http://child.ulsan.ac.kr).

의체, 지방 소비생활센터, 소비자시민의모임, 소비자연맹, 녹색소비자연대 등 소비자이익단체와 같은 민간기구, 한국소비자업무협회, 연구소 등이 포함된다.

- 소비자재무설계 영역: 은행, 보험회사, 증권회사의 재무설계 및 상담 분야, 소비자신용과 관련된 교육 및 상담분야 등이 포함된다.

이러한 현장에서 활동하는 전문가는 다음과 같다(서정희 외, 2015에서 재인용).

- 소비자전문상담사(국가자격): 기업 및 소비자단체, 행정기관의 소비자 관련 부서에서 소비자상담을 통해 소비자피해를 해결, 복잡한 현대 시장 환경에서 소비자가 합리적인 선택을 할 수 있도록 정보를 제공, 소비자 교육 등의 전문적 활동을 수행하는 전문가이다.
- 소비자업무전문가: 기업과 소비자 보호 관련 기관에서 소비자와 관련된 제반 업무를 수행하는 전문가이다.
- 소비트렌드전문가: Consumer Trend Analyst(이하 CTA)는 소비자의 행동과 심리 및 소비시장 환경에 대한 분석을 바탕으로 현재의 소비트렌드를 분석하며, 미래의 소비트렌드를 예측할 수 있는 능력을 갖춘 전문가이다.
- 소비자재무설계사: 변화하는 경제 환경을 반영, 소비자의 경제 상태에 근거하여 생애주기에 따른 장단기 재무설계 업무를 도와주고 상담하는 업무를 수행한다.
- AFPK(Associate Financial Planner Korea)[8]: 한국 FPSB(Financial Planning Standards Board Korea)에서 실시하는 교육, 시험, 윤리규정 등을 충족하면 국내에서 인정되는 재무설계 전문자격이다.
- CFP(Certified Financial Planner): 재무설계 업무에 관한 전문서비스를 제공할 수 있는 자격증으로, 국제적으로도 널리 알려진 재무설계 전문가이다.

8) Financial Planning Standards Board Korea 홈페이지(http://www.fpsbkorea.org) 참조.

(3) 아동 관련 현장과 전문가

아동 분야는 인간의 성장과정에서 기초가 되는 영·유아기를 중심으로 인간의 행동과 발달, 가족과 사회라는 환경적 맥락의 상호작용에 대한 전문지식을 습득한다. 이를 통하여 아동, 청소년 및 가족의 복지 증진을 위한 교육, 상담 및 정책 수립 등 현장에서 실무를 담당할 전문가를 양성한다.[9] 보다 구체적으로 아동학 전공은 아동발달학 또는 발달 심리학의 접근에서 인간의 전 생애를 통한 발달의 모든 단계를 중요시하되 특히 영유아기와 아동기에 초점을 두며 각 단계의 발달 특성, 발달의 기제, 발달에 중요한 생태학적 환경인 가족, 교육기관, 사회기관 및 문화의 영향을 이해하고자 하는 학문이라고 할 수 있다(울산대학교 아동가정복지학 전공 홈페이지). 연구분야는 아동발달, 아동보육, 아동상담, 아동복지 등으로 구분할 수 있다(김영주 외, 2015).

아동 분야의 주요 현장은 다음과 같다(울산대학교 아동가정복지학 전공 홈페이지). 먼저 보육시설, 아동상담기관 및 각종 치료기관(소아과와 종합병원), 영재교육기관, 사회복지 기관, 각종 연구기관, 아동 관련 출판 및 언론기관, 아동문화기관, 인터넷 콘텐츠 개발 분야 등이 있다. 그외 아동발달 및 교육개발연구소, 사회사업 기관, 유아교육계의 행정기관, 아동관련 산업체, 언론기관 등 다양하다. 이러한 분야는 아동학을 공부한 전공생의 진로가 될 수 있다.

▌그림 4-6▌ 아동돌봄 현장

9) 전북대학교 아동학과 홈페이지(http://he.jbnu.ac.kr/child). 그외 아동 전공을 살펴볼 수 있는 다른 대학의 홈페이지를 통해 다양한 내용을 확인할 수 있음.

아동 분야와 관련된 자격증은 다음과 같다.

표 4-7 아동 분야 관련 자격증

국가자격	학회인증	민간자격
보육교사 청소년상담사 청소년지도사 (청소년위원회) 임상심리사	아동발달사(한국아동학회) 발달심리사(한국심리학회: 발달) 아동상담사(한국아동학회) 놀이치료사(아동심리재활학회) 행동치료사(행동치료학회) 인지발달치료사(인지발달중재학회)	미술심리지도사 아동미술실기지도사 어린이영어지도사 유아레크리에이션지도사 유아체육지도사 프뢰빌은물교육지도사

출처: 서정희 외(2015).

서정희 외(2015)는 아동학 관련 자격 중 다음 4가지 주요 자격을 소개하고 있다.

- 보육교사: 영유아보육법에 근거, 영유아의 보육, 건강관리, 보호자와의 상담, 기타 관련 업무를 수행하는 전문가이다.
- 아동상담사: 한국아동학회에서 수여하는 등록(비공인) 민간자격이다.
- 청소년상담사: 청소년상담사 자격검정에 합격하고 청소년상담사 연수기관에서 실시하는 연수과정을 마친 사람에게 여성가족부 장관이 부여하는 자격이다.
- 임상심리사: 심리 · 생리적 장애가 있는 개인 또는 집단을 대상으로 심신의 건강 증진을 돕는 전문가이다.

3) 산업과 현장에 영향을 미치는 정책

가정생활 관련 산업과 현장은 법, 제도, 규정 등을 통해 각종 정책과 제도의 영향을 받는다. 예를 들어 건강가정사, 소비자상담사, 보육교사와 같이 가정복지, 소비자, 아동 분야 현장에서 활동하는 전문가는 자격 취득과 관련된 조항을 법에 명시하고 있다. 그리고 이러한 법에는 각종 센터, 기관, 시설의 설치와 운영에 대한 근거가 명시되어 있다. 예를 들어 건강가정지원센터, 소비자단체, 어린이집 등과 같은 현장은 역시 운영규정, 근무자 채용, 사업 실시 등과 관련된 제도와 정책의 기준을 준수해야 한다. 따라서 정책과 제도, 법 등은 현장에 직접적인 영향을 미치는 요소가 된다. 그런 맥락에서 건강가정기본법, 소비자기본법, 영유아보육법 등은 가정복지, 소비자, 아동 등과 관련된 현장에 영향을 미치는 대표적인 법이라고 할 수 있다.

먼저, 가정복지 관련 현장에 영향을 미치는 법과 제도는 가족, 양성평등, 일생활 균형, 여성, 돌봄 등과 관련되어 다양하다. 이러한 법은 포괄적인 정책을 실천하기 위한 구체적인 장치라고 이해할 수 있다. 정책에 기초하여 지역사회에 건강가정지원센터를 설치 및 운영한다. 이로써 사회적 과제를 해결할 수 있는 기반을 마련한다. 그리고 센터에 건강가정사라는 전담인력을 배치함으로써 다양한 가정의 건강성 증진을 위한 사업을 전문적으로 실시할 수 있게 되었다. 이처럼 가족의 변화는 가족정책의 변화를 야기시키고, 가족정책의 변화는 어떤 기관이나 시설, 전문가 등을 위한 제도적 기반을 갖추는 방향으로, 정책과 법 그리고 현장의 상호 연계성을 확인할 수 있다.[10)]

마찬가지로 시장의 발달에 따라 소비자의 권익 증진, 소비자의 권리와 책무, 국가 지방자치단체 및 사업자의 책무, 소비자단체의 역할, 소비자와 사업자 사이의 관계 규정 등 소비자정책의 종합적 추진이 필요해졌다. 따라서 소비자정책을 설계하게 된다. 소비자정책을 실천하기 위해 구체적으로는 소비자기본법과 같은 법령을 마련하게 된다. 소비자기본법에는 소비자단체, 소비자상담기구, 소비자안전센터 등 다양한 전달체계에 대한 조항을 두고 있다. 이러한 조항은 곧 소비자 관련 현장에 영향을 미친다고 볼 수 있다.[11)]

또한 영유아보육법 같은 경우, 영유아의 심신을 보호하고 건전하게 교육하여 건강한 사회 구성원으로 육성함과 아울러 부모(보호자)의 경제적 · 사회적 활동이 원활하게 이루어지도록 한다. 이로써 영유아 및 가정의 복지 증진에 이바지하기 위해 제정된 법이다. 보육정책, 돌봄정책 등의 차원에서 실시하고자 하는 제도를 이 법을 통해 구체화시킨다고 볼 수 있다. 이 법 안에는 어린이집, 육아종합지원센터, 보육교직원을 비롯, 아동 관련 시설과 전문가 자격을 규정하는 조항이 포함되어 있다. 따라서 아동 관련 현장에 영향을 미치는 정책 그리고 법이라고 볼 수 있다.[12)]

---

10) 건강가정기본법 참조.

11) 소비자기본법 참조.

이처럼 대표적인 정책과 법 외에, 가정복지와 소비자, 아동 등의 전공과 관련된 다양한 정책과 제도, 법이 있으므로, 관련되는 교과목을 수강함으로써 구체적인 내용을 알 수 있다.

가정복지와 관련해서는 포괄적인 가족정책 안에서 가족복지정책, 일 · 생활 균형정책, 양성평등정책, 여성정책, 고용노동정책, 돌봄정책, 저출산고령화 정책, 교육정책(학부모 지원 정책) 등 다양한 정책들이 있다.

소비자 분야에서는 소비자안전, 소비자분쟁해결, 거래, 광고의 공정화, 방문판매, 전자상거래, 할부거래 등 소비자법과 정책 교과목에서 다루는 세부 주제별로 정책과 제도를 설계할 수 있다. 이러한 정책과 제도는 소비자관련 현장 그리고 전문가 자격이나 역할에 영향을 미친다.

아동 분야의 경우 보육과 관련한 보육제도, 어린이집 운영관리, 보육교직원, 보육과정, 보육환경, 보육평가 등 보육학 개론에서 다루는 주요 주제들 그리고 기타 아동 및 청소년 관련 주제들마다 관련되는 제도와 법 규정들이 있다. 이러한 요소들이 아동 관련 현장과 전문가에 영향을 미친다고 볼 수 있다.

돌봄정책이나 일 · 생활 균형정책, 출산관련 정책과 같은 경우는 가정복지 그리고 아동이 중첩되는 정책분야이기도 하다. 따라서 아동가정복지 전공을 이해하기 위해 현장에 영향을 미치는 정책과 제도, 법규정, 지침 등을 잘 알아야 한다. 이러한 내용들은 곧 아동가정복지 전공생들이 취득할 자격, 현장에서의 역할과 직무, 역량강화와 인적자원개발을 위한 직무교육/보수교육/재교육 등 다양한 차원에 영향을 미치기 때문이다.

12) 영유아보육법 참조.

4 주거와 산업 그리고 현장

1) 주거와 산업

주거산업은 정치, 경제, 사회의 정세 변화와 매우 관련이 깊다. 사회가 변화하면서 주택관련 산업도 계속 변화하고 있으며, 이러한 변화의 동기는 가치관 변화, 기술개발, 경제적 상황, 정책 변화 등 다양하다. 본 장에서는 주거와 관련된 산업과 변화동향에 대하여 살펴보고자 한다.

(1) 주택 산업

① 다양한 형태의 주택

1990년대 이후 급격한 주택시장의 환경변화에 대응하기 위한 마케팅수단으로 등장한 '차별화전략'의 개념은 1990년대 중반 이후 본격적인 신제품개발 활동으로 자리 잡기 시작했으며, 2000년대 이후 기업 내 마케팅활동의 일부로 정착되어 다양한 주택의 출현, 다양한 평면의 출현, 차별화 공간의 제공 등이 강하게 요구되고 이것이 마케팅 활동의 주가 되었다(양양근, 2010).

최근에는 점차 소형가구, 미혼가구, 노년가구 비율의 증가로 가구의 성격이 다양화됨에 따라 도심 거주 수요가 높은 1인 가구와 저소득층뿐만이 아닌 고소득층, 독립된 주거라이프를 지향하는 사람들을 수용할 여러 유형의 주택 공급이 요구되고 있다. 밀집형 고층아파트 중심에서 주상복합이 등장했고, 테라스하우스, 실버타운 등 소비자를 위한 다양한 형태의 주택유형이 등장하였다. 이 같은 변화는 세컨하우스, 타운하우스(Town house)[13], 초고층 주상복합, 도시형 생활주택[14] 등이 2000년대 본격적인 상품으로 나타나는 결과로 이어졌으며, 2010년 이후에는 주택의 면적

13) 1~2층의 단독주택이 10~100가구씩 모여 정원과 담을 공유하는 단독주택群이다. 개인의 프라이버시를 보호하면서 동시에 방범, 방재 등의 관리의 효율성을 높인 주거형태이다.

14) 1~2인 가구 증가와 서민주거 안정을 위해 주택 건설기준과 부대시설 등 설치기준을 완화한 도시형 생활주택이다.

을 줄이는 땅콩집[15)](듀플렉스 하우스, duplex house), 부모와 함께 거주 가능한 3세대 하우스 등이 인기를 끌고 있다. 또한, 다양한 기능과 서비스가 복합된 서비스드 레지던스(serviced residence)[16)], 주거비 절감을 위한 공유주택[17)](쉐어하우스, share house), 코하우징(co-housing)[18)], 수익형 주택[19)](점포겸용 주택) 상품이 본격화되기 시작하여 주택산업이 활기를 가질 전망이다.

▌그림 4-7▌ 다양한 주택 유형

② 스마트 주택

디지털 기술의 발달은 주택산업과 융합되어 에너지절약, 식품 및 생필품 구입과 배달 서비스, 편안한 주거(comfort living), 안전, 원거리 통신을 통한 수리 및 처방, 노약자를 위한 서비스 등의 주택 기능 확대에 크게 기여하고 있으며 하나의 산업군

15) 두 세대가 마당은 공동으로 사용하여 건축되는 단독주택을 말한다(서울시 도시계획용어사전).

16) 호텔식 서비스를 제공하는 오피스텔 개념의 주거시설을 말한다. 객실 안에 거실과 세탁실, 주방 등의 편의시설을 갖추고 이용객들로 하여금 '호텔'같은 집처럼 쉴 수 있는 환경을 제공한다(부동산용어사전).

17) 다수가 한 집에서 살면서 지극히 개인적인 공간인 침실은 각자 따로 사용하지만, 거실, 화장실, 욕실 등을 공유하는 주거형식이다.

18) 보통 30가구 안팎의 입주민들이 마을이나 연립주택에 모여 살며 각자 라이프스타일에 맞게 주택과 공용공간을 설계하여 공동공간을 이용한다.

19) 최상층은 주인이 거주하고 1~2층의 저층은 점포나 사무실 또는 임차를 들이는 형식의 작은 점포 겸용 주택을 말한다. 주거와 수익이 보장되는 주택이다.

으로 자리 잡고 있다.

주거건축에서도 스마트 홈(smart home)이 활성화되는 것은 사회구조의 변화를 근거로 기술개발의 진보가 이루어 낸 주거문화의 한 현상으로 파악할 수 있다. 현대주택에 적용되는 첨단기술은 인구구성의 다양성으로 인해 계층별 그리고 그 계층에 적합한 주택모형에서 첨단환경 구현이 요구된다. 가령 인구구성의 고령화에 대비해서는 고령자 전용주택, 가전기기 조작의 리모콘화 및 간편화, 스위치류의 높이 및 승강기의 운행속도 조정 등 고령자의 신체기능에 맞는 건강체크시스템, 비상 설비시스템의 설계가 실행되고 있다(Tian Maomao, 2017). 또한 핵가족화, 여성취업의 증가, 맞벌이 부부의 증가 등 여성의 사회진출 확대는 가전기기의 원격조정, 자택쇼핑, 시큐리티(security) 서비스 등 가사활동의 합리화 및 자동화가 요구되어 첨단기술에 의해 구현되었고 많은 주택들이 편리성 기능성을 추구하는 방향으로 변화하고 있다.

③ 에너지 절약적 친환경 주택

삶의 질이 향상됨에 따라 웰빙 트렌드와 더불어 건강한 주거환경에 대한 요구는 증가하고 있으며, 고령화 속도를 고려했을 때 건강한 주거환경에 대한 요구는 앞으로도 계속 높아질 것이다. 건강한 주택을 위해서는 친환경 재료를 사용하는 친환경 건축재료 영역, 공기질 영역 이외에 주거의 성능을 구성하는 영역인 소리 환경, 빛 환경, 물 환경, 열 환경, 안전성, 내구성 등의 각종 성능을 향상시킬 수 있는 포괄적인 주거성능을 갖추어야한다.

지구 온난화로 인한 기후변화, 석유와 같은 1차 에너지원의 가격 상승으로 전 세계적으로 에너지저감 노력이 확산되고 있다. 전체 에너지 소비량 중 건물부분의 소비량은 30~40%로 높은 비중을 차지하고 있으므로 이러한 에너지 소비량의 저감을 위해 건물에너지 성능평가 시뮬레이션, 에너지저감 외피 및 설비·전기시스템, 신재생 에너지(태양열, 태양광, 지열, 풍력 등), 물이용 효율화와 관련된 기술들을 개발하고 있으며, 이를 적용하는 친환경 주택산업은 전 세계적으로 공통화되는 추세이다.

(2) 실내디자인 산업

① 실내디자인

사회경제가 발전하면서 자아실현 욕구는 더욱 증가하고, 이에 개성 있는 아름다운 나만의 공간을 연출하고자 하는 실내디자인에 대한 요구가 증대되고 있다.

일반적으로 실내디자인(Interior Design)은 내부공간에 디자이너의 감각을 살려 새롭고 신선하며 개성적인 공간창출과 이미지 디자인에 비중을 두는 것을 말한다. 구체적으로는 실내공간에서 변경과 이동이 용이한 요소인 비내력벽[20], 창호, 가구, 러그, 커튼, 몰딩이나 색채 같은 요소들을 주 대상으로 기존의 공간에 상대적으로 쉽게 도입될 수 있는 디테일에 초점을 맞추어 디자인하는 영역을 말하며, 산업분야에서는 실내장식 또는 실내장치의 용어가 가장 많이 쓰이고 있고, 영역으로는 주거 및 상업공간의 실내공간, 무대장치, 이벤트장치, 영화세트 등이 있다(서정희 외, 2015).

특히 최근에는 합리적인 생활재를 모둠 판매하는 마케팅활동이나 유통혁신으로 인해 손쉽게 자기의 공간을 꾸밀 수 있다는 생각이 보편화되면서 실내디자인 관련 산업이 크게 발전하고 있다.

그림 4-8 개성적인 실내디자인

20) 주택의 구조에서 힘을 받지 않는 벽을 말한다.

② 주생활재

가족구조의 변화는 실내디자인 및 생활재 산업의 변화를 유도하고 있다. 개성적인 1인 가구와 노인가구의 증가, 가구의 소득증대 등은 개인 공간을 통한 자아실현 욕구를 증대시키고, 공간적으로는 심미적, 기능적 그리고 자기의 고유한 공간으로 표현하고자 하는 욕구가 증대하고 있다.

주생활재란 주거생활 영위에 필요한 생활재, 즉 부엌가구 설비, 생활가구, 생활에 필요한 소제품(조명, 그릇, 패브릭 제품, 장식 소품 등) 등을 말하는 것으로 이런 것들을 디자인, 계획하여 생산하고 판매하는 회사를 주생활재 회사라고 한다. 최근 주택의 변화에 따라 부엌은 개방형 공간으로 인테리어 패션화 경향과 소비자의 개성화된 생활공간으로 변화하고 있으며 이에 따라 주생활재 산업은 연령, 라이프스타일, 소득수준 등에 따라 다양하게 요구되는 구매 욕구를 충족시키기 위한 다품종 소량생산 방식의 전문화된 산업으로 나타나고 있다. 또한 주요 사용자인 여성들의 사회진출, 생활문화의 변동, 소득증대, 부엌공간이 가족중심 커뮤니케이션 수단으로 전개되면서 수요자의 소득이나 선호의 차이에 의해 디자인과 품질 측면에서 다양한 형태의 제품이 요구되고 있다.

2000년대 이후 주생활재 업계는 단일 품종 업체에서 토탈 인테리어 업체로 전환이 이루어지고 있다. 특히 기존의 가구전문, 또는 부엌가구를 전문으로 하던 산업군이 생활재를 함께하는 토탈 주생활재 산업군으로 탈바꿈하고 있다(서정희 외, 2015).

그림 4-9 주택 내 여러 생활재

(3) 주택관리 및 복지산업

① 주택관리

현재까지 주택관리산업이 거주자에게 쾌적하고 안전한 공간을 제공하기 위한 물리적 유지 및 관리서비스인 하드웨어 제공에 주력해 왔었다면, 앞으로는 일상 생활문화에 대한 관리서비스 즉 소프트웨어를 제공하는 방향으로 진행될 것이다.

생활문화 관리는 거주자의 삶을 보다 풍요롭게 해주고 편리한 서비스를 제공하기 위한 것으로, 공간 차원에서는 입주민 전용 헬스센터, 도서관, 탁아시설 등 거주자의 요구에 맞는 커뮤니티 공간을 제공하는 것이며, 콘텐츠 차원에서는 탁아 프로그램, 문화 프로그램 등을 개발하여 운영하는 커뮤니티 공간에서 행해지는 다양한 프로그램들을 계획하고 관리해주는 것을 말한다. 이러한 생활문화 프로그램을 제공함으로써 거주자의 가족관계와 이웃관계, 그리고 지역관계에 이르기까지 네트워크를 형성하여 인간 친화적인 공동체 문화가 형성될 수 있을 것이다. 따라서 주택관리 산업은 주택의 기능을 유지시켜, 유용성을 발휘할 수 있도록 하며, 나아가 주택으로 말미암은 이웃과의 관계까지 개선하는 여러 가지 행위를 관리하는 사업을 말한다.

주택법에서는 공동주택의 입주자대표회의는 공동주택의 자치관리기구를 두어 관리하거나 전문 관리업자인 주택관리업자에게 관리를 위탁해야 한다고 규정하고 있다. 이 주택관리를 전문업으로 하는 자를 주택관리업자라 하며, 우리나라는 공동주택을 전문으로 관리하는 주택관리업의 제도적 근거를 가지고 있다(서정희 외, 2015).

② 주거복지

취약계층을 대상으로 하는 주거지원 사업은 주로 노인층, 저소득층이 대부분이었으나 현재는 보다 넓은 계층에게 주거의 질을 지원한다는 관점에서 대학생, 노인층들에게 주거를 지원해주는 임대주택, 쉐어하우스 등의 주거문화가 새롭게 등장하고 있으며 도시재생과 관련한 새로운 사업군으로 등장하고 있다.

고령화시대에 맞춰 노인주택에는 편리성 · 기능성이 필수적으로 도입되어야 하여 이에 유니버설 디자인(universal design: 성별, 연령, 국적, 문화적 배경, 장애의 유무에도 상관없이 누구나 손쉽게 쓸 수 있는 제품 및 사용 환경을 만드는 디자인, 즉 배리어프리(barrier free)된 디자인)을 주택에 적극적으로 도입하고자 하는 사례가 증가하고 있다.

노인층, 학생에게 쾌적한 주거환경을 제공하다는 취지에서 시작되었던 쉐어하우스는 현재 새로운 주거문화 창출의 의미에서 기존의 주택을 리모델링하여 폭넓게 제공되고 있다. 쉐어하우스는 이전의 임대주택과는 달리 공유공간을 계획하여 좀 더 쾌적한 주거환경 문화를 지향하고 있다. 이것은 사회사업의 일환으로 민간에서 행해지기도 한다.

2) 사회에 기여하는 주거환경 전공자의 역할

주거환경학은 쾌적한 주거환경의 실현을 궁극적인 목표로 하고 있으며 이를 위해 인간과 물리적 환경과의 상호관계에 관한 기본 개념과 원리를 이론 및 실습을 통해 교육함으로써 주거환경 관련 분야의 유능한 전문인을 양성하는 데 교육의 목표를 두고 있다(울산대학교 주거환경학전공 홈페이지).

주거환경의 질을 개선하고 이를 통해 삶의 질 향상과 복지를 구현하려면 주거환경에 대한 폭 넓은 학습이 필수적이다. 주거를 형성하는 다양한 환경인자는 사회변화와 함께 변화하므로 이에 대한 과학적 지식과 함께 주거환경의 전반적이고 총체적인 이해가 매우 중요하다. 주거환경 전공자의 역할을 다음과 같이 제시할 수 있다.

첫째, 사회의 변화에 신속하게 반응하며, 주거에 대한 요구의 다양성을 이해하여 이에 대한 제안 및 디자인을 제시한다.

가족 구성의 변화에 따른 주거 요구의 다양화와 대안 모색을 위해서는 주택을 중심으로 영위되는 가족과 가족 구성원의 생활방식이나 주거가치, 선호를 중심으로 한 주거 의식에 대해 면밀한 규명과 이해가 선행되어야 한다. 계층별, 지역별, 개인별 차이에서 오는 다양한 주거의식과 주거요구에 대한 이해는 주거의 질을 결정하고 이를 적용함에 있어 매우 중요하다. 이를 바탕으로 사회에서 요구되는 다양한 주거공간을 제안하는 역할을 해야 한다.

둘째, 실내의 디자인을 통해 새로운 가치를 추구하며 미래 세계를 창조하는 일을 하는 사람으로서 새로운 디자인을 창출하며 새로운 생활방식을 만들어 내야 한다.

디자이너의 디자인 창조는 단순히 새로운 형태를 만드는 것에 그치지 않고 이제까지와는 다른 창의적 관점에서 문제점들을 발견해 내고 그것을 정의하여 현실적으로 해결하는 문제 해결사의 역할이 중요하다. 그러나 현대의 산업은 지나치게 세분화, 전문화, 다양화되어 모든 것을 디자이너 한 사람이 하기 에는 작업의 내용이 매우 광범위하다. 디자이너는 사회과학, 생물학, 심리학, 인류학, 경영학, 엔지니어링 등 다양한 분야의 전문가와 연결하여 학제적 접근을 하며 협업으로 디자인을 발전시켜야 한다.

셋째, 주택 및 주거환경에서 물리적 환경의 질적 변화에 대응하는 역량을 확보하고 거주자를 위한 제언에 힘써야 한다.

좋은 주거환경을 만들기 위해서는 주택 구조와 시설, 주거 내 열, 빛, 소리, 공기환경부터 외부의 공해, 소음, 대기오염, 생활폐수 등에 이르는 주거 전반에 대한 요구 파악과 참여가 수반되어야 하는데 이는 주거에 대한 지식 없이는 불가능하다.

주택과 주거환경은 나날이 변화하고 있다. 고밀화, 고층화된 공동주택으로 변모한 주거환경 속에서 다양한 이슈들이 제기되고 있다. 좁게는 개개 주택의 구성과 공용공간의 관리, 근린환경, 커뮤니티 활성화부터 넓게는 환경 문제나 도시 이미지에 대한 주거의 역할과 지속가능성 등에 대해서까지 많은 관심이 주어지고 있다.

넷째, 쏟아지는 다양한 주택시장 정보 및 정책 등에 적절히 대응할 수 있는 능력이 요구된다.

앞으로 주거에 대한 홍보와 마케팅, 주택금융 제도, 세제와 법규, 주거복지 차원의 정책 등에 관한 다양한 정보 제공은 더욱 확대될 전망이다. 주택정보의 유용한 활용을 위해서는 이러한 정보에 대한 정확한 판단이 이루어져야 하며 그 일환으로 주거 전반에 대한 학습이 필요하다.

3) 주거환경학 전공자의 진로[21)]

(1) 주택건설 관련 업계

① 민간건설회사

건설회사는 사업주체(시행사)의 의뢰를 받아 건축을 실행하고 건축비용을 받아 이익을 실현하는 회사로 실제로 건물의 시공을 수행하는 회사를 말하며, 규모에 따라 대형, 중형, 소형 건설회사로 구분된다. 대표적인 대형건설회사는 삼성물산(래미안), 대우건설(푸르지오), 대림산업(e-편한세상), GS건설(자이), 현대건설(힐스테이트) 등이 있으며 아파트를 주로 건설하고 건축, 주택, 토목, 플랜트, 환경, 리모델링, 재건축·재개발, 연구개발 등 사업 분야가 광범위하다. 주거환경학 전공자들은 주로 주택분야의 평면특화와 같은 상품개발의 업무를 맡는다. 국내의 중·대형 건설회사는 전반적으로 건축 및 부동산 관련 전공자에 대한 요구는 높은 반면 주거환경 전공자에 대한 인지도와 요구도는 그다지 높지 않다. 따라서 주거환경학 전공자의 건설회사 취업과 관련하여 전공에 대한 적극적인 홍보와 함께 디자인 실무 및 현장경험, 시공과정 및 주택법규 등 건설회사 업무와 관련된 보다 체계적인 훈련과 교육 그리고 자격증(건축기사, 건축설비기사 등) 등의 준비가 선행되어야 한다.

그러나 최근에는 거주자의 가치관 변화와 사회구조 변화에 힘입어 다양한 주택유형 수요가 존재하고 따라서 단독주택을 주로 건설하는 소형 건설회사가 성장을 거듭하고 있다. 주택의 설계, 실내디자인, 시공, 관리 등을 주요 업무로 하고 있어 주거환경학 전공자들에게 접근이 유리하다.

② 공공기업

가. 한국토지주택공사(LH)[22)]

한국토지주택공사는 2009년 한국토지공사와 대한주택공사 두 공기업이 합병해 만들어진 기업이다. 주요 업무는 주택 공급, 신도시 개발, 국토 관리 등이다. 주택

21) 서정희 외(2015). 『생활과학과 진로』에서 재인용.

22) 한국토지주택공사(LH) 홈페이지(http://lhi.lh.or.kr).

공급 분야에서는 보금자리 주택 등을 짓는 일을 담당한다. 신도시 개발 분야에서는 세종시 및 공공기관이 이전하는 혁신도시 개발을 담당하고 있다.

나. SH공사[23)]

SH공사의 전신은 1989년 설립된 서울시도시개발공사이다. 서울시도시개발공사는 지방자치법과 지방공기업 설치 조례에 따라 설립된 정부투자기관이다. 2004년 3월 서울하우징의 약자인 SH공사로 사명을 변경했다. 주요 사업내용은 토지의 취득 · 개발 · 공급 및 그에 따른 업무, 주택의 건설 · 개량 · 공급 · 임대 및 관리, 서울시장이 정하는 구역의 재개발사업, 도시기반시설 등 도시계획사업의 시행, 국가 또는 지방자치단체로부터 위탁받은 업무, 기타 도시개발과 관련된 업무 등이다.

(2) 실내디자인 관련 업계

① 실내디자인

실내공간은 주거공간, 상업공간, 업무공간, 전시공간, 문화공간과 공공공간으로 분류되고, 실내디자이너는 이들 공간 중에서 어떤 공간을 주로 다루느냐에 따라 전문성을 달리한다. 실내디자인 업체는 종합인테리어를 표방하지만 업체에 따른 주력 사업으로 특정 공간만을 다루는 것이 보통이다. 실내디자인 관련 업체들은 대기업형 업체와 소수의 전문 실내디자이너 또는 실내건축가들이 모여 만든 실내디자인 사무실이 있다. 기업형인 경우 대규모의 프로젝트를 담당하며 조직적으로 업무를 수행하여 경력을 쌓는 반면, 소규모의 전문 업체는 실내디자인 경력자 소수와 일반 직원들로 구성되어 다양한 실내디자인 업무를 다루게 된다. 실내디자인은 크게 설계업무, 컨설팅과 실내 시공 감리의 업무를 담당한다.

② 가구 및 조명 디자인

가구는 용도별로 가정용 가구, 사무용 가구, 부엌 가구로 나눌 수 있는데 생산설

---

23) SH공사 홈페이지(http://www.i-sh.co.kr).

비를 갖춘 가구업체의 전문적인 가구디자이너부터 소규모 공방에서 예술성에 비중을 두고 작업하는 가구디자이너와 같이 다양한 방식으로 활동한다.

조명디자이너는 조명기구를 디자인하거나 실내, 실외의 공간에 조명 효과를 통해 창조적 빛의 연출 업무를 담당한다. 조명효과를 표현하기 위해 미적인 감각을 갖고 캐드와 그래픽 처리 같은 컴퓨터 프로그램 기술을 이용하여 디자인을 실시한다. 조명디자이너는 조명 설계회사에서 다양한 프로젝트를 경험하여 성장하게 되므로 전문 조명회사에 취업하여 실무능력을 쌓게 된다.

③ 디자인 관련 연구소

실내디자인 관련 연구소는 각종 생활재, 마감재, 소품 등을 디자인하는 업체에 부속되어 R&D 연구개발을 진행하는 것이 일반적이다. 예를 들면 색채 표준화와 같은 연구의 조사, 교육 프로그램이나 교육재료 개발 등에 대한 업무를 수행한다. 대표적인 연구소로는 LG하우시스연구소, 까사미아 디자인연구소와 같이 복합 디자인연구소와 IRI(색채디자인연구소), 한국색채연구소와 같은 특화된 연구소로 구분된다. 복합 디자인연구소는 신제품 개발 시에 디자인에 마케팅이나 기술 분야와 협업하여 고객 시장조사를 함께 진행하는 방식으로 연구 업무를 수행하는 곳을 말한다. 이와 같은 복합 디자인연구소는 실내공간을 구성하는 가구, 직물, 벽지, 조명 등의 기업체에서도 지속적으로 증가하는 추세이므로 실내디자인 전공자들을 위한 일자리가 늘어나고 있다.

(3) 주생활재 관련 업계

주생활재 업계는 크게 영업업무와 디자인 및 제품기획 업무로 구분된다. 영업업무는 마케팅, 영업, 기술영업, 영업지원 등의 업무가 이루어지고, 디자인 및 제품기획 업무는 주거공간의 효과적인 공간, 가구, 생활제품의 설계 및 기획 업무가 이루어진다(까사미아 홈페이지). 현재 주생활재 관련 업계는 토탈 인테리어 업체로서의 성격을 강하게 가지고 있으며 우리나라의 대표적인 업체 중 하나는 한샘이다. 한샘은 가구, 조명, 패브릭, 생활용품에 있는 모든 인테리어 아이템을 침실, 거실, 자녀방, 부엌, 서재, 욕실 등 주택의 모든 공간별로 코디네이션 한 패키지를 설계하고 제공하는 회사로 토탈 주생활재 제공회사이다. 주거환경학 전공자는 이 분야에서 주로 판매 또는 공간 코디네이터 등의 업무를 담당한다(한샘 홈페이지).

(4) 공동주택관리 업계

① 민간 주택관리

공동주택은 우리나라의 주택유형의 대부분을 차지하고 주택법에 근거하여 자치관리 기구를 두어 관리하거나 전문 관리업자인 주택관리업자에게 관리를 위탁해야 한다. 주택관리업체 중 대표적인 우리관리(주)는 기존의 관리업무 이외에 조사 · 연구 분야를 새로운 분야로 개척하고 있으며 주거환경학 전공자를 인턴과정과 정규직 직원으로 채용함으로써 주거환경학 전공자의 업무능력을 인정하고 있다(우리관리주식회사 홈페이지).

주거환경학 전공자는 주택관리사 자격증을 취득하여 직접 아파트 단지 내 관리자의 역할을 하는 것이 가능하며 주거관련 법규의 해석 및 적용, 총책임자(관리소장)에 대한 교육 등 관리시스템을 조성하고 관리의 질을 향상시킨다.

② 공공기업

가. 주택관리공단[24)]

주택관리공단은 정부재정과 국민주택기금 등으로 건설한 공공임대주택의 임대관리업무를 전담 수행하면서 국가자산의 전문적, 효율적 관리를 목적으로 한국토지주택공사법에 의거 1998년 설립된 국토교통부 산하의 공공기관이다.

주요기능 및 역할은 공동주택 관리, 운영 및 유지보수, 시설물 유지관리, 공공임대주택 임대업무 수탁, 건설산업기본법에 의한 전문건설, 전기, 정보통신 공사업 및 소방법에 의한 소방시설공사, 승강기 유지보수 등의 업무를 추진한다.

---

24) 주택관리공단 홈페이지(http://www.kohom.co.kr).

나. 주거복지재단[25)]

주거복지재단은 민법에 의한 비영리 재단으로 쪽방, 비닐하우스 거주자 등 주거 취약계층에 대한 주거지원(이하 "주거취약계층 주거지원"이라 한다)을 함으로써 국민의 주거안정을 도모하고 주거복지 향상에 이바지함을 목적으로 설립되었다.

입주자 취업 알선 지원, 자활복지서비스 연계 및 지원, 주거복지서비스 프로그램 개발, 쪽방상담소 운영 실태조사/분석, 공공기관 복지사업 추진 등과 같은 업무를 추진하고 있다.

(5) 친환경건축 건설팅 관련 업계

건물의 설계에서 시공에 이르기까지 친환경건축물을 건설하는 데 도움이 되는 건축물의 열, 빛, 소리, 공기질 등의 물리적 환경성능을 향상시키기 위한 다양한 기술적 컨설팅을 제공하고, 건축물이 친환경건축물인증과 같은 공인된 건축물인증을 획득할 수 있도록 컨설팅 및 인증업무를 대행해주는 일을 한다. 또한 기존 건축물의 실내외 환경개선에 필요한 컨설팅도 업무 영역에 포함된다.[26)]

앞으로의 시장전망과 고용전망은 밝아 보인다. 세계적으로나 국가적인 차원에서 친환경, 저에너지소비, CO_2 저감에 대한 요구가 산업 전반에서 증가하고 있기 때문이다. 그에 따라 각종 인증기준, 법 적용이 갈수록 상향될 전망이고, 건설업계에서도 친환경성, 지속가능성이 마케팅의 핵심개념으로 떠오르고 있어 친환경 건축컨설팅 업체는 계속 늘어날 것으로 보인다.

---

25) 주거복지재단 홈페이지(http://www.hwf.or.kr).

26) EAN Technology 홈페이지(http://www.eantech.co.kr).

토의문제

1. 생활과학의 각 영역에서 제4차 산업혁명의 진행은 어느 정도이며, 이를 반영한 산업은 어떤 방향으로 진행되고 있는지 토의해 봅시다.

2. 현재 생활과학과 관련된 산업이 사회에 미치는 긍정적 측면과 부정적 측면에 대해 토의해 봅시다.

3. 앞으로의 생활과학 산업의 방향에 대하여 토의해 봅시다.

참고문헌

고정삼 (2012). 쉬운 식품가공학. 서울: 유한문화사.

김병구 (1988). 국민건강을 위한 영양사의 역할과 현황. 한국영양학회지, 21(6), 380-391.

김석록 (2001). 부엌가구 마케팅전략사례연구: 소비자구매행동특성이 마케팅 전략에 미치는 영향 연구: E사의 마케팅을 중심으로. 한양대학교 석사학위논문.

김영주, 김정근, 박수경, 박혜원, 박희진, 서정희, 송혜림, 양세화, 유복희, 유화숙, 이은숙, 이지혜, 전은경, 정민자, 허은정, 홍순명 (2015). 생활과학의 이해. 울산: UUP.

나정기 (2012). 외식산업의 이해. 파주: 백산출판사.

농림축산식품부 (2016). 2016년도 식품산업 주요지표 보도자료.

박광희, 김정원, 유화숙 (2000). 섬유·패션산업. 서울: 교학연구사.

박정자 (2004). 국내가구산업의 경쟁력 강화방안에 관한 연구. 인천대학교 석사학위논문.

서정희, 김영주, 김정근, 박수경, 박혜원, 박희진, 송혜림, 양세화, 유복희, 유화숙, 이은숙, 이지혜, 전용옥, 전은경, 정민자, 허은정, 홍순명 (2015). 생활과학과 진로. 울산: UUP.

식품의약품안전처 (2017). 식품의약품 통계연보.

양영근 (2010). 공동주택 상품개발 전략에 관한 연구. 한국건축 인테리어디지털 디자인 학회, 10(2), 31-38.

양일선, 이보숙, 차진아, 한경수, 채인숙, 이진미 (2008). 단체 급식. 서울: 교문사.

정용주 (2012). 외식경영론. 파주: 백산출판사.

조혜영 (2002). 교육인적자원부.

통계청 (2017). 전국 음식점 및 주점업 사업체수, 종사자 통계(www.kostat.go.kr).

통계청 (2017). 2017년 사회조사.

통계청 (각 연도). 인구주택총조사.

한국섬유산업연합회 (2018. 6. 30.). 섬유산업현황. http://www.kofoti.or.kr/textile/present.asp에서 검색

한국식품과학회 (2008). 식품과학기술대사전. 서울: 광일문화사.

현기순, 홍성야, 임양순, 이애랑, 이영우 (2010). 단체 급식관리 서울: 수학사.

Canadean (2016). 영국 시장조사회사. https://www.intelligence.canadean.com에서 검색.

Wipidipia (2018a). Timeline of clothing and textiles technology. https://en.wikipedia.org/wiki/Timeline_of_clothing_and_textiles_technology#Early_Modern_Period에서 검색.

Wipidipia (2018b). Timeline of clothing and textiles technology. https://en.wikipedia.org/wiki/Fashion#Fashion_industry에서 검색.

(사)가정을건강하게하는시민의모임 홈페이지(http://www.healthyfamily.or.kr).
서울대학교 소비자학과 홈페이지(http://consumer.snu.ac.kr).
울산대학교 아동가정복지학과 홈페이지(http://child.ulsan.ac.kr).
전북대학교 아동학과 홈페이지(http://he.jbnu.ac.kr/child).
주거복지재단 홈페이지(http://www.hwf.or.kr).
주택관리공단 홈페이지(http://www.kohom.co.kr).
한국토지주택공사(LH) 홈페이지(http://lhi.lh.or.kr).
EAN Technology 홈페이지(http://www.eantech.co.kr).
Financial Planning Standards Board Korea 홈페이지 참조(http://www.fpsbkorea.org).
SH공사 홈페이지(http://www.i-sh.co.kr).

05 CHAPTER

생활과학과 미래

New Insights into Human Ecology

CHAPTER

05 생활과학과 미래

학/습/목/표

1. 가까운 미래 인간 생활에서 새롭게 나타날 라이프스타일을 예측해 본다.
2. 디지털 시대에 기술에 의해 진화될 가정생활을 의식주생활 측면에서 살펴본다.
3. 디지털 시대 생활과학과 관련이 깊은 산업과 현장에서 나타날 수 있는 혁신적인 변화들을 예측하고 미래 전망을 알아본다.
4. 미래 시대의 주요 화두인 공존의 문제를 생활과학과 관련시켜 파악하고, 이를 생활과학에서 어떻게 다루고 적용, 실천해야 하는지에 대해 알아본다.

세상은 빠르게 변화하고 있고 그 변화의 폭과 깊이가 이전 시대와는 비교할 수 없을 만큼 넓고 깊어 보인다. 이러한 변화의 주요 동기 중 하나는 첨단기술로, 그 중에서도 특히 정보통신기술이 변화를 주도하고 있어 현대를 디지털 시대라고 부르기도 한다. 이러한 변화에 우리가 주목하는 것은 이 변화들이 우리 일상생활의 여러 영역에서 일어나면서 가정생활에 큰 영향을 미치기 때문이다. 그러므로 인간 생활의 각 영역을 연구하는 생활과학은 이러한 시대적 변화의 방향과 양상을 예의 주시하고, 생활과학적 측면에서 미래를 예측하고 새롭게 발생할 수 있는 다양한 문제에 대한 해결 방안을 모색해야 할 것이다.

따라서 본 장에서는 가까운 미래에 인간의 생활이 어떻게 변화하고, 그에 대해 어떤 준비를 해야 하는 지에 대해 생각해 보려 한다. 이를 위해 먼저, 디지털 시대의 새로운 라이프스타일에 대해 생각해 보고, 미래 우리 가정생활이나 산업 현장에서 나타날 수 있는 혁신적인 변화들을 알아본다. 또한, 미래 우리 삶의 지속가능성을 생각해 보고자 생활과학적 측면에서 공존의 삶이라는 주제를 다루어보고자 한다. 마지막으로 이러한 미래 생활에서 생활과학이 풀어야 할 실천과제에 대해 논해 본다.

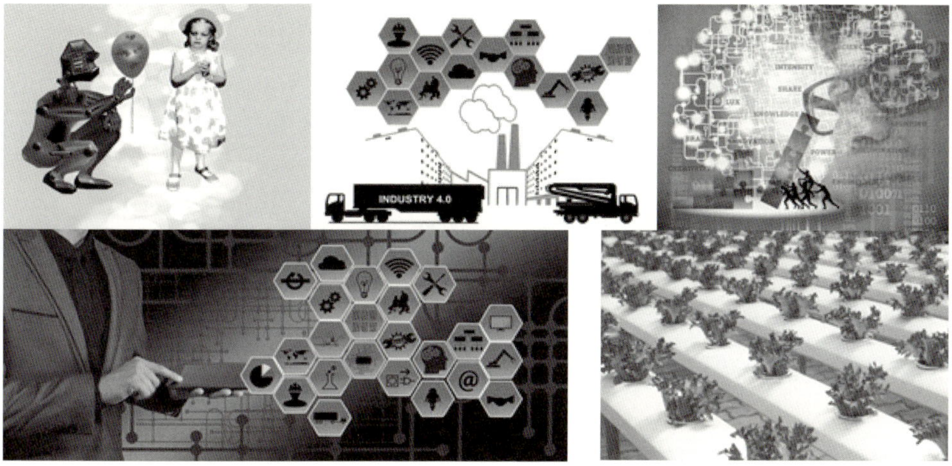

1 디지털시대의 새로운 라이프스타일

정보가 중심이 되는 디지털 시대는 4차 산업혁명이라는 개념으로 연결된다. 최근 4차 산업혁명에 대해 많은 이야기들이 나오고 있다. 4차 산업혁명(The fourth industrial revolution)은 인공지능, 사물인터넷, 빅데이터, 모바일 등 첨단 정보통신기술이 경제·사회 전반에 융합되어 혁신적인 변화가 나타나는 차세대 산업혁명을 의미한다. 산업혁명의 단계별 구분을 보면 [그림 5-1]과 같다.

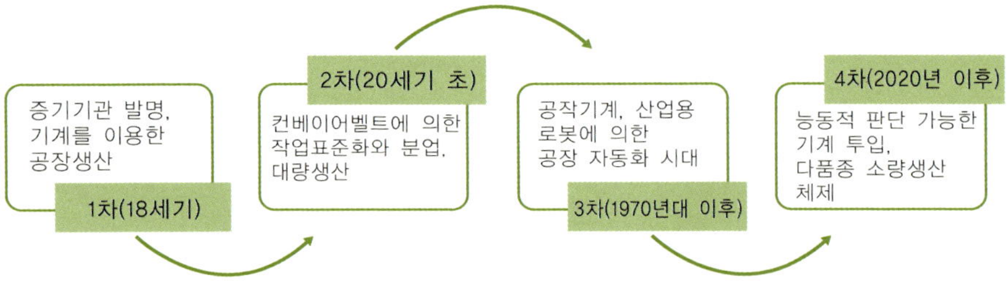

▌그림 5-1▐ 산업혁명의 시대적 구분과 특징

출처: 박인우(2018). 4차 산업혁명시대의 대학교육. 울산대학교 교수학습개발원 교수법 세미나 자료집.

이러한 4차 산업혁명은 우리의 일상이 이루어지는 가정생활에도 많은 변화를 가져올것이다. 4차 산업혁명이 일상생활에 자리 잡게 될 때, 우리는 어떤 집에서 무엇을 먹고 무엇을 입고 누구와 살고 있을까? 2030년의 어느 하루, 가족의 일상을 상상해 보자.

[사례]

70세가 된 할머니, 할아버지가 가장 좋아하시는 선물은 효도로봇이다. 방과 후 집에 돌아온 나의 동생은 자연스럽게 인공지능을 켜고, 인공지능은 숙제를 도와주는 각종 정보를 제공한다. 맞벌이인 부모님 일터에도 각종 업무를 지원하는 로봇과 인공지능장치가 있다. 식구들이 귀가하면 건강로봇이 반갑게 맞이하고, 건강로봇에 손을 대면, 체온, 혈압과 맥박 등이 자동으로 체크된다. 만약 수치가 정상 범위를 넘으면 인근 병원이나 보건소에 연락이 가 긴급 조치가 이루어지게 된다. 직장생활로 바쁜 엄마아빠를 대신하여 동화를 읽어주고, 자장가를 불러주는 로봇도 집에 있다.

내가 구매하고 소비하는 모든 품목은 자동으로 디지털가계부에 입력되어 나의 소비패턴, 우리 가정의 소득과 지출 등을 완벽하게 분석해 준다. 조리가 익숙하지 않은 나와 동생을 위해 스마트한 주방용품과 가전제품은 우리의 식사준비를 도와준다. 냉장고를 터치하면 그 안의 모든 식재료 목록이 나타나고 어떤 음식을 할 수 있는지도 가르쳐 준다. 가장 효율적인 조리법도 일러준다. 학교에서 또는 일터에서 집에 돌아오면 이미 청소로봇이 먼지도 닦고 환기도 시켜 집안이 쾌적하다. 먼지 묻은 옷을 디지털 옷장에 넣어놓으면 각종 먼지와 세균이 자동으로 제거된다. 멀리 외딴 섬에서 휴가를 보내는 다른 가족이나 친지가 급히 필요한 물건을 요청하면 드론을 통해 즉각 배달해 줄 수 있다.

그림 5-2 물건을 배달하는 드론과 짐을 옮기는 로봇

이처럼 4차 산업혁명으로 불리는 첨단기술 발전과 이런 기술들의 생활 적용은 우리의 의생활, 식생활, 주생활과 일상적인 가족생활에 획기적인 변화를 초래할 것이다. 이는 새로운 라이프스타일로 나타날 것이고 이를 정리해 보면 다음과 같다.

첫째, 편안하고 행복한 생활에 가치를 두는 라이프스타일을 지향할 것이다. 어떤 것을 이룩하고 업적을 쌓아 성장하는 것보다 행복하고 편안한 삶을 추구하려 할 것이다. 즉 삶에서의 양적 성장보다 질적 측면에 비중을 두고 삶의 질을 중시하는 경향을 가질 것으로 추측된다. 2015년 미래 창조과학부 미래준비위원회의 미래이슈분석보고서에서도 미래에는 삶의 질을 중시하는 라이프스타일을 가질 것이라고 예측하였다(오늘의 한국, 2016. 3. 4.). 이러한 경향은 현재에도 보여 워라밸(Work and Balance: WORABAL)의 개념이 유행하고 있으며, 경제적인 측면에서의 성장도 중요하나 개인의 행복 추구가 동시에 이루어져야 한다는 것이다. 그러므로 사람들은 감성을 중시하고 문화에 대한 열망이 크며, 이로써 기술은 개인의 감성을 자극하고 새로운 문화를 제시하는 것에 초점을 맞추어 새로운 제품/서비스를 개발해야 할 것이다.

둘째, 생활에서의 혁신과 변화를 위해 가치를 소비하는 라이프스타일을 갖게 될 것이다. 미래에는 4차 산업혁명의 각종 결과물들을 활용하여 생활에서 혁신적인 변화들을 겪을 것으로 보이며 이는 생활의 질을 크게 향상시킬 것이다. 그러나 이는 단순히 물리적, 물질적 의미에서 혁신적인 제품을 사용한다기보다 개인이 추구하는 가치에 입각해서 생활에서의 변화를 가져오는 제품/서비스를 소비한다는 개념이다. 예를 들어 편리하고 안전한 생활에 가치를 두기 때문에 각종 위험을 감지하는 센서와 스마트 장치, 고해상도 CCTV 등의 구입에 머뭇거리지 않을 것이고, 사물인터넷을 통해 기기들 간의 네트워크를 형성하여 안전한 지역 환경을 조성하는 데 필요한 소비를 한다는 의미이다(송혜림, 2018a).

셋째, 다양성 사회에서 자유와 개성을 중시하는 라이프스타일을 가질 것이다. 과거와 달리 조손 가정, 편부모 가정, 다문화 가정 등 다양한 형태의 가구들이 증가하고 있어 이전의 전통적이고 획일적이며 정통성을 강조하던 시대는 지나간 것으로 보인다. 이러한 다양성이 존재하는 사회에서 개인 간의 차이는 존중되고 개인의 자유는 최대한 보장받게 된다. 개인들의 욕구와 필요는 매우 다양해 다층적 소비가 일어날 것이고 개인의 자유와 가치를 존중하여 자기 지향적 소비가 발생할 것이다. 따라서 개인 맞춤형 제품/서비스 등을 제공하는 mass customization이 더욱 증가할 것으로 보인다.

넷째, 모든 것들이 연결되는 정보사회에서 모순된 것들을 추구하는 라이프스타일을 갖게 될 것으로 추측된다. 정보사회에서 많은 것들이 연결되어 개인들은 서로 소통하고 의견을 나누지만 동시에 가족 또는 개인 중심적이고 외부와 단절된 상태의 삶을 지향하기도 한다. 경쟁적인 사회에서도 융·복합이 강조되어 경쟁과 협력을 동시에 부르짖기도 한다. 이런 특성은 지금도 볼 수 있어 나의 삶, 나의 개인정보는 철저히 보호받기를 원하면서도 스스로 나의 일상생활을 SNS를 통해 자발적으로 공개하고 있다. 또한, 타인에 대해 무관심하고 철저히 자기중심적인 사고를 지향하면서도 때로는 공공의 선이나 이익과 관련된 행사나 모임에 적극적으로 참여하기도 한다. 이와 같이 개인적인 측면에서뿐만 아니라 사회적으로도 이러한 상황들을 쉽게 찾아볼 수 있다. 주민등록번호나 전화번호 등 개인정보 유출을 극히 통제하고 법적으로 규제하면서도, 동시에 특정 목적을 위한 일에서는 허락된 범위 내에서 개인의 정보를 몇몇 기관들 간에 서로 공유하거나, 허락과 무관하게 기술적인 이유로 개인의 사생활이 그대로 노출되거나 개인의 이동 경로와 시간들을 알 수 있기도 하다.

다섯째, 가치 중심의 삶과 정신적 만족을 추구하는 라이프스타일을 갖게 될 것이다. 첨단기술 도움으로 생활과 산업, 현장에서 물질적인 풍요로움과 효율성을 갖게 되어 상대적으로 정신적 만족에 대한 부족함을 느끼고 동시에 경제적 사회적 위치의 변화를 기대하기 어렵다고 판단한 현대인들은 경제적, 사회적 성공에 매달리기보다 본인이 가치가 있다고 생각되는 것과 정신적 만족을 추구하는 라이프스타일을 가질 것으로 예측된다. 더욱이 개인이 가치가 있다고 생각하는 것을 추구하는 경향은 소비생활에도 반영될 것이므로 기업들도 개인이 가치가 있다고 생각하는 것을 만족시켜 주는 방향으로 기획방향을 잡을 것이며 이는 결국 개인의 정신적인 풍요로움과 만족을 가져다 줄 것으로 생각한다. 또한, 개인이 가치가 있다고 생각하는 것과 기업이 이를 제품이나 서비스 기획방향의 주제로 삼을 경우 이는 세계적으로 통용되는 보편가치로써 존재하게 되고 보편가치는 결국 인류 전체의 생활과 삶에 영향을 미칠 것이다.

여섯째, 공존과 상생의 삶을 지향하는 라이프스타일을 가질 것이다. 공존과 상생의 가치는 개인과 자연, 개인과 사회, 개인과 개인 간의 건강한 관계 구축을 통해 이루어질 것이다. 이러한 삶의 모습은 지속가능성이라고 하는 용어로 표현되곤 한다. 지속가능성은 환경보호뿐만 아니라 자원의 효율적 이용과 공정한 배분, 개인의 사회적 책임을 강조하면서 미래지향적 공동의 가치를 추구한다. 즉 개인과 자연간의 건강한 관계를 위해 자원의 효율적 이용을 통한 친환경적 사고와 행동들이 이루어지며, 개인과 사회와의 관계에서 지속가능성을 갖기 위해 공정한 배분과 공유경제를 통해 나눔을 실천하게 될 것이다. 지금의 시대를 융·복합시대라고 부른다. 하나의 기술보다는 여러 기술을 이용하여 보다 나은 결과물을 만들고 한 요소보다는 여러 요소들의 통합을 통해 보다 나은 해결책을 찾는 시대인 것이다. 이런 점에서 볼 때 개인도 타인과의 건강한 관계형성을 통해 혼자 보다는 공동의 협력에 의해 문제를 해결할 때 더욱 좋은 결과를 얻게 될 것이다. 따라서 참여, 공유, 개방은 이러한 라이프스타일에서 중요한 키워드가 될 것이다.

이처럼 현재 사회에서 일어나고 있는 크고 다양한 변화들은 가족의 일상생활을 획기적으로 변화시킬 것인데, 미래지향적 관점에서 생활과학에서 일어날 수 있는 변화들은 무엇이고 이러한 변화들에 대응하여 생활과학은 무엇을 준비해야 하는가에 대한 심오한 논의가 필요하다.

2 21세기 생활과학에서의 변화

현재를 바탕으로 미래 인간 생활에 대한 예측은 크게 두 측면으로 묘사된다. 첨단기술로 지금보다 훨씬 발전된 밝은 모습의 미래와, 자원낭비, 환경오염, 무분별한 개발과 전쟁에 의한 지구파괴 등으로 묘사되는 암울한 미래이다. 둘 중에 어떤 미래가 주어진다 하더라도 인간이 일상생활에서 겪게 될 것이므로 생활과학은 이에 관심을 둘 수밖에 없다.

새로운 기술의 등장과 기술적 혁신은 언제나 인간 삶을 변화시켜 왔으며 가정생활에 바로 적용되어 가정생활을 양적으로, 질적으로 크게 개선시켜왔다. 지금의 시대를 4차 산업혁명의 도입부로 볼 것인지 3차 산업혁명의 연장선으로 볼 것인지에 대해서는 논란의 여지가 있으나 이전의 1, 2, 3차 산업혁명에 비해 속도가 매우 빠르고 제품/서비스 분야에서의 혁신뿐만 아니라 사회, 경제, 문화, 고용, 노동 등 인류 생활 전반에 걸쳐 큰 변화를 겪고 있고, 겪을 것이라는 데는 이견이 없다.

이러한 큰 변화는 초연결성, 초지능성, 융합을 통한 경계 상실 등의 특징을 갖는다. 초연결성은 사물인터넷, 클라우드 등 정보통신기술을 통해 인간과 인간, 사물과 사물, 인간과 사물을 서로 연결하는 것을 의미하고, 초지능성은 빅데이터와 인공지능으로 보다 지능화된 사회로의 변화를 나타낸다. 융합을 통한 경계의 상실은 모든 기술이 융합해 상호교류하고 가상과 현실 사이의 경계가 사라지는 것을 의미한다(프레시안, 2017. 5. 8.). 결국, 이러한 변화들이 가정생활 속에서 일어나고, 생활과학은 일상의 여러 영역에 닿아 있어 4차 산업혁명에 의한 혁신은 바로 생활과학적 관점에서 다루어지고 경험되며, 더욱이 이러한 일상은 세계 공통이므로 생활과학 부문에서의 혁신은 전 인류 생활의 진화 및 발전이라 할 수 있을 것이다. 그러므로 생활과학을 구성하고 있는 각 영역, 즉 의식주생활과 아동가정복지 측면에서 나타나는 생활 속에서의 진화 또는 발전된 내용들에 대해 알아보는 것이 필요하다.

또한, 첨단기술로 모든 것이 연결되고 보다 지능적인 사회로 변하여 우리의 생활이 크게 발전될 것으로 예상된다면 관련 산업과 현장도 이의 영향을 받을 것이다. 제조업은 제품을 대량 생산하는 구조에서 벗어나 개인을 위한 맞춤형 제품을 생산하게 될 것이고 다른 분야의 모든 산업과 연결될 것이다. 로봇, 가상현실, 3D 프린팅, 인공지능 등의 기술이 산업과 융합하면서 의식주생활 및 아동가정복지 관련 제품의 제조, 마케팅, 유통 등 산업 전반에 큰 변화를 가져올 것으로 추측된다.

이처럼 산업 간 융합이 이루어지는 가운데, 생활과학은 생물학, 화학, 정보기술, 의학, 전자공학 등 생활과 관련된 모든 학문 분야에 접목되어 생각의 틀을 벗어난 창의적 협업 및 기술개발에 참여하게 될 것이다. 따라서 실제 생활과학의 각 전공영역과 관련된 산업 또는 현장에서 새롭게 나타나고 있는 변화들을 살펴볼 필요가 있다.

그러나 기술 발전이 앞에서 살펴본 바와 같이 항상 긍정적인 영향만을 끼치는 것은 아니다. 인간 삶을 풍요롭게 하였지만 동시에 삶의 지속성을 위협하고도 있다. 지구위에서 인류가 모두 함께 행복하게 살 수 있도록 하는 것, 즉 공존의 문제를 화두로 던지기도 하였다.

생활과학에서 공존의 문제는 물리적인 측면과 사회적인 측면에서 다루어질 수 있다. 물리적인 측면은 지구환경과 관련되어 고려된다. 인간은 자연의 일부이고, 우리가 자연에 의존하며 살아가고 있으면서 동시에 환경오염, 지구온난화 등의 이슈를 만들만큼 자연을 끊임없이 위협하고 있다. 깨끗한 자연은 인간의 미래를 위한 필요충분조건이기 때문에 다음 세대를 위해, 지속 가능한 미래를 위해 친환경에 관심을 기울여야 할 것이다.

의식주생활을 다루고 있는 생활과학 영역에서도 공존의 물리적인 측면에 영향을 미칠 것으로 다루어질 부분이 많다. 의식주 생활과 관련된 제품/서비스 제조와 관련된 산업시설, 물류기반 시설을 포함한 유통, 폐기물 처리 등의 측면에서 환경보호와 관련된 많은 이슈들이 제기될 수 있어 이에 대한 해결방안들에 대해 논의해 보아야 한다.

가정복지 · 소비자 · 아동 등의 전공에서는 사회적인 측면에서 공존의 문제를 살펴볼 여지가 많을 것이다. 사회적인 측면에서의 공존은 사회 구성원들 간의 다름을 인정하고 함께 더불어 사는 사회를 만드는 것에 초점을 두게 된다. 그 시작은 당연히 가정에서부터 비롯되며 이전과 다른 다양한 형태와 구성을 갖는 가정이 나타남에 따라 새로운 관점에서 가정, 가족의 개념을 재정립하고 다양성이 존재하는 사회에서 모두가 함께 살아갈 수 있는 방안에 대해 논의해야 할 것이다.

생활과학은 의식주생활과 가정관리 측면에서의 가정생활을 다루고 있으므로 지구에서의 공존의 문제에 대해 보다 구체적이고 포괄적인 논의가 가능하며, 이로써 삶의 지속가능성에 대한 보다 실효성 있는 해답을 찾는 데 일조할 것으로 생각한다. 그러므로 생활과학을 구성하고 있는 각 영역들이 어떻게 공존의 문제에 접근하고 이를 해결해 가고 있는지에 대해 알아볼 필요가 있다.

따라서 본 장에서는 생활과학의 각 전공 영역이 관여하는 미래 생활에서의 주된 변화가 무엇이고, 산업과 현장에서는 어떤 움직임이 일어나고 있는지 또한 지구에서 인류의 지속가능성을 높이기 위해 생활과학의 각 분야에서의 실천 가능한 대책들이 무엇이 있는지 알아보기로 한다.

1) 생활의 진화

미래 가정생활에서 발생할 수 있을 것으로 기대되는 변화를 생활과학의 각 전공 영역별로 살펴보고자 하며, 주거생활, 의생활, 식생활, 가정생활의 순으로 설명한다.

(1) 주거생활의 진화

주택은 다양한 사회환경의 변화와 첨단기술의 발달, 그리고 소비자의 요구에 따라 변화되어 왔다. 주택공급이 부족하던 시기에 양적확대를 위한 정부의 정책은 단독주택에서 공동주택으로 빠르게 변화하였으며, 공동주택의 생활이 대부분의 주거문화를 주도했다.

최근에는 저출산, 고령화로 인한 인구구조의 변화와 1인 가구의 증가가 주택수요 양상을 변화시켰고, 투자보다는 거주를 위한 실수요자중심으로 주택시장의 패러다임이 변화하고 있다. 이와 같은 주택에 대한 인식변화는 미래 주거트렌드의 방향을 변화시키고 있으며, 본 절에서는 미래 주거생활의 진화 방향을 설명하고자 한다.

① '거주'의 가치를 강조하는 새로운 주거생활

주택시장의 변화를 시기별로 살펴보면, 1980년~1990년대는 주택이 부족한 시기였다. 주택을 지으면 팔리는 공급자 중심의 시장으로, 1기 신도시(분당, 일산, 중동, 평촌, 산본)에 대규모 아파트 단지가 건설되어 아파트의 대중화가 본격화되었다. 2000년대 역시 공급자 중심으로 2기 신도시(김포, 검단, 동탄, 판교 등 12개 지역)가 공급되었고, 주택의 양적 부족 문제가 해결되면서 '주거의 질'에 관심이 높아지고 중요성이 부각되었다. 2010년 이후 시장이 수요자 중심으로 전환되면서, 주택은 투자의 개념보다 '거주'의 개념에 대한 비중이 커지게 되었다(주택산업연구원, 2016).

다가올 미래에는 사회경제적 변화가 주거트렌드를 변화시켜 새로운 주거가치, 새로운 주거문화를 창출하게 될 것이다. 기존의 주택수요인 패밀리형과 함께 1인 가구의 수요가 새로운 수요로 등장하면서 이들의 다양한 가치관과 라이프스타일이 주거트렌드 변화에 중요한 역할을 하게 될 것이다. 주택의 가격보다 주거가치, 주거문화, 주거소비, 주거트렌드에 대한 관심이 주택 내 삶의 질로 연결되어 변화하고 있다. 점점 똑똑해지는 '스마트 컨슈머'는 주택시장 내에서도 가격 이외에 새로운 가치를 요구하고 있다(주택산업연구원, 2016).

② '소형가구'를 선호하는 실속형 주거생활

미래 주택시장 변화의 중요한 요인은 1~2인 소형가구 증가로 대변되는 인구 및 가구구조 변화이다. 이는 주택수요 변화, 소비패턴 변화 등을 초래하여 주택시장뿐만 아니라 도시 공간구조 등 사회·경제 전반에 영향을 미치게 될 것이다.

교통이 편리한 도심에 위치하고 주택 면적은 작지만 첨단화된 기능과 고급 서비스를 제공하는 '기능 복합형 초소형 주택'은 고소득 1인 가구를 위한 주택상품이 될 것이며, 가구구성 및 라이프스타일 변화에 따른 주거 내부 공간에 대한 변화 요구는 더욱 커질 것이다. 개인이 소비하는 주거공간은 휴식 이외에 비즈니스, 미팅, 파티 등 다양하게 변경 가능해야 하며, '나만의 주거 공간 스타일링'에 대한 요구도 더욱 증가할 것이다.

특히 젊은 층이 기대하는 1인 가구의 주거환경은 단순히 자고 먹는 공간이 아닌 엔터테인먼트(entertainment)로서의 공간으로 확장되고 있다. 이들은 주거공간을 선택할 때 부대시설도 많이 고려한다. 피트니스 센터, 옥상의 테라스 공간, 게스트 룸 등 다양한 부대시설을 기대하며 주거 공간 내의 발코니 선호도도 높다. 발코니 공간은 혼자서 사색하며 감성적인 시간을 즐길 수 있는 곳이기도 하지만 친구들이나 동료들과 함께 즐거움과 소통을 나눌 수 있는 공간이기도 하다(한수연, 2012).

③ 새로운 노인 계층 '액티브시니어'를 위한 주거생활

우리나라 인구구조에서 고령화에 영향을 미치는 주된 계층은 '베이비부머' 세대이다. 이들은 집단으로서의 규모뿐만이 아니라, 압축적 근대성장의 주역으로서 경제적 풍요로움과 경제위기를 모두 경험한 시대적 상징성을 가지고 있으며, 활발한 사회참여와 여가·문화적 소비욕구를 가지는 인구집단으로서의 특성을 갖는다. 이들은 이전 시대의 노인과는 다른 라이프스타일을 추구하는 예비적 노령계층으로 구분할 수 있으며, 젊은이 못지않은 활동적인 고령자, 즉 액티브시니어(active senior)라 한다. '두 번째 서른 살'로 불리는 건강한 몸과 건강한 마음, 자기관리, 풍부한 경험을 통해 자립이 지속되는 젊은 노인층이다.

2015년 현재 전체 인구의 13.2%를 차지하는 이들은 "Care Me Please"에서 "Care Myself"로 변화하고 있으며, 젊은 노인층의 지속적 증가가 예상된다. 액티브시니어로서의 베이비부머는 주거 선택에 있어서도 도심에서 부터 원거리에 위치하고 수용과 치료를 중심으로 격리된 실버타운을 선호하지 않는다. 노인전용 실버주택과는 차별되는 도심접근성을 확보하면서 커뮤니티 구성원으로 사회참여가 가능하고, 친목교류와 여가·문화적 욕구를 충족할 수 있는 주거를 요구한다(우미경·박태원, 2014).

④ '사물인터넷' 시대의 스마트한 주거생활

미래 주택은 각종 사회문화적 영향과 정보통신기술의 발전으로 스마트 홈을 중심으로 변화하고, 방향의 중심에는 디지털 문화, 홈오토메이션, 정보화, 유비쿼터스, 사물인터넷 등이 있다. 미래 주택 내에서는 위와 같은 첨단기술의 '제품수리'는 로봇이 수행하여 시간 및 노력이 절감되고, 소프트웨어에 대한 전문지식 없이 네트워크를 통해 자동화된 프로세스로 문제 점검 및 수리, 업그레이드 작업이 수행될 것이다. 가족이나 보호자는 네트워크화된 인공지능 주택과 로봇들로부터 스마트 디바이스를 통해 노인의 상태를 수시로 보고받을 수 있고, 각 가정마다 똑똑하고 상냥한 가사로봇(household robot)이 보급되어 거실 및 안방을 다니고, 인간에게 필요한 다양한 서비스를 제공하게 될 것이다.

주거기능은 미래로 갈수록 기계(컴퓨터)에 의한 자동 감지 및 판단이 적극적으로 이루어져 지원 체계의 대부분이 인공지능 시스템에 의해 운영될 것이다. 이와 같은 미래주택의 고기능화는 기존 주거기능 외에 업무기능, 의료기능, 교육기능 등을 주거 내에서 가능하게 하고, 주거공간을 구성하는 물리적 요소들의 위계질서를 크게 변화시킬 것으로 예상된다(박광주, 2014).

⑤ '숲세권'이 강조되는 주거생활

저성장 기조가 장기화되고, 일상생활에서 점점 더 여유 없는 삶이 지속되면서 자연과 휴식공간은 더욱 선호될 것이다. 녹지나 공원, 산 등을 고려하는 쾌적성, '숲세권'이 미래 주거선택 시 가장 중요한 선택요인으로 강조될 것이다. 아파트 중심의 주거문화는 지속되지만 미래에 보다 적극적으로 자연을 즐기고자 하는 사람들은 단독주택을 선택하여 이동하고, 은퇴준비자는 실속을 가미하여 저렴하게 자연과 여가를 즐기기 위한 '세컨하우스'를 조립식 주택, 이동식 주택, 3D하우스(3D프린팅으로 지어진 주택)로 선택할 수도 있다(주택산업연구원, 2016).

⑥ '공유의 삶'이 강화되는 주거생활

SNS를 통해 공통의 관심사를 갖는 사람들끼리 어울리고, 소통을 좋아하는 사람들이 증가하는 것은 인간관계가 인맥중심에서 취향중심으로 변화하고 있음을 설명한다. 이와 같은 변화는 주택시장에서 '쉐어하우스'의 형태로도 나타나는데, '쉐어하우스에 살아보고 싶다'는 의견이 약 64%로 젊은이들 사이에서 높게 나타나고 있다(그림 5-3)(헤럴드경제, 2016. 10. 5.).

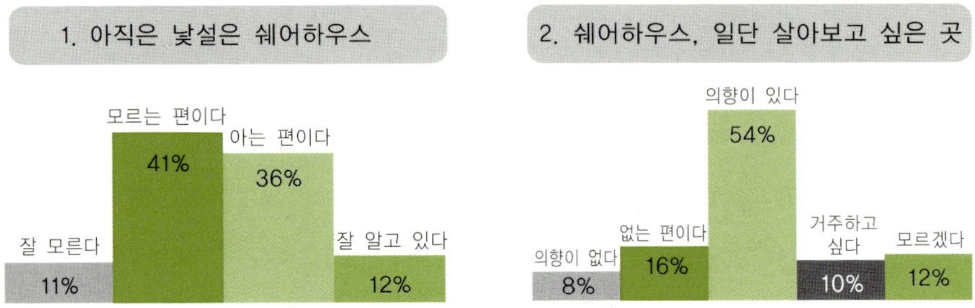

그림 5-3 쉐어하우스에 대한 인식
출처: 헤럴드경제(2016. 10. 5.). 2030세대 10명 중 6명 '쉐어하우스 살아보고 싶다'.

1인 가구를 중심으로 모여든 단지 내에서는 비슷한 나이, 비슷한 라이프스타일을 가진 이들이 모여 있기 때문에 소통과 다양한 편리를 위해 커뮤니티를 형성하는 트렌드가 활성화될 것이다. 일례로 젊은 층의 1인 가구는 공동체 참여의사가 비교적 높다. 그들은 싱글의 삶에서 얻을 수 있는 즐거움과 여유로움은 있지만 때때로 느낄 수 있는 외로움을 극복할 수 있는 소통의 장을 선호한다. 커뮤니티 활동을 통해 이웃들과 친목을 도모할 뿐 아니라 제2의 가족을 얻을 수 있는 기회를 통해 삶의 즐거움을 느낀다. 따라서 피트니스 센터, 실내골프연습장, 카페테리아, 단지 내 취미 활동 및 동호회를 통한 다양한 형태로 주거시설 내부에 차별화된 커뮤니티 공간이 앞으로 더욱 선호될 것이다(한수연, 2012).

(2) 디지털시대 의생활에서 의복과 기술의 융·복합

최근의 사회 변화 폭과 속도는 매우 놀라운 수준이며 의생활도 이전에 경험해 보지 못한 다양한 변화를 맞고 있고, 맞게 될 것이다. 이러한 미래 사회에 큰 변화를 가져오는 것은 첨단기술로, 첨단 기술이 의생활에 적용될 때 의생활은 크게 진화될 것이다. 의생활의 진화는 크게 두 측면으로 나눌 수 있다. 하나는 의복에 첨단기술의 적용이고 또 다른 하나는 의복 구매 및 소비 생활에서의 새로운 경험이다.

① 의복에 첨단기술의 적용

의복에 첨단기술의 적용은 고기능성 의복 또는 스마트 웨어로의 변화를 의미하여 전통적인 '의복'의 개념을 크게 변화시킬 것이다. 이전의 고기능성 의복은 의복이 원래 갖고 있던 특성들 예를 들면 방수성, 투습성, 흡수성 등의 기능을 강화시켰으나 이제 고기능성은 의복에 기대하지 않았던 특수 기능들을 강화시킨 첨단 신소재를 사용한다는 점에서 과거와 차별된다. 일례로 한 스타트업 기업(Pulcra Chemicals)은 마이크로 캡슐을 직물에 처리하여 마이크로캡슐 내 성분이 착용자의 피부로 천천히 방출되도록 하는 기술을 개발했다. 고급로션과 비타민이 든 마이크로캡슐을 직물에 처리하여 로션과 비타민을 천천히 방출해서 보습효과를 느낄 수 있도록 한다거나 라벤더향이 든 캡슐을 이용하여 진정 효과를 제공하기도 하였다. 또한 방충처리를 한 부직포로 제작된 담요는 지카(zika virus)와 말라리아 퇴치를 위해 활용되고 있기도 하다(글로벌경제신문, 2017. 12. 13.).

이와 같이 첨단 신소재로 특수한 기능을 의복이 갖게 되었지만, 디지털 기술을 접목시켜 의복 이상의 기능을 갖도록 하였는데 그것이 바로 스마트 웨어이다. 초기에 스마트 웨어는 외부 자극에 대해 스스로 반응하는 섬유로 정의되었으나, 최근에는 컴퓨터와 전자 장비 등 디지털 기술을 접목시킨 미래형 의류로 정의된다. 스마트 웨어는 외부 자극을 감지하고 정보를 처리해서 반응해야 하므로 이러한 기능을 수행할 수 있는 소재에 초점이 맞추어진다. 따라서 생체신호를 모니터링 하는 센서, 초소형 배터리, 위성항법장치(GPS) 등과 같은 전자요소가 삽입된 소재 연구가 활발하다. 스마트 웨어는 군사용으로 개발되기 시작한 후 점차 심박 수, 체온 등을 측정하여 의료진에게 보고하는 헬스케어용, 운동 시 신체에서의 변화를 측정하는 데 역점을 두는 스포츠용, 위험한 환경에서 인체를 보호하기 위해 위험요소를 감지하고 이를 착용자에게 알리는 위험환경 신호감지용 등으로 적용범위가 확대되었다. 2017년에는 구글과 리바이스가 협업하여 자전거 출·퇴근자를 위한 재킷을 출시하였고, 제일모직도 스마트 수트를 발표하여 스마트 웨어가 일상용으로도 개발되고 있다.

스마트 웨어의 경우 의복소재 측면에서 첨단기술과 의복의 융·복합에 의해 의복의 기능성을 한층 강화시키고 새로운 기능을 갖도록 한 것이다. 그러나 디자인 측면에서도 첨단기술을 활용하여 새로운 작품들을 디자이너들이 선보이고 있다.

샤넬의 수석 디자이너 칼 라커펠트는 2015년 파리 패션위크에서 3D프린터로 제작한 10여 벌의 의상을 발표하였고, 아이리스 반 헤르펜(Iris van Herpen)은 3D프린팅을 통해 지금까지 볼 수 없었던 새로운 의상들을 선보이고 있다. 또한 수잔 리(Suzanne Lee)는 가죽과 같은 재질감을 갖는 박테리아 셀룰로오즈로 된 생분해성 친환경소재를 사용하기도 하고 Rainbow Winters의 대표 디자이너인 에이미 윈터스(Amy Winters)는 주위 환경에 대해 반응하는 의류에 관심을 갖고 소리에 반응하여 빛을 내는 홀로그램 가죽 드레스, 태양빛에 반응하여 일부가 보랏빛 물방울 무늬로 변하는 수영복을 발표하는 등 첨단 기술을 이용해 새로운 직물과 우아한 디자인을 사용한 작품들을 발표하였다(CNBC, 2013).

과거에는 과학자 및 엔지니어와 패션디자이너는 매우 다른 분야로 여겨 상호 간에 의사소통이나 협업이 거의 없었지만, 이제 패션디자이너와 엔지니어는 함께 작업을 하면서 과학과 예술을 접목시켜 혁신적이고 아름다우며 미래 지향적인 새로운 의복들을 만들어 내고 있다.

② 의복구매 및 소비에서의 새로운 경험

의생활에서의 진화를 경험할 수 있는 또 하나의 측면은 의복 구매 및 소비생활에서이다. 이제 소비자들은 정보통신기술을 활용하여 의복 구매 및 소비생활을 하면서 이전에는 경험해보지 못한 다양한 경험들을 하고 있다.

과거 소비자들은 매장에 나와 상품/서비스를 보고 착용하거나 사용해보고 그 매장에서 그 상품/서비스를 구매하였다. 그러나 이제 소비자들은 매장에서 맘에 드는 상품을 보고도 매장에서 구입하지 않고 온라인 쇼핑사이트에서 가격비교를 통해 상품을 구매한다. 때로는 쇼핑 전에 온라인 검색을 통해 상품후기를 보거나 가격 비교를 한 후에 가장 만족도가 높은 사이트에서 내가 구매하고 싶은 시간에 구매를 한다(그림 5-4). 그러므로 판매 지향적 프로모션시대는 끝났으며 이제 기업은 고객의 니즈를 이해하고 고객과 같은 가치를 추구하면서 새로운 가치를 제안하는 상황에 놓이게 되었다.

인터넷이 등장하였던 초기에 기업은 e-commerce에 관심이 높았다. 인터넷을 통해 commerce를 발생시켜 수익을 창출하는 것에만 관심이 있었으나 지금은 e-business로 관심이 옮겨가고 있다. e-business란 인터넷을 기업경영에 도입하여 기존 기업의 경영활동영역을 가상공간으로 이전시킨 것을 말한다. 이를 통해 기업은 가치사슬 재구축을 통한 경영의 효율화를 도모하고 새로운 비즈니스 모델의 창출을 통해 신규 수익원을 확보하며 고객관계 강화를 통해 고객가치를 증대시키고자 한다(매경시사용어사전, 2018). 다시 말해 이제 기업은 당장 commerce가 일어나지 않아도 인터넷을 통해 고객의 가치를 높여주는 것이 장기적으로 더 중요하고 기업에 이롭다고 생각하는 것이다. 또한, e-business를 잘하기 위해서는 온라인뿐만 아니라 오프라인과 온라인을 잘 연결해 어느 쪽에서 구매를 하는 것이 다른 쪽에서 구매하는 것보다 만족스럽거나 유리하다고 느끼지 않도록 하는 것이 중요해졌다. 그러므로 최근에는 이런 경향에 맞추어 옴니채널(omni channel) 마케팅이 부상하고 있다. 옴니채널 마케팅은 인터넷, 모바일, 카달로그, 오프라인 매장 등 여러 채널을 유기적으로 결합해 고객 경험을 극대화해 판매를 촉진하는 마케팅 전략이다. 이제 소비자들은 인터넷뿐만 아니라 매장, 콜센터 등 온라인과 오프라인을 넘나들며 정보를 수집하고 매장, 스마트폰 등 다양한 곳에서 구매를 하고 있다. 소비자가 어느 채널에서 구매할지 알 수가 없어 기업은 모든 채널에서 고객에게 일관된 메시지와 서비스를 제공해야 한다.

또한, 의복 구입 시 소비자들은 빅데이터, 사물인터넷, 인공 지능, 가상현실 등의 기술 도움을 받아 이전과는 다른 구매경험을 하게 될 것이다. 현재도 이런 경험이 가능한 매장들이 있는데, 예를 들어 매장 내에서 의복을 선택하면 이 옷을 구매한 사람들의 이력과 의복평가를 볼 수 있고, 거울에 가서 나를 비추면 내게 이 옷이 잘 맞는지 안 맞는지 가상현실과 증강현실 기술을 활용하여 피팅(fitting)성을 보여주기도 한다. 이러한 정보통신기술에 힘입어 소비자들은 의복 구매 및 소비 시에 이전보다 더 편리하고 더 효율적인 소비를 할 수 있게 될 것이다.

▌그림 5-4▌ 컴퓨터를 이용한 전자상거래와 가상현실을 체험하는 소비자

(3) 식품영양의 진화

사회 전 분야에서의 디지털 혁명은 식품영양 분야에도 변화를 가지고 올 것이다. 이와 관련된 지식 및 기술, 관련 정보 습득은 미래 식생활에 대한 준비 및 대응을 할 수 있게 할 것이다. 식품 영양 분야에서의 기술 혁신 중, 식품, 위생, 그리고 정보 분야에 대해서 살펴보자.

① 식품분야에서의 기술 혁신

식품에서는 다양한 기술 혁신이 시도되고 있다. 세계의 인구는 계속적으로 증가하고 있으며, 따라서 식량 부족 문제는 해결되어야 하는 중요한 과제이다. 이에 대한 해결 방안으로 유전자 재조합 식품과 배양육이 제시되고 있다. 자세히 살펴보자.

가. 유전자 재조합 식품(Genetically modified organism: GMO)

식품의약품안전청의 정의에 따르면 GMO란 '유전자 재조합식품으로써 식량 증산, 영양성분의 개선, 저장성 및 병충해 내성 향상 등을 위해 생물공학기법으로 처리한 생물체로부터 유래한 식품'이다. 유전자 재조합 식품은 유전자 재조합 기술 적용을 통하여 농산물이 추위나 병충해 등에 강하거나, 저장성 향상 등의 기능을 가질 수 있도록 유전자를 조작함으로써 농작물의 수확량이나 상품성이 향상될 수 있다. 또한, 대량 생산을 통해 가격이 낮다는 장점을 가지고 있어 이미 상품화되고 있다. 인구 증가로 인한 식량 부족에 대한 답이 될 수 있으나, 유전자 재조합 식품의 유해성에 대해서는 학계에서 논의 중이다. 우리나라의 경우 유전자 재조합 식품(GMO)이 사용된 식품에 대해서 표시를 하는 것이 의무사항이 아니나, 소비자단체에서는 소비자의 알권리와 선택할 권리를 침해하고 있다고 주장하고 있다.

나. 배양육(culture meat)

인구증가로 인하여 고기에 대한 수요도 폭발적으로 증가하고 있다. 그러나 소를 키우기 위해서는 곡물이 필요하고, 가축으로부터 나오는 분뇨, 소가 발생시키는 메탄가스 등 환경오염에 미치는 영향이 커 이에 대한 대책도 마련해야 한다. 현재는 이러한 문제를 해결하면서 고기 맛을 내기 위해 콩을 사용하여 다양한 형태의 콩 가공식품을 생산하고 있으나, 대체 식품 가공기술이 더욱 발달하면서 최근에는 고기와 유사한 맛을 내기 위해 '배양육'이라는 식품을 개발 중에 있다. 배양육(culture meat)이란 시험관에서 제조되는 고기로 아미노산, 지질, 미네랄 등의 영양소를 동물의 줄기세포에 공급하여 근육 단백질을 생산하는 기술을 접목해 제조하게 된다. 조직 감, 맛과 향까지 육류와 유사하나, 현재는 고비용과 여러 기술적 문제를 보완해야 한다.

② 위생 분야에서의 기술 혁신

식품의 안정성을 위해 위생 관련 분야에서도 혁신적인 변화가 일어나고 있다. 식품의 안전성 향상을 위한 과학적 분석이 도입되고 있으며, 식중독균 관리 분석을 위해 분자생물학 기술이 도입되고 있다. 또한, 식중독균의 유전자 정보를 빅데이터로 수집하고, 이러한 정보를 바탕으로 신속한 검출이 가능하여, 식중독 사고를 예측할 수 있으므로 미리 예방도 가능하다. 현재는 식품의 생산관리, 유통 및 급식소에서 위해요소중점관리(Hazard Analysis and Critical Control Point: HACCP, 식품 생산에서부터 소비까지의 전 과정의 생물학적, 화학적, 물리적 위해요소를 중점적으로 관리하여 위생을 관리하는 시스템)를 통해 위생관리를 하고 있으나, 미래에는 생명공학을 접목시킨 분자 위해요소중점관리 MCCP(Molecular critical control point, 위해한 요소의 분자 분석을 통하여 위생을 관리하는 시스템)를 통해 정확도가 향상된 사전 예방적 식품안전관리가 이루어질 전망이다.

③ 영양 정보 분야에서의 혁신

영양 정보 관련 산업에서는 정보통신기술을 도입하여 개인의 건강상태와 요구에 맞는 맞춤형 의료 서비스를 제공하는 유-헬스케어 프로그램이 활성화될 전망이다.

유-헬스케어란 Ubiquitous Healthcare의 약자로, 시간과 공간의 제한 없이 원격 의료 기술을 활용한 건강관리 서비스를 말한다. 즉, 홈 네트워크상의 장치나 휴대용 장치 등을 통해 생체 정보를 실시간으로 모니터링하고 자동으로 병원 및 의사와 연결하여 언제 어디서나 진료 및 치료가 가능한 시스템을 의미 한다(김종훈 외, 2010). 그러므로 유-헬스케어는 지리적, 시간적, 경제적으로 병원을 방문하기 어려운 환자들을 위한 서비스로 실시간 개인 맞춤형 서비스를 제공할 수 있다.

또한, 고혈압, 당뇨, 비만과 같은 질병을 가지고 있는 환자들에게 유-헬스케어를 통해 개인에 맞는 식단처방 시스템이 운영될 수 있다. 기존 환자의 개인 정보를 입력하면, 맞춤형 열량 및 영양소 비율을 도출하고 개인의 식품별 선호도를 고려하여 다양한 식단을 제공받을 수 있을 전망이다.

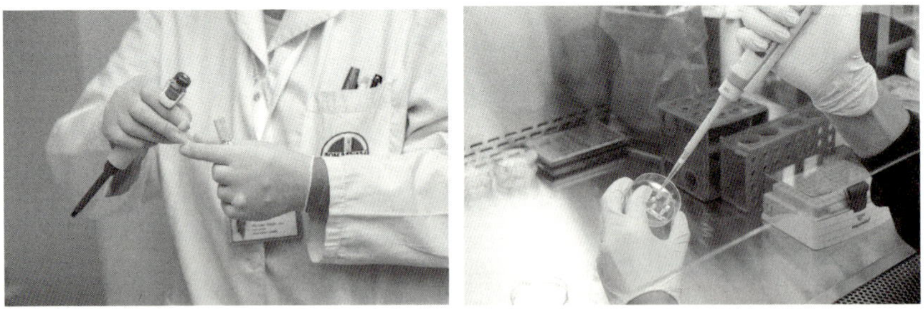

그림 5-5 기술 혁신을 위한 실험과정

(4) 가정생활의 변화

미래를 정확하게 예측하기는 어렵다. 이때 통계자료들은 시간에 따른 변화 추이를 알려주어 미래의 변화를 추정하는 데 도움을 준다. 따라서 본 절에서는 가정생활 관련 통계자료를 바탕으로 미래를 예측해 보려 하며, 예측되는 미래 가정생활을 나타낼 수 있는 몇 가지 키워드로 이를 정리해 본다.

① 통계가 알려주는 가정생활의 변화

미래 가정생활을 예측하기 위해 사용할 수 있는 자료들은 많지만 그 중에서도 출산율과 혼인율이 가장 유효한 자료로 생각되어 이를 사용해 미래 가정생활을 예측해본다.

먼저, 합계출산율의 경우 각종 제도와 정책적 지원 등에 의하여 일과 가정의 양립이 가능해진 상태에서 출산율이 현재보다 상승할 수도 있다. 그러나 계속되는 1인 가구의 증가, 결혼의 감소 등은 출산율이 현재처럼 낮게 유지되거나 더 낮아질 수 있다는 가능성을 나타낸다. 실제로 통계청의 장래인구추계 분석을 보면 인구성장율 자체가 2032년부터 마이너스로 전환되고 계속 줄어들 것으로 예측되고 있다. 출생아수도 계속 떨어진다는 분석이 나오고 있다(그림 5-6).

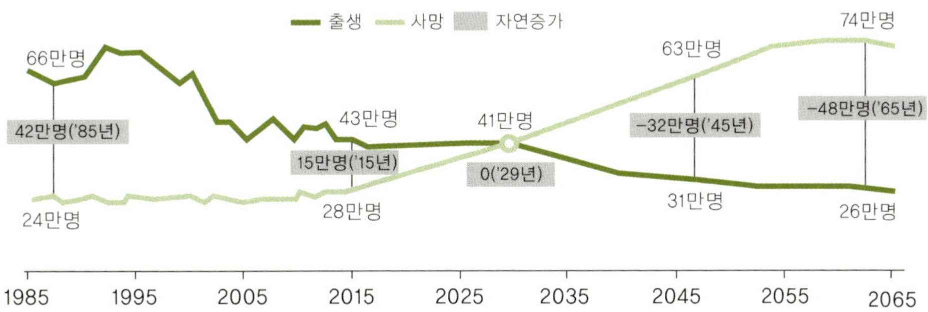

▌그림 5-6▐ 출생아수 및 사망자수(1985~2065년)
출처: 통계청(2017). 보도자료 장래가구추계.

또한, 혼인율은 2017년에 1,000명 당 5.2건으로 사상 최저의 수치를 나타내었다(통계청, 2017). 미래 가정생활의 형태와 구조를 예측하기 위해서는, 결혼과 출산을 함께 분석할 필요가 있을 것이며, 우리나라의 인구정책과 관련시켜 계속 심도 있게 논의해야 할 것이다.

미래 주요 가족 트렌드 중 하나는 가족형태의 다양화라고 할 수 있다. 이 추세는 계속될 것으로 보인다. 가구형태에 대한 예측은 [그림 5-7]과 같다.

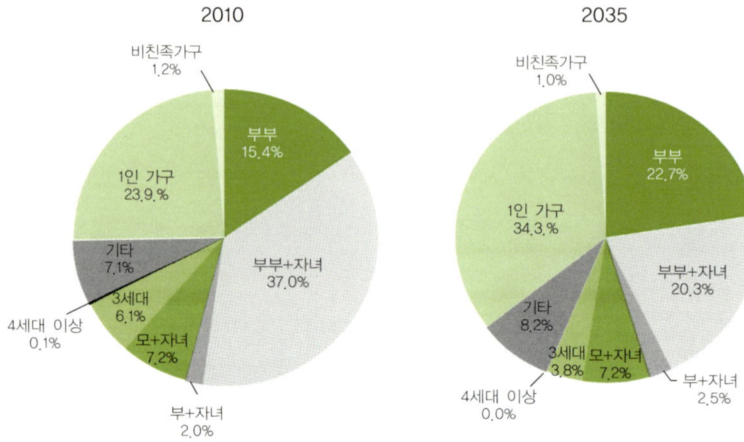

▌그림 5-7▐ 2010년과 2035년 가족형태 구성비 비교

출처: 조세일보(2012. 4. 26.). 핵가족화 심각... 20년 후 3가구 중 1가구 단독가구.

2010년에 부부와 자녀로 구성된 가구가 1순위였는데, 2035년이 되면 부부, 부부와 자녀 그리고 1인 가구가 가장 부각되는 가구형태가 될 것이다. 그 중 1순위는 1인 가구로 나타나고 있다. 이와 더불어 가족형태[1)]로 볼 때 맞벌이 가정은 계속 증가할 것으로 보인다.

다양한 가족형태 중 가장 부각되는 형태인 1인 가구를 예측해 보자. 2018년 현재 전체 가구유형 중 1순위를 차지하고 있는데, 앞으로 1인 가구는 계속 그리고 더욱 증가할 것으로 예측된다.

1인 가구의 보편화는 1인 가구를 타깃으로 하는 소비시장 변화는 물론 1인 가구의 의식주생활, 가족관계, 여가생활 등의 변화를 초래하게 된다. 이러한 현상들을 분석하고 예측하여 1인 가구의 삶의 질 향상을 위한 방안들을 계속 제시하여야 할 것이다.

다음으로 백세시대에 진입하고 있는 현재, 고령사회로의 진입에 주목할 필요가 있다. 노인인구는 계속 증가하고 있는데, 가구주가 65세 이상인 고령자 가구는 2015

---

1) 가족형태는 가구형태와 다르며, 가구형태는 꼭 혈연관계가 아니더라도 한 집에 거주하면서 공동의 경제생활을 하는 단위의 형태를 의미하며(households), 가족형태는 혈연/혼인/입양의 관계를 갖는 구성원을 중심으로 한 단위의 형태를 의미함(families). 통례적으로 가족은 '식구'를 의미, 가구는 식구가 아니라도 함께 사는 사람(공동주거, 친구와 자취생활 등을 포함)(네이버 지식백과).

년 366만 4천 가구에서 2045년 1,065만 3천 가구로, 2.9배 증가할 전망이다. 이로써 고령자 가구가 차지하는 비중은 2015년 19.3%에서 2045년 47.7%까지 증가할 것으로 예측된다(그림 5-8).

고령사회로의 진입은 당연한 추세일 수 있으나, 우리나라의 문제는 고령사회로의 진입 속도가 매우 빠르다는 것이다. 이는 곧 개인적, 가족적, 사회적 차원에서 고령사회에 대응할 시간이 부족하다는 것을 의미한다. 노후 준비는 노년기가 되었을 때 하는 것이 아니라 미리부터 해야 하는 것이다. 따라서 생활과학에서는 고령사회의 다양한 현상들을 분석하고 이들의 삶의 질 향상을 위한 프로그램 마련과 이 분야의 전문가 배출 등의 과제를 해결해야 할 것이다.

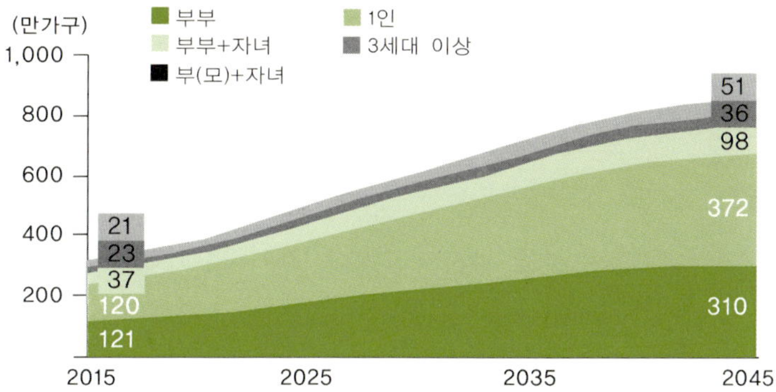

▌그림 5-8▐ 65세 이상 가구유형별 가구(2015~2045)
출처: 통계청(2017). 보도자료 장래가구추계.

② 키워드로 접근한 미래 가정생활

미래 가정생활을 예측할 때 가족가치, 가족의 일상생활, 가정을 둘러싼 환경 등의 차원에서 이상적인 방향성을 조망해 볼 필요가 있다. 이를 통해 앞으로 생활과학의 연구과제, 생활과학 구성 분야 전공자의 역할 등을 모색할 수 있기 때문이다. 그런 면에서 미래 가정생활에 대한 사람들의 선호도를 조사한 연구결과를 살펴보자(표 5-1). 2030 가족 시나리오에 대한 일반국민, 전문가 등의 의견을 조사한 결과를 보면(한국여성정책연구원, 2012), 사람들이 가장 원하는 시나리오는 '느슨하지만 친밀한' 가족으로 나타났다. 즉 가족의 돌봄이나 불평등한 관계로부터 오는 부담은 줄이고,

개인중심의 가치가 높아지는 가족생활을 선호하는 것으로 나타났다.

표 5-1 미래 가정생활에 대한 선호도

번호	시나리오 명명	불평등	가족돌봄부담	개인중심가치	시나리오설정
시나리오 1	개인가치와 가족생활 경합 시나리오	증가	증가 (가족돌봄)	강화	실현가능성이 높은 시나리오 1
시나리오 2	가족생활의 양극화 시나리오	증가	감소 (시장돌봄)	강화	실현가능성이 높은 시나리오 2
시나리오 3	느슨하지만 친밀한 가족 시나리오	감소	감소 (국가돌봄)	강화	최선의 시나리오
시나리오 4	평등사회-불평등 가족 공존 시나리오	감소	감소 (국가돌봄)	약화	차선의 시나리오
시나리오 5	가족부담 극대화 시나리오	증가	증가 (가족돌봄)	약화	최악의 시나리오

출처: 한국여성정책연구원(2012). 가족의 미래와 여성·가족정책 전망.

이처럼 앞으로도 가족, 가정생활, 환경에 있어 다양한 변화가 예측된다. 그러나 인간 삶의 중요한 단위이며 양식으로서 가족이 그 존재가치를 인정받는 한 가족은 끊임없이 성찰과 조정의 과정을 거치며 변화할 것이다. 미래는 불확실하지만 다수의 개인이 공존하기 위한 원리는 근본적으로 동일하다. 예를 들어 가족으로 일상생활을 영위하기 위해 필요한 원리는 근본적으로 동일할 것이다. 평등과 상호존중, 이해와 상호 교류, 교환과 상호 지원이라는 공동체적 원리가 그것이다(조희금 외, 2018). 그런 맥락에서 앞으로 가족의 일상생활이 어떤 방향으로 향하면 좋을지에 대해 더 적극적인 논의가 필요하다. 가족 일상생활과 관련하여 몇 가지 키워드를 도출하면 다음과 같다.

첫째, 양성평등한 가족관계이다. 맞벌이 가정이 보편화되고 있지만 여성이 갖는 가족원 돌봄의 부담이 큰 현재의 상황은 취업여성의 경력단절은 물론, 남성의 가족 역할 소외 등의 문제도 함께 야기한다. 그런 면에서 앞으로의 가족은 양성 평등한 역할분담이 이루어지는 민주적인 가족이어야 할 것이다.

둘째, 다양성의 존중이다. 앞으로도 가족형태, 가구형태는 계속 다양해질 것이고, 따라서 어떤 특정한 형태의 가족과 가구를 전형, 보편, 일반이라고 표현할 수 없는 시대가 되었다. 다양한 형태를 가진 모든 가정의 건강성 증진이 건강가정기본법의[2] 지향성인 것처럼, 다양한 가족들이 편견과 차별 없이 공존할 수 있는 성숙한 사회가 되어야 할 것이다.

셋째, 가족에 대한 국가사회의 적극적 지원이다. 가족은 이제 더 이상 가족원 돌봄을 스스로, 충분히 수행할 수 없는 상태이다. 여기에는 맞벌이 증가, 가구 수 감소, 가족형태 다양화, 저출산 등 많은 원인이 있다. 우리의 생활표준도 높아졌다. 특히 고령화되는 우리 사회에서 노인 돌봄에 대한 수요는 계속 높아질 것이다. 그런데 이를 가족에게만 맡겨놓을 수 없으므로, 국가 사회적 차원에서 가족원 돌봄을 위한 시설과 기관, 전문가, 사업과 서비스 등을 적극적으로 개발하고 지원해야 할 것이다. 이는 포괄적인 가족정책 활성화를 통해 가능할 것이다.

넷째, 지속가능한 소비이다. 소비시장이 활성화되면서 homo consummens(소비하는 인간형)이 부각되고 있다. 이는, 즉 만드는 인간(homo fabers)을 대체하는 개념으로, 소비는 이제 필요와 사용을 위한 의미를 뛰어넘어 라이프스타일 그 자체가 되고 있다(설혜심, 2017). 소비자 그리고 소비행동이 부각되는 현재, 보다 미래지향적 관점에서 우리의 소비가 과연 사회에 어떤 영향을 미치고 있는지를 살펴볼 필요가 있다. 환경은 우리 후세대에게 물려줘야 할 자산이다. 그런 의미에서 지속가능한 소비를 통해 환경을 보호하고 자원을 절약하는 문화가 정착되어야 할 것이다. 윤리적 소비, 착한 소비 등 최근 들어 자주 거론되는 소비 개념도 이와 맥을 같이 한다. 어떤 물건을 구매하고 소비할 때 생산자를 생각하고, 유통과정의 합리성, 재화와 서비스를 만들고 생산한 노동자의 인권, 소비가 환경에 미치는 영향, 공익에의 부합성 등 다양한 기준으로 우리의 소비행동과정을 검토할 필요가 있다.

다섯 째, 세대 간의 소통과 연대이다. 저출산 고령화 사회는 주로 경제적 측면이 부각되면서 세대 간 자원을 두고 갈등하고 일자리로 경쟁하는 부정적 측면을 많이 제시하고 있다. 그러나 평균수명의 연장과 함께 젊은 세대와 노년 세대가 동시대를 살아가야 할 필연성 또한 고려해야 할 것이다. 따라서 세대 간 존중과 공존, 배려와 소통의 건강한 생활문화 정착이 필요하다. 빠른 고령화 속도로 인해 고령화 준비가

---

2) 가족문제의 해결과 예방, 다양한 가정의 건강성 증진을 위해 2004년 제정된 법.

충분치 않은 우리 사회의 경우 세대 간 갈등의 소지가 더 클 수도 있다. 따라서 세대 간 소통과 연대를 위한 공동체적 노력이 필요하다.

마지막으로 일상의 권리 추구이다. 우리나라 아동청소년의 삶에서 보았듯이 과도한 학습은 성장기 자녀들의 잘 권리, 쉴 권리, 놀 권리, 가족과 함께 할 권리를 침해한다. 부모는 일하느라 바쁘고 자녀들은 공부하느라 바쁘다. 부모와 자녀 모두 일(학습)-생활의 균형을 취하지 못하고 있다. 우리 모두 시간빈곤을 경험하고 있다. 따라서 가족을 구성하고, 부모역할을 하고, 가족과 함께 시간을 보내는 모든 일상을 권리로 보아야 할 것이다. 이 권리를 실현시키기 위해 국가 정책에 대한 당당한 요구, 나와 남의 권리를 함께 존중하는 건강한 시민의식, 가족친화적인 사회문화조성을 위한 노력 등이 필요하다.

2) 산업과 현장에서의 혁신

(1) 주택 산업과 현장에서의 혁신

최근 우리 생활 속에는 스마트 폰, 스마트 패드, 웨어러블(wearable) 기기와 같은 첨단 디바이스들이 널리 확산되어 있고, 유무선 초고속통신을 통한 홈 네트워킹 기술도 발전되어 생활 속 곳곳에서 모바일기기와 정보통신이 많은 영향을 주고 있다.

실제로 이미 많은 종류의 가전기기와 전자제품은 인터넷 주소를 가지고 있어서 인터넷을 통해 서로 연결되고 있다. 이런 기기들은 이제 기상, 취침, 휴가, 영화감상과 같은 액티비티(activity)가 설정되면 음악을 틀고, 조명과 차양을 조절하고, 쾌적한 냉난방을 하는 액션(action)들을 사용자 중심의 맞춤형으로 제공한다. 외부에서 스마트폰을 이용하여 냉난방을 원격제어 하거나, CCTV카메라 영상을 스마트폰 화면으로 모니터링 하는 것이 보편화되고 있다. 사용자들은 다양한 형태의 스마트기기를 가지고 있고 향후 급속히 증가될 것으로 예상된다. 이렇게 사물인터넷 기반의 스마트 홈(그림 5-9)은 빠르게 적용되고 있다(이학준, 2015).

미래 주택산업을 주도하는 것은 바로 첨단기술이다. 미래혁명이라고 불리는 첨단기술이 주택 내로 빠르게 흡수되고 있어서 '첨단기술의 융·복합'이 주택사업의 변화를 본격화시킬 것이다. 첨단기술의 융·복합을 통한 새로운 경험은 주거기술과 주거 서비스를 통해 보다 현실화될 것이다. 미래 주거의 중요 서비스로 시큐러티서비스와 의료서비스, 에너지절감 서비스, 로봇을 통한 가사서비스, 스마트한 가구서비스 등이 있다.

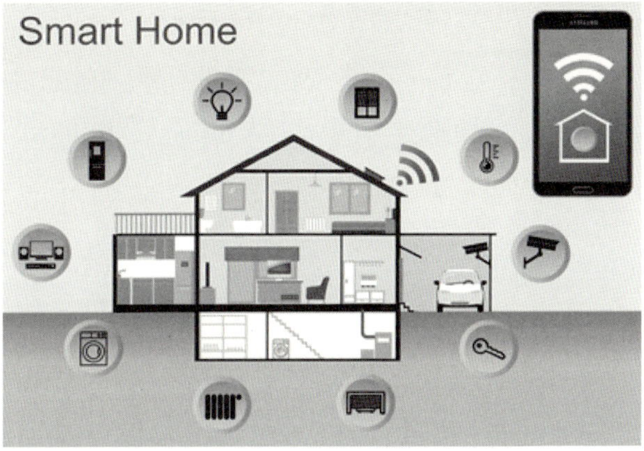

▌그림 5-9▌ 스마트폰에 의해 조절되는 주거 서비스

① 홈 시큐리티(Home Security) 서비스

주택에 대한 시큐리티 서비스는 유비쿼터스 개념이 주택에 적용된 초기부터 지속적으로 제공되고 있는 서비스이다. 2000년대 초기에 스마트 홈의 대부분을 차지하고 집안에 거주하는 사람들의 니즈를 고려한 지능형서비스의 대표적인 것으로 신축 아파트를 중심으로 빠르게 적용되었다.

스마트 홈의 시큐리티 서비스는 주거 공간 내에 중요한 보유자산이나 시설을 외부의 침입으로부터 보호하고, 시설관리와 안전관리 등을 위해 침입감시, 출입통제, CCTV에 이르는 종합적인 방범체계를 구성하여 운영함으로써 불의의 상황에 신속하게 대처하며 외부의 침입기도나 범죄로부터의 손실을 사전에 예방할 수 있다(장예진·전용태, 2012). 구체적인 시큐리티의 내용은 침입·도난방지시스템, 세대현관출입시스템, 화재·가스누출시스템, 구급시스템, 통합키시스템, 외출안전시스템, 세대현관출입시스템, 엘리베이터 안전시스템, CCTV감시시스템, 집안모니터링시스템 등이 있다.

② 헬스케어(Health Care) 서비스

헬스케어는 IT기술을 활용하여 의사가 원격지 환자에게 의료서비스를 제공하고 시간, 장소에 상관없이 개인화된 생체신호 및 의료정보를 실시간 감지하고 예방과 치료 서비스 관련 주체 전체를 연결한 시스템이다. 유무선 통합 환경에서는 언제, 어디서나 가능한 헬스케어 서비스를 제공하고 재택요양 환자, 만성질병환자의 재택진료, 병원 간 원격진료 서비스를 제공한다.

스마트 홈의 헬스케어 서비스는 주택에서 건강관리를 지원할 수 있는 다양한 정보통신기기를 네트워크로 연결하여 건강관리가 필요한 사람들이 거주자 환경에서 고품질의 건강관리를 지속적으로 지원받는 것을 말한다. 특히 고령화로 인한 만성질환과 노인성 질환이 증가하고 있는 현 시점에서 이에 대한 관심이 계속 증가하고 있다(Tian, 2017).

③ 에너지관리 시스템(Home Energy Management System) 서비스

전 세계적인 경제 침체 속에서도 환경에 대한 중요성이 끊임없이 대두되면서, 에너지 절감이 경제에 미치는 영향이 커짐과 동시에 에너지 관련 산업이 새로운 기회를 갖게 되었고, 가정 내에서도 홈 네트워크에서 제공되는 기능과 다양한 스마트 기기를 활용하여 에너지 절감을 유도함으로써 연동되는 산업이 활성화되고 있다.

에너지관리 시스템은 가정 내에서 사용하는 에너지 상황을 가전기기, 장비 등으로 효율적으로 컨트롤하여 종합적으로 에너지 절약을 실현하기 위한 시스템 전체를 의미한다. 이러한 시스템은 에너지 사용량을 수집, 계측할 수 있는 계량장치, 에너지 공급 및 수요 상황을 소비자에게 표시하기 위한 표시장치를 포함하여 에너지 사용을 줄일 수 있는 조명, 냉 · 난방, 대기전력 차단 콘센트, 일괄 소등 스위치, Smart 가전기기 등의 컨트롤 장치, 이들 간의 통신을 담당하는 Interface 장치로 구성된다(박광주, 2014).

④ 가사로봇(Household Robot) 서비스

미래 사회에는 가족이나 보호자는 네트워크화된 인공지능 주택과 로봇으로부터 스마트 디바이스를 통해 노인의 상태를 수시로 보고받을 수 있으며, 각 가정마다 똑똑하고 상냥한 가사로봇이 보급되어 인간에게 다양한 서비스를 제공하게 될 것이다.

IoT(Internet of Things)와 IoB(Internet of Brain) 및 빅데이터 기술 발달로 로봇에 의한 개인 맞춤형 서비스가 가능해 질 것이다. 또한 모든 가정에는 집사로봇이 있어 모닝콜, 가족구성원들 간의 메신저, 가족구성원의 일정관리 비서, 즉각적인 지식 정보 제공, 무인자동차 등 각종 교통 및 편의시설의 예약기능 등을 수행하게 될 것이다(김형선, 2014).

건축 시공부문에서도 관리 감독은 인간이 하지만, 세부적 역할은 협업 로봇 팀에 의해 수행되며, 관리감독 역할도 점차 인공지능 로봇으로 대체될 것이다. 따라서 건설회사의 경쟁력은 얼마나 좋은 로봇 팀을 보유하고 있느냐에 의해서 결정되며, 로봇에게 일을 맡기고 관리하는 건축로봇 관리사라는 직업이 새로 만들어질 수도 있을 것이다.

⑤ 스마트한 가구서비스

디지털 환경의 급격한 진화는 기존 생활에서 중요하게 사용되던 제품의 효용성을 사라지게 하거나 없었던 새로운 제품을 등장시켰다.

주방가구와 주방용 전자제품은 유비쿼터스 환경에서 주방과 결합되었고, 주방이 다목적 공간으로 역할이 확대되면서 조리활동과 가족의 커뮤니케이션을 돕기 위한 디지털 기술이 주방가구와 융합되어 나타났다. 미래의 주방은 주방가구 안에 위치인식, 인공지능 등 첨단 IT기술이 숨어 있는 유비쿼터스 주방으로 전망되고 있다. 예를 들면, 냉장고에 어떤 음식이 보관되어 있는지, 유통기한과 칼로리, 영양소 등을 디스플레이 스크린을 통해 확인할 수 있을 것이다. 또한 통신시스템을 활용하여 음식조리를 위한 요리법의 검색이 가능하고 완성된 요리를 담을 수 있는 식기류와 수납된 위치까지 알려주는 시스템이 포함되어 있다. 이 같은 변화는 주방용 생활가전만이 아닌, 멀티미디어 가전 및 통신시스템까지 통합하는 주방가구의 미래상을 제시하고 있다.

욕실가구는 더 이상 청결유지만을 위한 도구가 아닌 휴식과 명상의 기능이 더 해진 공간으로 변화하고 있다. 오늘날 접할 수 있는 욕실가구와 디지털 기술의 융합은 욕조에 몸을 담그고, 음악 및 TV감상을 할 수 있는 시스템이 대표적인 사례이다. 또한 미래 욕실의 모습은 개개인의 맞춤형 시스템으로 나타나는데, 욕조 위 스탠드에 휴대폰을 올려놓으면 미리 저장된 개인 정보를 바탕으로 물의 온도, 조명 색상, 기포 세기 등이 조절될 수도 있을 것이다.

거실가구는 멀티미디어 디바이스와 결합하여 전자제품과 가구의 경계를 허무는 시도를 하고 있다. 거실가구와 디지털 기기와의 융합 사례를 보면 디지털 기기를 내부에 수납하는 것이 주된 기능으로써 기기를 효율적으로 배치하고 관련된 주변기기를 정리함으로써 거실환경을 조화롭게 구성하는 것에 초점이 맞춰져 있다. 또한 플러그와 도킹시스템(docking system)을 비치하는 등 엔터테인먼트 활동을 충실히 수행하기 위한 기능도 갖고 있어, 다수의 인원이 모여서 이루어지는 활동과 여가활동이 주목적인 거실공간에 기능적으로 부합되고 있다.

침실가구는 디지털시대에 맞춰 조명기기, AV기기와 결합하는 등의 시도가 이루어지고 본연의 주기능인 수면환경 개선에 초점을 맞추고자하는 시도가 이루어지고 있다. 침대와 디지털기술의 융합 사례는 LED 조명을 이용한 침대 디자인으로 현재 가장 흔하게 접할 수 있는 사례이다. 또 다른 것은 스마트 기기들과의 연동이다. 2009년 이후부터 보편화되기 시작한 스마트폰과 태블릿PC는 일상생활 전반에 깊숙이 파고들었다. 침실에서의 스마트 기기와의 연동은 엔터테인먼트 활동과 관련이 깊은 요소들로 채워져 있다. 스마트폰을 도킹 스테이션에 거치하여 내장된 스피커를 통해 음악을 즐기거나, 무선 네트워크를 통해 TV와 연결하여 스마트폰에 저장된 영상을 시청하기도 한다. 또한 부부생활이 이루어지는 사적인 공간으로써 분위기 조성을 위한 디자인도 보이는데, 침실에서 직접적으로 와인 등의 주류를 일정한 온도로 관리할 수 있는 사례도 보이고 있다(임재철, 2015). 이와 같이 디지털기술, 예술, 디자인 간의 융합으로 생활공간에서 가구의 역할과 의미가 확장되고 있다.

【사례】'아버님이 외출 안 해요' 안부 챙기는 스마트 홈

'똑똑한 집'인 스마트 홈이 진화하고 있다. 인공지능(AI), 사물인터넷(IoT), 빅데이터 같은 첨단 정보통신(IT) 기술이 더해지면서다. 국내 주택시장에 스마트 홈이 등장한 것은 2000년대 들어서다. 집 안 전체 조명을 버튼 하나로 껐다가 켰고, 자동차(등록 차량)가 아파트 정문을 지나면 알림이 울렸다. 2000년대 후반 스마트폰이 등장하면서 스마트 홈은 더 똑똑해졌다. 집 밖에서 스마트폰으로 집 안 조명·가스·전기·난방을 조절할 수 있고, 열쇠(스마트키)를 몸에 지니고 있으면 공동 현관문이 자동으로 열렸다.

최근 인공지능의 발달로 스마트 홈은 한 단계 더 진화하고 있다. 이전에는 집을 비운 동안 다녀간 사람(초인종 누르면 녹화)이 누군지 확인하는 수준이었지만, 현재는 실시간으로 연결된다. 예컨대 외출한 동안 택배 기사가 초인종을 누르면 스마트폰으로 연결돼 화상 통화를 할 수 있고, 현관문도 열 수 있다.

출입 기록 관리도 정교해졌다. 인공지능 기반의 빅데이터 분석 플랫폼이 평소 출입 기록을 분석하고 학습해 특이사항이라고 판단하면 메시지를 보낸다. 예컨대 평소 밤 12시 이후 출입이 없었는데 문이 열리면 '이상시간대 출입이 감지되었습니다'라는 메시지가 스마트폰으로 전송된다.

인공지능은 관리비도 아껴 준다. 아파트단지 내 세대별 실시간 에너지 사용 기록을 분석하고 비교해 맞춤 알림을 제공한다. 전기 사용이 많으면 '전기 사용이 과다합니다'라는 알림을 보내는 식이다. 보안도 강화됐다. 집 안에 작은 카메라(월패드)가 있어 방범 모드를 설정하면 집 안 움직임을 분석해 집주인의 스마트폰과 경비실에 동시에 경고 메시지를 보낸다. 집 밖에서 집 안과 현관 앞 영상도 확인할 수 있다. IT·통신 업체도 적극적으로 주택시장에 뛰어들고 있다. 단지 당 수백에서 수천 가구인 아파트에 한꺼번에 플랫폼을 적용할 수 있어 수익이 짭짤하기 때문이다.

〈중략〉

앞으로 스마트 홈은 더 발달할 것으로 보인다. 1인 가구가 늘고 있고 노인만 거주하는 가구도 증가하고 있어서다. 임채우 국민은행 수석부동산전문위원은 "고독사 등이 사회 문제가 된 일본에선 일찌감치 스마트 홈이 발달했다"며 비슷한 구도로 움직이고 있는 한국도 1인 가구 등에 맞춘 스마트 홈 발달이 빨라질 것이라고 말했다.

출처: 중앙일보(2018. 5. 1.).

(2) 의복생산과 유통에 적용되는 컴퓨터와 로봇 기술

섬유의류산업에서 혁신적인 변화가 일어나고 있는 부분은 생산현장과 유통현장에서이다. 먼저 생산현장에서의 혁신을 가져오는 여러 기술 중 정보통신기술이 미치는 파급효과가 가장 클 것으로 보인다. 정보통신기술은 초연결성과 인공지능, 완전

자동화를 융합시켜 공장을 지금과는 다른 모습으로 바꿀 것이다. 소비자 개개인이 원하는 '완전 맞춤형'제품을 무인공장에서 만들 것으로 예측된다.

'1인 1품 맞춤 생산'이라는 제조 혁명이 일어나는 것이다. 그러한 미래 공장을 아디다스가 시도하고 있다. 2016년 아디다스는 독일 내에 스마트 팩토리 'Adidas SPEEDFACTORY'를 만들었다. 스마트 팩토리는 설계, 개발, 제조 및 유통 물류 등 모든 생산 공정에 디지털 자동화 솔루션을 결합하여 자동으로 제품을 생산할 수 있는 지능형 공장을 말한다. 독일 내에서 운동화 생산은 1993년 이후 처음이며 100% 로봇 자동화 공정으로 연 50만 켤레를 생산할 수 있지만, 공장 내에는 단 10여 명의 직원이 일을 하고 있다고 한다. 공장 자동화뿐만 아니라 소재부터 부품 조달 기업까지 모두 디지털 네트워크로 연결된 것이 특징이고 소비자가 선택한 수많은 옵션을 반영한 맞춤 제품이 단 5시간 안에 만들어질 수 있다고 한다. 기존 생산방식으로는 약 6주가 걸리는 작업이다(세계일보, 2018. 1. 1.).

국내에서도 1인 1품 맞춤 생산의 시도가 이루어지고 있다. 특히 mass customization이라고 해서 고객이 원하는 개인화된 상품을 대량으로 생산하려는 시도들이 이루어지고 있다. 일례로 한국의 한 스타트업기업(stripes)은 신체 치수 데이터를 수집하여 체형과 치수분석을 하여 사이즈측정 알고리즘을 개발하였다. 소비자가 몇 개의 질문에 답하면 개인별 체형에 적합한 패턴을 만들어 소비자에게 맞춤형 셔츠를 제공할 수 있다고 한다. 그리고 이때 칼라, 커프스, 포켓 등은 소비자가 선택할 수 있다. 즉 고객이 직접 디자인하고 고객의 체형에 맞춘 셔츠를 생산해 판매하고 있는 것이다. 또한 손으로 진행되던 발주 프로세스를 온라인으로 관리하여 각 공정별 모니터링 시스템을 도입하고 실시간으로 원단과 부자재를 관리, 생산, 검품, 배송을 한 곳에서 처리할 수 있도록 공정을 일원화하였다고 하였다(Fast Track Asia, 2016).

미국과 일본정부도 제조업 부활과 해외 공장들을 자국으로 돌아오게 하기 위해 첨단 제조방식에 대한 R&D 예산 확충 및 프로그램을 추진하고 있다. 한국도 중소기업에 초점을 맞추어 스마트 팩토리 프로그램을 진행하고 있으며, 2022년까지 2만 개의 스마트공장 구축을 목표로 하고 있고 전자, 철강 등의 대기업에서부터 시작하여 패션 부분을 포함한 중소기업으로 확대해 나갈 것이라고 보고하였다(머니투데이, 2018. 3. 8.). 이는 중국, 베트남 등에 주도권을 잃어버린 섬유의류산업이 기술혁신을 바탕으로 부흥할 수 있음을 나타내주는 것으로 보인다.

스마트 팩토리는 공장 자동화와 유사하게 보이지만 단순히 사람의 노동력을 대체하는 공장 자동화와 달리, 다양한 장소에서 다양한 방법으로 수집된 정보를 이용해 공장 스스로 공정 최적화나 생산 스케줄 수립등과 관련된 의사결정을 내린다는 점에서 차이가 있다.

빅데이터와 AI는 상품 기획단계에서 적용가능하다. 상품기획 MD들은 시장 환경, 트렌드, 작년 매출 결과들을 바탕으로 새 시즌을 기획하는데, 여기에 빅데이터 기술을 적용하면 오차범위를 줄여 미래 예측이 가능할 수 있다. 아마존은 구매자 추천과 리뷰에 근거하여 인공지능을 통해 구매자들에게 도움을 주고 있으며, 글로벌 SPA브랜드 '자라'는 이미 2012년부터 전 세계 매장에서 취합한 소비자 데이터를 기반으로 빅데이터와 AI를 이용해서 상품 수요와 가격을 예측하고 있다.

유통분야에서도 첨단기술에 의해 혁신이 진행되고 있다. 상품을 팔고 나면 판매자들은 자신의 상품이 잘 이용되고 있는지 알 수가 없다. 한 이스라엘 기업(Awear Solutions)은 스마트태그기술로 이 궁금증을 해결했다. 패션 제품에 버튼만한 크기의 저 전력 블루투스 칩을 부착해 착용빈도, 착용시간, 착용장소 등의 데이터를 수집해 판매 후에도 상품이 어떻게 이용되는지 파악하였다. 고객은 구입한 상품을 입고 이 회사의 모바일 앱과 연동하면 포인트와 같은 보상을 받을 수 있고, 프로모션이나 스타일링 제안을 받을 수도 있다. 만약 정보를 노출하기 싫으면 모바일에서 위치데이터 사용을 끄면 된다(awear 홈페이지).

또 다른 기업(Kannita)도 클라우드 기반 빅데이터와 이미지 인식 기술로 오프라인 매장도 디지털 솔루션을 이용할 수 있도록 했다. 이 회사의 IoT self check store 서비스는 선반에 놓인 아이템들을 추적해 세일즈 팀에 데이터를 제공한다. 이를 통해 판매성과 측정, 재고관리, 상품진열 정보, 유동인구, 제품 리필 타임이 어떻게 되는지 등에 관한 정보를 영업팀은 실시간으로 알 수 있다(kannita 홈페이지). 이외에도, 첨단기술에 의해 큰 변화가 일어나고 있는데, 따로 결제 과정을 밟지 않고 원하는 상품을 들고 나가면 되는 아마존고, 채팅으로 하는 상품 검색 및 결제, 로봇과 인공 지능으로 관리하는 물류창고 등이 있다. 소비자들은 더 나은 쇼핑 경험을 할 수 있고 유통업체들은 좀 더 효율적으로 서비스를 제공하게 된 것이고 이러한 경향은 앞으로 더 발전할 것이다.

(3) 식품영양 산업과 현장에서의 혁신

① 식품산업의 과제

식품산업은 다양한 요인에 의해 영향을 받고 이 요인들이 복잡하게 얽혀있어 미래 식품산업을 예측하기가 쉽지 않다. 그러나 현재 우리가 처해 있는 상황을 파악하고 해결해야 할 문제가 무엇인지 안다면 미래식품산업이 나아가야 할 방향의 중요한 키워드를 알 수 있을 것이다. 이에 한국과학기술한림원(2016)에서는 식품산업이 극복해야 하는 과제들을 몇 가지 제시하였다. 첫째, 우리나라의 초고령화로 인한 식품산업의 생산성과 소비 감소가 전망되므로 식품산업 성장률 향상을 위한 노력을 해야 한다. 둘째, 식품산업의 경우 고유한 기술을 보유한 제품이 많지 않으므로 비슷한 제품을 만들기가 쉬워 기술의 벽이 매우 낮은 편이다. 따라서 시장 진입장벽의 용이성을 극복해야 한다. 셋째, 현재 세계 인구는 약 70억 명으로 추정되나, 2030년에는 약 80억 명으로 증가할 것으로 예측된다. 인구의 증가는 식량과 물 부족 현상을 유발할 것이며, 식량수급이 부족해질 것으로 전망된다. 인구 증가로 인한 과제들을 극복해야 한다. 넷째, 기온상승으로 인하여 홍수, 가뭄 등의 자연재해가 발생하며 이는 농작물의 생산량 감소와 병충해 발생, 사막화 심화, 그리고 농작물 재배 면적의 축소를 유발할 수 있다. 따라서 기후 변화를 극복해야 한다고 하였다.

② 식품산업의 발전 방향

식품산업은 생명공학기술과 식품산업 기술 간의 융합을 통하여 개인 맞춤형 기능성 식품, 노화조절 식품, 면역 기능 개선 식품들의 개발이 이루어질 수 있으며, 나노기술 분야와의 융합을 통하여 위해요소를 감지할 수 있는 정확한 식품오염물질 센서의 개발이 이루어질 수 있다. 또한 IT 분야 기술을 통해 식품산업이 유비쿼터스 사회에 적응하려는 움직임이 활발히 진행되고 있다. 현재 유비쿼터스 IT 기술 중 RFID(Radio-Frequency Identification)와 USN(Ubiquitous Sensor Network)기술이 식품유통에 일부 활용되고 있으나 물류관리, 단순생산과 유통 이력정보제공이 대부분이다. 그러나 앞으로 미래 식품산업은 하나의 통합된 솔루션으로 모든 정보를 제공하는 방향으로 갈 것이다. 즉, RFID, 바코드, 온도센서, 습도센서 등이 서로 연결돼 식품 관련 토탈 정보가 식품 네트워크에 입력돼 언제, 어디서나 식품 정보를 볼 수 있는 식품산업의 유비쿼터스가 이루어질 전망이다(오마이뉴스, 2010. 10. 9.). 식품산업에 새로운 기술이 어떻게 적용되고 있는지 알아보자(윤석후, 2017).

▌그림 5-10▌ 스마트 팜

- 스마트 팜(smart farm): 용어 그대로 똑똑한 농장이라는 뜻으로, 농사 기술에 정보통신기술을 적용시켜 만들어진 지능화된 농장을 뜻한다. 스마트 팜에서는 드론으로 농약을 살포하고, 무인 트랙터가 동물에게 사료를 제공하거나, 자동수확기가 벼를 수확할 것이다. 또한, 농산물을 무게별로 선별하는 로봇의 상용화를 통해 고령화로 인한 노동력 부족 문제를 해결할 것이다. 또한 센서 정보 시스템, 정보 관리 등의 다양한 기술이 적용된 농업생산시스템을 통해 생산량 확대가 가능할 것이다(그림 5-10).
- 빅데이터 활용: 병해충 정보, 기상정보 등 농가에 유용한 대량의 많은 정보, 즉 빅데이터를 농가에 제공, 활용하면 그 정보를 바탕으로 농가는 우수한 농작물과 최대의 작황을 얻을 수 있을 것이고 이로 인해 최상의 농업 시스템을 구축할 수 있다. 또한 소비자 선호도를 빅데이터를 통해 파악하여 시장 판매 추이를 분석하고 이를 이용하면, 소비자가 좋아하는 맞춤형 농산물과 식품 생산이 가능하며 주문 시스템도 용이해질 것이다.

- 3D 프린팅: 이 기술이 식품산업에 도입되면 식품의 형태, 영양, 물성, 색상, 향 등에서 소비자가 원하는 방향을 반영하여 다품종 소량 생산이 가능하다. 예를 들어 노인과 어린이를 위한 부드러운 식품을 개발하여 3D 프린터를 통해 제작할 수 있으며, 환자에게 맞춤형 영양성분을 포함한 식품을 개발하여 이를 3D 프린터로 만들어 환자에게 제공할 수도 있다. 또한 개인용 주방기기도 원하는 모양과 크기로 제작이 가능해진다.
- 사물인터넷(Internet of Things)의 도입: 사물인터넷은 IT를 기반으로 모든 사물(가전제품, 가구 등)이 인터넷으로 연결되어 사물과 사물 간에도 정보를 교환하고 상호 소통하는(스스로 제어하는) 인프라를 일컫는다. 종래 사물의 정보를 수집하고 해석하는 주체가 사람이었던 것을 정보수집 및 해석의 주체를 사물까지 확산시킨 개념이다(황병국, 2014).
  사물인터넷이 식품분야에 적용되면 품질을 감지함으로써 품질관리가 가능해질 것이다. 예를 들면, 먹어보지 않아도 신선도 센서를 통해 식품 신선도를 측정하여 소비자의 스마트폰에 알려주고, 식중독균 센서를 통해서 식품이 안전한지 식품 관리자의 컴퓨터에 알려주면 식품의 안정성을 확보할 수 있다. 또한, 맛 센서를 통해서 단맛, 짠맛, 쓴맛 등의 다양한 맛을 먹어보지 않고도 소비자들이 어플을 통해 알 수 있게 된다.

이처럼 의생활, 식생활, 주생활 분야에서의 산업과 현장에서의 혁신은 우리의 일상적인 삶에 영향을 미쳐, 가성 내 가족의 일상생활에서의 큰 변화들을 초래하게 될 것이다. 의식주생활 관련된 혁신이 한 가정의 일상생활에 어떤 변화를 초래하는 지 정리해보자.

먼저 주거 분야를 본다면, 각종 디지털 장치, 앱을 통한 원격 제어기능, 인공지능 등이 구비된 주택에서 시큐리티 서비스, 헬스케어 서비스, 에너지관리, 가사로봇 서비스, 스마트 가구 등이 가족에게 제공되어 가족의 일상적인 삶은 지금보다 훨씬 안전하고 편해질 것이다. 즉, 부모는 일터에 있어도, 시설이나 기관에 맡겨진 어린 자녀의 안전을 걱정하지 않아도 된다. 나이 드신 노부모님에 대한 걱정도 많이 줄일 수 있을 것이다. 집 밖에서도 집 안을 제어할 수 있는 시스템 덕분에, 불필요한 시간의 낭비를 줄여 더 많은 여유시간을 가능케 할 것이다. 결과적으로 가족은 가족공유의 여가와 취미생활을 할 수 있는 기회를 더 많이 갖게 될 것이다.

의생활 측면에서는, 개성 있는 나만의 패션, 나의 신체특성과 요구를 반영한 맞춤형 의복을 저렴하게 구비할 수 있게 될 것이다. 모바일 단말기, 각종 앱은 소비자의 일상도 변화시키고, 소비시장 자체의 혁신도 야기할 것이다. 이로써 효율적인 소비생활을 가능케 할 것이다. 의류에 대한 정보를 수집하고, 구매 결정을 하고, 구매하고, 획득하는 모든 과정 그리고 불필요한 옷을 정리하는 관리과정의 혁신도 일어나게 될 것이다. 위에서 강조한 것처럼, 낭비적 시간은 감소되고, 합리적이고도 효용적 가치가 큰 소비가 가능해질 것이다. 이로써 의생활에서의 만족도는 증가하고 경제적 측면에서의 효율성은 크게 증가될 것으로 보인다.

식생활 분야에서는 스마트팜, 빅데이터 활용을 통한 효율적인 식품산업 시스템 구축을 통해 우리의 식생활은 보다 다양한 먹거리로 풍성해지고 보다 위생적이고 안전한 관리 시스템을 통해 식품들을 제공받게 되어 안전한 식생활을 영위할 수 있을 것으로 본다. 또한, 3D 프린터, 사물인터넷 등을 활용한 소비자 맞춤형의 식품과 주방기기 생산, 소비자의 특성에 적합한 영양식 공급, 최적의 상태로 배달되는 음식 등을 통해 식생활에서의 만족도가 높아지고 자연적으로 체중을 비롯한 질병 관리가 가능하여 가족 구성원 모두 건강을 유지할 수 있을 것이다.

디지털 시대 산업과 현장에서의 혁신은 우리 일상생활 속의 의식주 분야에 큰 변화를 가져올 것으로 예견되지만, 이보다 더 놀랄만한 가족 또는 가정에서의 변화를 예측하는 경우도 있다. 4차 산업혁명시대 가정생활에 관한 예측 시에 출산에서도 혁신이 일어날 수 있다는 주장도 있다(최새은, 2017). 여성만이 할 수 있다고 생각한 임신과 출산도 인공 자궁을 통해 가능해질 수 있다는 것이다. 또한, 인공지능을 활용한 각종 효도 로봇과 아이 돌봄 로봇 등이 가족과 함께 생활함으로써 부모의 역할, 가족 간의 관계 등에 영향을 미칠 수도 있을 것이다.

따라서 미래 우리의 의식주를 비롯한 가정생활과 관련된 산업 또는 현장에서의 혁신은 결국 우리 삶의 혁신을 가져올 것이므로 생활과학은 일상에서의 혁신을 예측하면서 우리 사회가 요구하는 다양한 과제, 정책과 관련 산업 등에 관심을 기울이고 이를 해결하기 위해 노력해야 할 것이다. 또한, 이러한 변화를 겪는 생활관련 분야에서 이를 해결하고 사회와 인류 삶의 발전에 기여하기 위해서 가족생활교육, 소비상담, 자녀 돌봄, 부모역할 지원, 식생활 교육과 상담, 식품안전, 의복 컨설팅, 스마트 웨어, 주거관리, 주택 정책 및 주거 복지 등과 관련된 프로그램 개발과 전문가 양성에도 힘을 쏟아야 할 것이다.

3) 공존의 삶

(1) 주거환경과 지속가능성

① 지속가능성의 의미

세계적으로 지구환경에 대한 관심은 1992년 6월 브라질의 리우데자네이루에서 개최된 국제연합환경개발 회의(UNCED)에서 관련 문제를 논의하면서 시작되었다(경향신문, 2009. 6. 2.). 여기서 리우선언(Rio Summit)과 의제 21(Agenda 21), 기후변화협약, 생물다양성협약, 지구온난화 방지협약 등을 채택하면서 지구의 환경보호를 위한 활동이 본격화되었다(위키백과, 2017). 인간의 정주지[3]에 있어서 '지속가능한 환경개발'을 본격적으로 논의한 것은 1996년 6월 터키 이스탄불에서 개최된 제2회 UN Habitate Conference에서 Habitate Agenda II가 채택되면서 부터이다(권오진 · 이연숙, 2003). 지속가능한(sustainable) 환경개발은 '미래 세대의 환경을 생각하면서 우리 세대의 생활도 함께 발전시킬 수 있는 개발'을 뜻한다. 즉 경제 개발을 통해 경제 성장을 이루는 것과 동시에 환경 보전도 함께 이루어 미래 세대까지 계속 성장할 수 있게 배려하는 것이다. 지금까지의 개발은 미래 환경보다 경제 성장을 더 중요하게 생각했으며, 경제 성장을 이루기 위해서는 환경을 훼손할 수도 있다고 생각하는 것이 당연시 되었다. 하지만 이제는 경제 개발을 할 때 생태계가 받아들일 수 있는 부분까지만 개발을 하며, 사람들이 깨끗하고 쾌적한 삶을 살 수 있게 하기 위해 노

3) 정주지(定住地): 일정한 곳에 자리를 잡고 오래 머물러 사는 땅.

력하고 있다.

2008년 대한민국 정부는 '저탄소 녹색 성장'을 국가 비전으로 내세웠다. 우선 저탄소란 그동안 석탄이나 석유 등 화석 연료에 대한 의존도를 낮추고 청정에너지와 녹색 기술을 사용하여 온실가스를 줄이는 것을 뜻한다. 그리고 녹색 성장이란 에너지와 자원을 절약하여 기후 변화와 환경 훼손을 줄이고 녹색 기술의 연구와 개발을 통해 경제와 환경이 조화를 이루며 성장하는 것을 뜻한다. 지속가능한 발전을 위한 환경적 차원의 노력은 다음과 같이 정리할 수 있다.

- 자원 고갈과 환경오염 방지: 대체 에너지와 신・재생 에너지(지열, 풍력, 태양열, 태양광 등)를 적극적으로 개발하고, 에너지를 효율적으로 사용함으로써 자원 고갈과 환경오염을 방지한다.
- 인간과 자연의 공존 모색: 현재와 미래 사회에 대한 주인 의식과 책임 의식을 가지고, 인간 중심적인 사고방식에서 벗어나 인간과 자연이 공존할 수 있는 방안을 모색한다.
- 환경 관련 정책 마련: 환경영향 평가, 오염물질 배출량 관리, 친환경 산업 육성 등 지속가능한 발전을 고려한 정부 정책을 마련한다.
- 국제적 차원의 협력: 환경문제는 전 지구적 차원에서 영향을 미칠 수 있기 때문에 세계 각국이 환경보호를 위해 협약 등을 맺어 서로 협력한다.

② 지속가능한 주거

산업화에 따라 환경 친화적인 주거환경에 대한 욕구도 갈수록 증가하고 있으며 이에 따라 지속가능한 주거 개념이 각광받고 있다. 친환경 건축, 녹색건축, 친환경 주거 등 많은 용어로 불리지만 본 절에서는 '지속가능한 주거'로 칭하기로 한다.

지속가능한 주거는 매우 포괄적인 개념으로, 자연에 근접하거나 자연환경을 주택 안으로 도입하는 등 자연에 순응하는 자연 친화적인 주거를 지향하고, 내부적으로는 친환경적인 건설자재의 사용부터 조망권, 일조권, 주변녹지 등 쾌적한 주거환경뿐 아니라, 에너지의 효율, 자원의 재활용을 지향하며, 궁극적으로는 자연과 지구환경을 보호하는 결과를 가져오는 순환적인 개념을 갖는 주거를 말한다(그림 5-11).

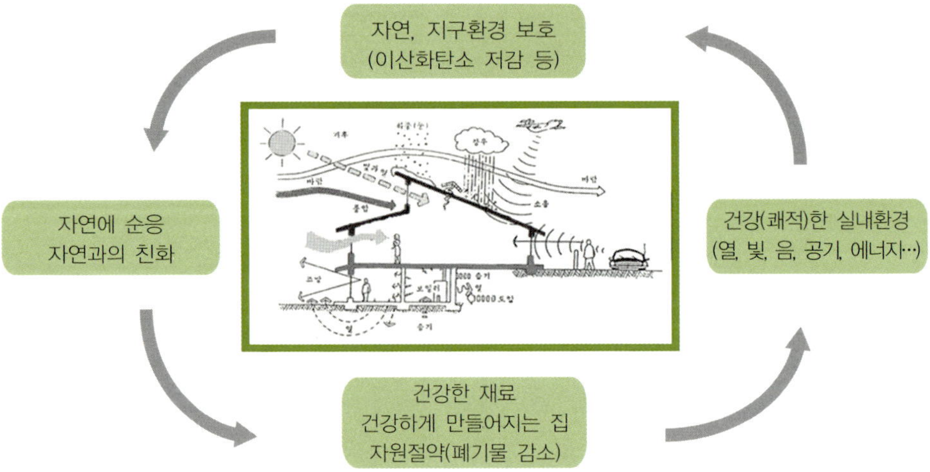

▌그림 5-11▌ 순환적 개념을 갖는 지속가능한 주거

지속가능한 주거가 지향하는 주요 관점은 다음과 같다.

가. 자연과의 친화

지속가능한 주거는 자연환경에 순응하고 자연과 공존하는 삶을 지향하는 공간 제공을 기본으로, 지형과 형세 등을 그대로 두거나 근교 녹지공간을 구성하여 도시인의 생활과 휴식의 장으로써 휴식, 교육, 운동 등의 질적인 주거환경을 제공하는 것을 의미한다. 또 작게는 집안에 자연적 요소와 환경을 도입하는 것으로, 화분에 과일이나 야채를 기르는 것도 이에 해당된다. 이러한 예로 이미 아파트 옥상을 정원으로 가꾼 단지들이 있으며, 더 나아가 친환경, 웰빙 트렌드에 맞추어 내 음식은 내가 길러 먹는 'GIY(Grow-It-Yourself)' 시스템을 주거생활에 적용하는 경향들도 나타나고 있다.

나. 건강한 재료 사용 및 자원절약

주택을 건축하기 시작한 초기에는 흙, 나무, 돌 등과 같은 주변에서 쉽게 얻을 수 있는 재료를 이용하였으나 과학기술이 발전함에 따라 다양한 재료를 통해 건축기술을 발전시켜 왔다. 현대 건축은 화학재료 사용이 큰 특징이며, 화학재료는 현대의 건식시공법과 함께 발전하였을 뿐만 아니라 기존 자재도 성능을 높이기 위해 첨가물로서 화학재료를 첨가하는 경향이 높아지고 있다. 콘크리트의 경우에도 필요에 따라 유동화제(流動化劑)를 사용하고, 그외에도 섬유 보강재, 플라스틱 보강재 등의 화학물질이 첨가되기도 한다. 그러나 이런 화학재료들은 실내에 오염 물질을 방출하는 주요인이 되기도 한다. 합판마루, 벽지, 가구에 사용되는 재료들은 대부분 화학물질을 방출하며, 휘발성 유기화합물(Volatile Organic Compounds: VOC) 또는 포름알데히드(formaldehyde) 등의 오염물질 배출의 주 오염원으로, 이를 저감시키는 친환경자재의 사용이 요구된다. 그러므로 현재는 화학물질 방출을 저감시킨 주택재료의 사용 여부가 환경친화적 주택의 척도 중 하나가 되기도 한다. 또한 지속가능한 주거는 폐자재 등의 배출을 최소화하며, 재생에너지(태양광, 풍력 등) 사용을 권장하여 자원절약을 지향하고 있다.

다. 쾌적한 실내환경

쾌적한 실내환경을 유지하는 측면에서도 친환경성을 생각할 수 있다. 주택이 실내 쾌적성을 유지하기 위해 두꺼운 단열재를 사용하고, 매우 기밀하게(air-tight) 시공되는 부분에 대해 다양한 견해가 존재하지만, 두꺼운 단열재를 사용한다는 것은 여름을 시원하게 겨울을 따뜻하게 보낸다는 것과 함께 화석에너지의 사용을 절감할 수 있음을 의미한다. 또한 외부 또는 윗집에서 오는 소음을 최소화하며, 친환경 자재 등을 사용하여 공기환경을 청결하게 유지하여 쾌적하고 건강한 실내환경을 만드는 것도 지속가능한 주거가 지향하는 바이다.

라. 지구환경 보전을 지향

지속가능한 주거는 순환적인 시스템으로 이해할 수 있다. 친환경자재를 사용하고 신재생에너지를 이용하는 것은 자원절약 그리고 에너지 절약으로 연결되며 이것은 이산화탄소의 배출을 최소화하는 주택으로, 또한 지구온난화를 방지하고 자연을 보호하는 차원으로 연결된다.

이산화탄소 저감을 위하여 화석에너지 사용을 지양하고 재생에너지를 사용하여야 한다. 이를 위해 '에너지 절약적 주택'이 확산되고 있다. 고효율 단열재를 사용하고 지열, 풍력, 태양광 등의 재생에너지를 사용하며 3중 유리, 폐열 환기시스템, 지열 냉·난방시스템 등의 기술을 이용하여 주택에서 사용하는 화석에너지 사용을 제로로 하는 '제로에너지 주택'을 실현시키기 위한 노력들이 활발히 진행되고 있다.

따라서 심각한 도시공해, 오존층 감소 등 환경파괴의 심각성에 대한 인식을 기반으로 각 분야에서 환경보존을 위한 다각적인 노력이 요구되며, 또한 자연에너지, 청정에너지를 이용하여 에너지절약과 환경보존을 동시에 달성할 수 있도록 하는 기술 개발이 중요해지고 있다.

(2) 친환경성과 의생활

공존의 삶 또는 지속가능성의 문제와 의생활에서 가장 관련이 깊은 이슈를 꼽는다면 친환경성일 것이다. 전통적으로 패션은 과소비와 관련되어 자주 언급되어 자원낭비와 연결되었으며 섬유산업 중 염색가공업은 수질오염의 주요원인으로 꼽혀왔다. 따라서 섬유의류산업은 지속적으로 친환경적인 제품과 생산과정을 개발하기 위해 노력해 왔으며, 의생활에서도 친환경적인 소비 생활을 위해 다양한 아이디어를 발굴하고 이를 실천하고 있다.

① 의복 제품에서의 친환경성

친환경성에 대한 관심이 커지면서 친환경소재에 대한 관심도 증가하였다. 친환경소재는 원료 자체가 친환경성을 갖는 것과 생산 과정이 친환경성을 갖는 것으로 나눌 수 있다. 원료 자체가 친환경성을 갖는 것은 소재원료가 천연물로 생분해성을 가질 때 친환경성 소재라고 한다. 생산 시에 친환경성을 갖는 것은 공해유발이나 환경오염이 적거나 거의 없는 생산방식을 거치거나, 폐기물을 재활용하여 생산할 때 친환경성을 갖는 소재라고 할 수 있다.

친환경소재로 대표적인 것은 오가닉 코튼(Organic cotton)이다. 원료자체가 면으로 친환경소재이지만 특히 생산방식에서 친환경성을 강조한 소재이다. 면 재배 시에는 다량의 제초제, 살충제, 화학 비료 등을 사용하고 면섬유 또는 면사 생산 시에는 탈색제나 표백제 등을 사용한다. 그러나 오가닉 코튼은 이러한 화학물질들을 사용하지 않고 환경 친화적인 방식으로 생산된 면제품을 말한다. 오가닉 코튼의 생산과정은 까다로워 생산과정을 미국은 Organic Trade Association이, 유럽은 Oeko-Tex Association에서 감시, 확인하고 있다.

면섬유나 모섬유 등 천연섬유는 친환경소재이지만 인조섬유의 경우에도 천연물을 원료로 하여 생분해성을 갖는 섬유라면 이는 친환경소재라고 부른다. 해조류 섬유, 대나무 섬유, 콩 섬유 등이 그것이다. 해조섬유는 해조류인 미역 또는 다시마에서 알긴산을 뽑아 섬유로 만든 것이고, 대나무섬유(죽섬유)는 죽순의 진액을 가수분해하여 알칼리화시키고 표백과정을 거쳐 생산한다. 콩섬유(Soybean Fiber)는 콩에서 기름을 제거한 잔여물 중 단백질을 이용해 만든 섬유로 캐시미어와 유사한 정도의 부드러운 촉감을 갖는다. 그외에도 우유단백질, 옥수수의 전분으로부터 추출된 폴리젖산 같은 원료를 사용해 친환경성 섬유를 개발, 생산하고 있다.

원료가 아니고 소재 생산 시에 친환경적인 방법을 사용하여 친환경 소재가 되기도 한다. 이는 특히 염색가공 업계에서 활발하다. 일반적으로 직물 가공 시에는 많은 물을 사용하여 세계섬유산업은 매년 수조 갤런의 물을 직물가공을 위해 사용하고 있어 물 부족과 수질 저하 문제를 해결하기 위해 노력하고 있다. 그런 의미에서 한 섬유기업(APJeT)은 직물가공 시 플라즈마 활용법을 개발하여 물을 사용하지 않고 화학물질 사용량도 현저하게 줄여 가공을 하였다고 발표하기도 하였다(글로벌경제신문, 2017. 12. 13.). 이처럼 기업들은 친환경적인 생산을 위해 노력하고 있어, 일부 섬유 제조업체들은 보다 환경 친화적이었던 과거의 생산 방식으로 돌아가는 생산 공정을 검토 중이며, 최근 일본에서는 과일주스를 염색원료로 사용한다고 발표하기도 하였다.

② 의복 소비생활에서의 친환경성

의복 소비생활에서의 친환경성은 1960년대 자연으로의 회귀를 주장하며 기존의 가치에 얽매이지 않으려고 했던 히피문화로부터 시작되었다고 볼 수도 있다. 히피들은 자유주의를 주장하였고 기술 문명으로 인한 산업화로 인해 환경이 오염되었다고 보고, 이러한 환경파괴까지 유발한 산업 문명에 대한 반발로 낡고 오래된 것, 인공적이지 않은 천연소재로 된 것, 자수나 손뜨개 등 손으로 직접 만든 것을 선호하고 착용하였다(그림 5-12).

이와 같이 반 과학사조에 의한 저항운동과 환경오염에 대한 위기감은 1970년대 말 펑크룩(Punk look)으로도 나타났다. 펑크 룩은 모히칸 헤어스타일, 남루한 옷차림, 사소하고 하찮은 물품들을 부자재로 사용함으로써 일생생활의 하찮은 것들에게서 새로운 미를 발견하였다(그림 5-12).

▌그림 5-12▐ 히피족들의 모임과 펑크스타일을 한 여성

자본주의 사회에서는 소비가 미덕이므로 결과적으로 낭비가 발생하게 되는데 히피룩과 펑크룩은 환경을 오염시키는 과소비를 거부하는 측면에서 본다면, 이러한 양식은 의복에서의 친환경성을 표현한 스타일이라고 봐도 무방할 것이다. 그러나 기존 질서에 반대하고 보수적 가치에 반항하는 히피룩과 펑크룩은 비주류 트렌드로 치부되어 주요 트렌드로 대접받지는 못했다. 그럼에도 불구하고 그들이 주장했던 자연으로의 귀의와 같은 슬로건은 사회에 큰 영향을 미쳤으며, 패션계에서도 친환경성은 지속적으로 관심을 받는 주제가 되었다.

그러나 패션계의 특징인 '유행'은 소비를 조장하여 자원절약이라는 측면에서 친환경성에 위배되는 성질을 갖는다. 2006년 캠브리지 대학 보고서에 따르면 2002년에 비해 옷 소비량이 3배 증가했다고 하였다(헤럴드경제, 2018. 2. 5.). 이처럼 옷 소비량이 증가하고 있는 이유는 첫째, 기술과 세계화로 인해 의복의 저가 공급이 가능하기 때문이다. 기술발전으로 더욱 값싼 재료를 갖고 더 빨리 생산할 수 있으며, 세계화로 인해 더욱 저렴한 가격에 원 재료와 노동력을 지역에 관계없이 얻을 수 있기 때문이다. 둘째, 의복은 필수품이기도 하지만 사용하던 것을 더 이상 사용할 수 없을 때 만 새로 구입하는 물건이 아니다. 입지 않는 옷이 옷장에 가득해도 계속 사도록 하는 것이 섬유의류산업의 특성이고 소비자도 이를 인지하지만 지속적으로 구매를 한다. 따라서 섬유의류제품의 폐기물 수준은 매우 높다. 미국에서는 매년 1310만 톤의 옷이 폐기된다고 한다(중앙일보, 2018. 1. 29.). 더욱이 일부 회사들은 재고를 리사이클하거나 디스카운트로 팔기보다 태워버리는 것을 선호한다고 한다.

이러한 친환경에 반하는 과소비문제를 해결하고 생산과 관련된 또 다른 문제들을 포괄적으로 접근하기 위해 의류업계에서 윤리적 패션 개념이 도입되었다. 윤리적 패션이란 디자인, 생산, 리테일과 구매를 윤리적으로 다루어야 한다는 콘셉트 아래에 작업환경, 노동착취, 공정거래, 친환경적 생산, 동물복지와 관련해서 섬유 의류업계에서 발생하는 문제에 대한 해결책을 찾고 친환경적 패션을 창조하는 데 목적을 둔다.

옷을 사는 것이 문제라는 말이 아니다. 그러나 최근에 '패스트 패션(fast fashion)' 트렌드에 의해 값싸고 새로운 디자인을 갖는 제품들이 빠르게 소개됨에 따라 충동구매 또는 과소비가 이루어지는 경향이 있으며 이는 환경 친화적인 소비행동이라 말하기 어렵다. 그러므로 이러한 소비행동에 반하는 개념에서 윤리적 패션운동에서는 리사이클뿐만 아니라 업 사이클에도 주력하고 있다(그림 5-13). 그러나 친환경적 패션은 고비용이 든다. 예를 들어 친환경성을 주장하는 영국의 한 니트 브랜드(The North Circular)는 영국 North Yorkshire에서 자란 양이나 재생모[4]를 이용하고 영국 내에서 생산 또는 공급되는 원료만을 사용해서 손뜨개로 제품들을 제작한다고 하였다(Ethical fashion forum, 2018). 이렇게 생산된 제품의 가격은 높을 수밖에 없다. 윤리적 패션론자들은 리사이클 문제를 해결하려면 제품의 라이프 사이클에 초점을 맞

---

4) 양모는 고가이므로 한번 사용한 모직물 또는 모 편성물을 회수, 재생하여 다시 원모처럼 만든 것.

추어야 한다고 주장한다. 즉 제품의 품질은 고품질이어야 하고 손쉽게 새 제품으로 리사이클링이 가능한 슬로우 패션으로 트렌드가 바뀌어야 한다는 것이다. 이렇게 되면 제품의 가격은 오르고 소비는 줄지만 소비자들은 구매 시 더욱 신중해질 것이고 그로 인해 그 제품은 오래 입고 그만큼 가치가 있는 아이템이 될 것이므로 친환경적 소비를 할 것이라는 주장이다.

또한, 최근에는 공유경제를 통해 제품의 수명을 연장하려는 시도들도 일어나고 있다. 지금까지 의복은 구매 후 사용하는 것으로 소유 개념으로 의복을 구매하였으나, 구매 후 착용빈도가 높지 않은 의복이 많고 이를 공유(sharing)하는 것이 효율적이라고 보는 것이다. 따라서 패션 명품을 대상으로 옷장을 공유함으로써 재화의 낭비를 막자는 취지에서 생긴 한국 스타트업이 있기도 하다(헤럴드경제, 2018. 2. 5.)(그림 5-13).

사회 전체적으로 친환경에 대한 합의는 이미 이루어진 것으로 보인다. 이러한 친환경에 대한 인식을 확산시키고 중요성을 대중들에게 인식시키기 위해 우리는 지구환경보호 캠페인을 벌이고 행사를 치르면서 '환경보호'라고 크게 적힌 티셔츠나 가방을 만들어 필요하지도 않은 행사 참가자들에게 나누어 준다. 환경문제를 인식하고 대응 방안을 마련한다고 하지만, 이를 생활 속에서 실천하고 옮기는 일은 또 다른 문제인 것이다. 따라서 생활과학 및 의류학 전공자들이 실제 생활 속에서 친환경성 상품/서비스를 사용하고 보다 지속가능한 공존의 삶을 영유할 수 있는 실질적인 방안들을 찾고 이를 실생활에서 실천할 수 있도록 해야 할 것이다.

그림 5-13 리사이클함, 업사이클한 조각품, 공유경제의 예인 도시의 자전거

(3) 친환경과 식품영양

① 친환경 식품의 대두 배경

친환경 식품이 각광을 받게 된 배경은 크게 두 가지로 볼 수 있다. 첫째는 식품산업에서 국제 무역량의 증가이다. 세계 식품 무역이 활발하고, 소비자들의 새로운 식품에 대한 수요 증가로 인해 글로벌 푸드의 수입량이 증가하고 있다. 그러므로 식품은 먼 거리로 수송되고 이를 위해 식품저장 기술이 향상되었으나 동시에 식품 보존을 위한 약품 처리도 증가할 수밖에 없다. 따라서 장거리 수송에 의해 식품의 신선도는 떨어지고, 식품 보존을 위한 가공 처리는 안전도를 떨어뜨리게 되어 친환경 식품에 대한 관심이 증가된 것이다(Kremer & DeLiberty, 2011). 둘째는 식품에 대한 소비자의 불신이다. 유전자 조작 농산물, 합성 농약, 화학 비료를 사용한 농산물에 대해 소비자들의 불신이 증가하고 있으며, 정부는 저탄소, 녹색성장 정책 등을 제시하여 친환경 식품을 장려함으로써 소비자들이 일반 식품보다 친환경 식품에 대한 신뢰를 갖게 되었다.

친환경 식품에 대한 소비자들의 관심과 수요는 우리나라뿐만 아니라 전 세계적으로 증가하고 있다. 가격이 비싸더라도 안전하고 깨끗한 식품을 선호하는 웰빙 소비자들의 증가로 인하여 우리나라 친환경 농산물 시장의 규모는 2012년에는 전체 농산물 시장의 약 9%를 차지하였고 그 규모는 3조 809억에 달하였으며, 2020년에는 전체 농산물 시장의 20%에 육박하는 7조 5천억 원 수준으로 증가될 것이라고 예측된다(한국농촌경제연구원, 2013).

② 친환경 농산물

친환경 농산물이란 환경을 오염시키지 않고 자연그대로 환경과 조화를 이루어 식품을 제배하는 방식을 사용하여, 화학비료 및 사료와 첨가제 등 화학자재를 전혀 사용하지 않거나 최소량만을 사용하여 생산한 농산물을 뜻한다(정재익, 2012). 농림축산식품부에서는 친환경 농산물을 4가지로 분류하고 각 농산물에 대해 인증마크를 부여한다. '유기농' 인증마크는 화학 비료나 농약 대신 자연 그대로의 퇴비 등을 이용하는 방식으로 만들어진 식품에 붙이는 마크이며 '저농약 농산물' 인증마크는 농약을 적게 사용한 농산물에 붙는 마크이다. '무농약' 인증마크는 농약을 사용하지 않은 농산물에 붙는 마크이며, '무항생제' 인증마크는 가축 등을 키울 때 항생제를 쓰지 않고 키워 얻은 식품에 붙이는 마크이다. 이러한 마크를 받은 친환경 농산물을 이용하여 만든 식품을 친환경 식품이라 부른다.

③ 로컬 푸드

로컬 푸드(Local food)란 장거리 운송을 거치지 않은 지역농산물로서, 생산자와 소비자 사이의 이동거리를 단축시켜 식품의 신선도를 극대화시키자는 취지로 출발한 것이 로컬 푸드 운동이다. 생활수준이 향상되면서 친환경 식자재에 대한 요구나 신선한 식품에 대한 표준이 높아지고, 이로써 로컬 푸드에 대한 관심도 향상되고 있다. 로컬 푸드에 대한 수요가 증가하는 이유를 자세히 살펴보면, 첫째, 그 지역의 농산품 시장을 활성화하여 농민의 어려움을 해결할 수 있다. 둘째, 농민과 소비자 사이에 중간 상인이 적어지므로 농민과 소비자에게 모두 합리적으로 가격이 형성될 수 있다. 셋째, 장거리에서 유통되는 식품은 저장성 확보를 위해 화학처리가 불가피하므로 로컬 푸드는 신선하며 안전하다는 것이다.

로컬 푸드는 뉴욕에서부터 시작되었는데, 나라마다 로컬 푸드의 개념이 다르다. 영국 런던은 160㎞ 이내에서 재배 생산된 농산물을 로컬 푸드로 정하고 있으며(Morris 외, 2003), 미국은 '먹거리 영역(Food shed)'으로 구분하여 정의하였고(홍경완 외, 2009), 한국은 로컬푸드를 '지역'으로 정의하고 있다. 농촌진흥청은 로컬 푸드를 50~100km 거리 내의 지역 생활권에서 생산, 가공, 유통되는 안전하고 신뢰할 수 있는 농수산물이라고 정의하고 있다(이관률 외, 2013).

3 생활과학의 미래를 위한 실천 과제

미래 사회에서 의식주생활의 혁신은 우리의 일상을 바꾸고 가정 내 구성원, 가족

내 부부, 부모 자녀의 관계에도 큰 변화들을 예고하고 있지만 그럼에도 불구하고 사람들은 계속 어울려 살아가고, 많은 사람들은 결혼하여 부모가 될 것이다. 맞벌이 시대 자녀 돌봄에 대한 사회적 지원은 강화될 것이고, 백세시대 다양한 노인 돌봄 형태가 출현하고 확장될 것이다. 날마다의 일상적인 삶이 이루어지는 한 생활과학적 측면에서 다루어야 할 다양한 논제들이 지속적으로 발생될 것이고 이러한 문제들을 보다 적극적인 자세로 파악하고 해결점을 찾아 제시하는 것이 생활과학의 의무이자 책임이다.

본 장에서는 '생활과학과 미래'라는 큰 주제 안에서, 디지털시대의 새로운 라이프스타일, 미래의 생활 · 산업과 현장에서의 혁신 그리고 공존의 삶을 다루었다.

미래의 라이프스타일에서도 설명했듯이, 미래 사회에서는 행복하고 편안한 삶을 중시하고 다양성을 인정하면서 개성과 자유의 가치를 존중할 것으로 예측된다. 이미 장기적인 경제 침체로 인한 결혼 기피와 출산율저하, 1인 가구 증가 등이 사회적인 문제로 대두되고 있는 가운데 삶의 질을 중시하고 개성과 자유의 가치를 중시하는 경향은 이러한 사회적 문제를 더욱 공고하게 하여 자기지향적 삶을 추구하는 경향을 강화시킬 것으로 본다. 또한, 생명 관련 기술 발달에 의해 수명이 연장되어 고령사회로 접어들면서 노인들의 행복하고 편안한 삶을 위한 대책들에 대해서도 심도 깊은 논의가 필요한 시점에 와 있다. 현재 한국 사회는 이러한 문제에 대한 고민에 빠져있지만 또 한편으로는 과학기술의 급속한 발전으로 새롭고 흥미로운 경험들을 실생활에서 하고 있기도 하다. 이러한 첨단기술의 발전은 인간 생활의 모든 영역에 영향을 미쳐 의식주 가정생활 모두를 변화시키고 산업과 현장에서도 혁신적인 변화를 경험하게 할 것이다. 그러나 이러한 기술발달의 긍정적 효과 이면에서는 자연파괴, 더욱 더 고립되는 인간의 삶과 같은 문제들이 발생하게 되므로 이를 해결하기 위한 접근들도 필요하게 되었다.

그러므로 아래에서는 앞에서 다룬 내용들을 종합하면서, 생활과학적 측면에서 미래 인간 삶에서의 주요 변화를 이끌만한 주요 키워드와 그에 따른 실천 과제를 정리해 보고자 한다.

1) 출산율 저하와 생활과학의 과제

세계 초저출산국가인 우리나라는 지속적으로 출산율 향상을 중요한 정책으로 추진해 왔다. 그러나 이 정책에 의한 효과가 미비하여 미래 지향적 의미에서 출산정책에서의 변화가 시도되고 있다. 출산 관련 정부의 정책이 출산정책에서 가족행복정책으로 전환되고 있는 것이다(표 5-2). 단지 출산에 초점을 둘 것이 아니라, 가족이 행복한 사회가 되면 젊은이들이 자연스럽게 결혼하고 아이를 낳게 될 것이라는 기대에 의해 정책이 변화한 것이다(송혜림, 2018c).

표 5-2 시대별 국내 출산정책 기조

1970년대	'딸 아들 구별 말고 둘만 낳아 잘 기르자' 둘 낳기 운동. 피임실천대회 개최. 정관수술 도입
1980년대	'하나만 낳아 잘 기르자' '잘 키운 딸 하나 열 아들 안 부럽다' 융자 우선권 등 소가족 지원 강화
1990년대	'아들 딸 구분 말고 낳자' 자녀 수 보다는 출생성비 균형 등 양성평등 추진
2000년대	저출산 심화로 국가적 위기감 고조 2006년 1차 저출산 고령사회 기본계획(2006~2010) 시작
2010년대	2020년 까지 출산율 1.5명. 신생아 수 45만 명 유지 위해 총력 저출산 극복에서 가족행복으로 저출산 대책 기조 전환 추진

출처: 송혜림(2018b). 재인용.

젊은 세대가 결혼과 출산을 기피, 연기, 포기하는 이유가 경제적인 부담, 어려운 일과 생활의 균형, 정부 정책의 실효성 의문, 미래에 대한 불안 등이라는 조사 결과가 있다(송혜림, 2018b에서 재인용). 결국 이러한 조건들을 어떻게 개선시켜 나가는가, 그래서 결혼과 부모 됨에 대한 인식을 어떻게 전환시키는가에 따라 출산율도 달라질 것이다.

이런 점을 고려해 의생활 측면에서 다룰 수 있는 과제는 크게 두 가지로 분류해 볼 수 있다. 하나는 출산율 저하에 따른 유아동복 업계의 변화와 출산을 장려하는 측면에서 임부복과 수유복의 기능성 및 심미성 향상과 관련된 과제이다. 먼저 출산율 저하에 따른 변화는 이미 산업계에서 나타나 유아동복 시장의 볼륨이 감소되었고 남아 있는 브랜드들은 보다 고급화를 지향하고 있다. 이러한 유아동복의 고급화 경향은 제품가격을 상승시켰지만 의복의 업 사이클 또는 대물림을 통한 재사용을 하도록 하여 의복에서의 지속가능한 소비가 이루어지는 측면이 있기도 하다. 또한 출산장려를 위해서는 임산복과 수유복의 기능성과 외관을 향상시켜 임산부와 수유를 하는 엄마들의 의생활에서의 만족도를 높이도록 해야 할 것이다.

주생활 측면에서 출산율 저하에 따른 과제는 주택의 수요인구 감소에 따른 주택재고의 활용을 위한 리모델링 또는 개조와 같은 지속가능한 주택의 실현이다. 출생률 저하는 추후 주택수요 감소를 초래할 것이므로 신축과 같은 시공사업보다는 현재 주택의 재고를 활용하는 주택산업이 활기를 갖게 될 것이며, 현재 주택을 연령대에 맞게 특화하고자 하는 사업, 즉 고급화 · 개성화하고자 하는 경향이 더욱 강해질 것이다. 또한 출산율 저하를 방지하고자 하는 정책적 측면에서의 지원 과제가 더욱 강화되어, 신혼부부의 주택공급 지원 정책, 또는 다자녀에 대한 주택지원 정책 등 출산율 저하 방지를 위한 주택 정책이 강화될 것이므로 올바른 정책 입안이 될 수 있도록 주생활 전공에서 다각적인 방향에서 조언을 해야 할 것이다.

2) 1인 가구의 보편화와 생활과학의 과제

1인 가구의 증가는 과거와 달라진 우리 삶 변화의 결과이면서 동시에 삶을 변화시키는 원인이 되고 있다. 이미 1인 가구가 늘어남에 따라 미니멀 재화의 확장, 편의점 이용, 혼밥, 가공식품의 증가 등 가구의 소비행동에서 변화가 나타나고 있다(조영희, 2017). 1인 가구의 소비행동, 여가생활, 자기 돌봄, 사회적 관계망 등은 가정복지학, 소비자학, 가족자원관리학 등의 주요 연구주제로 부각될 것이다.

동시에, 1인 가구의 확산을 중심으로 의류, 식품, 주거와 주택 등의 산업과 현장도 달라질 것이다. 먼저 의생활 측면에서는 1인 가구의 확산은 다른 분야보다 그 여파가 크지 않을 것으로 보인다. 의복은 타인과 공동으로 사용하는 물건이 아니기 때문이다. 그러나 1인 가구가 늘어나면 의복 세탁 및 관리 분야에서는 변화가 있을 것이다. 즉 1인 가구의 세탁물은 일정 양 모으기가 쉽지 않아 가정에서의 세탁보다는 세탁소나 외부 세탁 전용가게를 이용할 가능성이 크다. 또한, 1인 가구의 경우 집의 크기도 작을 뿐만 아니라 소득도 줄어 갖고 싶은 물건들을 모두 사거나 보관도 어렵기 때문에 갖고 싶은 고가의 명품들을 공유하는 공유경제는 늘어날 것으로 보인다. 그러나 한 편으로는 개인 중심적 소비가 증가하는데, 특히 1인 여성 가구의 증가는 의복비 지출과 미용 관련 부분에서의 소비를 증가시킬 것으로 보여 여전히 미래에도 젊은 여성을 위한 여성복 시장과 미용 시장은 크게 성장할 가능성이 있어 보인다.

식생활 측면에서는 1인 가구는 요리하거나 외식할 여유가 없어 배달 음식 시장이 더 커질 것으로 보여, 배달음식 관련 플랫폼 기업, 식당과 식품업체들은 다양한 서비스를 개발해야 할 것이다. 특히 남성 1인 가구의 식품비가 가장 크게 증가할 시장으로 보이므로 이들에게 관심을 가져야 할 것이다. 장기적으로는 1인 가구의 건강한 식생활을 위한 영양 프로그램, 조리법과 식품개발 등이 이루어져야 할 것이다.

주생활 측면은 1인 가구의 영향을 가장 크게 받을 것으로 보인다. 2인 이상 가구에 비해 주거비는 높을 수밖에 없기 때문이다. 따라서 쉐어 하우스, 실버주택, 임대주택 등에 대한 다양한 주거비용을 절감할 수 있는 주거 방식과 1인 가구를 위한 그리고 그들의 라이프스타일을 수용하는 주택 개발에 대한 연구가 필요하다. 1인 가구는 미혼의 청년세대뿐만이 아닌 고령화 사회로 인한 노인의 1인 세대가 계속 증가할 것이며 1인 가구들로 이루어진 커뮤니티에서 발생할 수 있는 문제들에 대한 심도 깊은 논의가 필요하다. 또한 가구와 같은 공유재의 경우 부피가 크고 고가인 제품의 수요는 크게 줄 것으로 예측되며, 소형의 조립 가구시장이 증가할 것으로 보인다. 특히 최근의 셀프 인테리어가 유행하고 있고 그중에서도 남성들의 셀프 인테리어가 크게 증가하는 것으로 나타나 이에 대한 대비가 필요하다.

이와 같이 생활과학 측면에서는 1인 가구가 보편화될 시점에 대비하여 1인 가구를 위한 의식주를 비롯한 가정생활에서 발생할 수 있는 다양한 연구주제를 파악하고 이에 대한 심도 깊은 논의가 있어야 할 것이다. 결국 이러한 문제를 해결할 생활과학 전공자의 진로 또한 더욱 다양해질 것이다.

3) 고령사회와 생활과학의 과제

우리나라는 2017년 8월 기준으로 전 인구 중 65세 이상이 14.02%를 넘어 고령사회로 진입했다(연합뉴스, 2017. 9. 3.). 고령사회에서 생활과학의 역할은 더욱 많아지고, 생활과학에 대한 사회적 기대와 요구도 높아질 것이다. 그러므로 생활과학 관련 산업과 현장은 고령 추세에 주목하여 행복하고 건강한 노년기 삶을 위한 제품과 서비스를 개발해야 할 것이다. 예를 들어 노인생활복지, 노후생활지원 등을 중심으로 하여 생활과학의 하위전공들이 연계되어 고령자의 행복하고 편안한 삶을 설계해 줄 수 있어야 할 것이다. 노인생활복지나 노후생활 지원을 위해 여가관리, 재무 설계, 영양 컨설팅, 주거환경, 맞춤형 의복 등을 상담하고 교육하는 세부 주제들이 도출될 수 있다. 이는 생활과학의 융·복합적인 특성을 가장 잘 표현하는 주제가 될 것이다.

노후가 길어짐에 따라 부부간의 관계, 부모역할 등도 지금과는 매우 달라질 것이다. 가정복지 측면에서는 생애주기별 가정생활설계, 부모교육, 부부상담 등의 프로그램을 개발하고, 관련되는 전문가를 양성할 필요가 있다. 소비자 측면에서는 노후 재무 설계, 생애주기별 소비생활 컨설팅 등이 필요하다.

의생활 측면에서 고령사회 진입은 출산율저하에 따른 유아동복 시장의 축소를 상쇄하고도 남을 실버시장의 확장을 생각해볼 수 있다. 일단 실버시장의 확장에 따라 노인의 체형과 운동 능력에 맞는 의복 설계, 기능적인 소재 및 디자인에 관한 체계적인 연구가 필요할 것이다. 특히 노인의 신체적 심리적 상태를 고려한 노인용 스마트 웨어 개발이 필요할 것이다. 현재도 이를 위한 연구들이 실시되고 있어 자동으로 심박 수와 혈압을 체크해서 인근 병원이나 보건소에 보내주는 건강 신호용 스마트 웨어, 멀리 있는 가족들이나 친지들이 노인에게 위로와 마음을 전달할 수 있는 허그 셔츠와 감정 표현용 셔츠들이 개발 중에 있다.

식생활 측면에서는 고령자의 건강이나 질병을 위한 맞춤식단 개발, 고령자의 신체 상태 또는 치아 상태에 따른 식단 개발들이 있을 수 있으며, 혼자 사는 노인의 심리적 안정을 위한 집단적 식사 프로그램 개발 등도 필요할 것으로 보인다. 또한 독거 노인을 위한 식사제공 프로그램의 다양화도 이루어져야 할 것이다.

주생활 측면에서는 고령화에 따른 노인을 위한 다양한 주택의 개발 및 지원 정책 등이 모색되어야 한다. 특히 우리나라는 노후준비가 부족한 노인세대가 많아 최저 주거시설을 확보해 주거복지적 차원에서 지원해야 하는 노인층이 존재한다. 그러나 또 한편으로는 이전 세대의 노인보다 경제적으로 신체적으로 우월한 새로운 액티브 시니어들이 있으며 이들을 위한 주택 개발도 필요할 것으로 보인다. 이들은 다양한 문화 활동을 하고 건강한 삶을 위해 병원에서 멀지 않은 곳에 살고자 하며 다른 사람들과의 사회적 연대감을 지속시키려 할 것이다. 이러한 그들의 니즈를 만족시킬 만한 주거공간을 마련하는 것이 주거환경학의 주요 의제가 될 것이다. 또한 노인이기 때문에 젊은 사람들이 사는 공간과는 다른 형태의 주택이 필요할 것이므로 이러한 주택 또는 주거공간에 대한 실내디자인과 설계가 이루어져야 할 것이다.

4) 기술 진보에 따른 혁신적인 변화와 생활과학의 과제

4차 산업혁명이라고 불릴 만큼 최근의 기술 진보는 역사적으로 유례가 없을 만큼 그 속도가 빠르고 다양한 방향성을 갖는다. 이러한 기술 진보로 인해 우리 사회는 혁신적인 변화를 겪게 될 것이고 이는 가정생활에 곧바로 적용되어 이전과는 다른 생활에서의 변화들을 경험하게 되어 생활과학의 현장과 산업의 변화도 초래할 것이다. 이런 상황들을 우리는 이미 과거에 경험한 바 있다. 가정용 냉장고를 한 예로 설명해 보자.

고대 시대부터 냉기 보존에 관심을 갖고 있었던 사람들은 지속적으로 음식 보관을 위한 냉동 냉장 기술에 관심을 갖고 이를 발전시켜 결국 19세기 말에 가정용 냉장고가 시판되었다. 이로써 일반 가정집에서도 냉장고를 갖게 되었고 이는 가정생활의 여러 면에 영향을 미쳤다. 먼저 음식물 보관이 용이해져 식생활이 양과 질적 측면에서 크게 향상되었고 그로 인해 사람들의 건강상태가 매우 양호해졌다. 냉장고가 나오기 전 음식물은 따뜻한 실내보다는 지하 창고 또는 밖의 차고 건조한 장소에 보관되었고 우리나라의 경우 된장, 고추장 등 장류 보관을 위해 장독대는 집에서 필수적인 요소였다. 그러나 이러한 외부창고나 장독대 등의 필요성이 냉장고로 인해 감소하여 주거공간에서의 변화를 가져왔으며 한옥과 같은 저층의 단독주택에서 벗어나 아파트 생활을 가능하게 하였다. 또한 냉장고의 출현은 주부의 가사노동 시간을 크게 단축시켜 주부가 다른 여가생활을 하거나 아동 보육에 더욱 신경을 쓰게 하였다. 그러나 냉장고가 있기 전에는 음식 보관이 어려워 음식을 다른 이웃과 나누어 먹는 풍습들이 있었으나 냉장고로 인해 음식을 나누어 먹는 풍습이 점점 없어져 가기도 하였다.

이러한 예에서 보듯이 냉장 기술에 따른 가정 내 냉장고 도입만으로도 식생활이 향상되었고 가족 구성원의 건강상태가 좋아졌으며, 주거공간의 변화와 함께 주생활을 변화시켰고 주부의 가사노동시간 감소에 따른 여가시간과 아동 돌봄 시간의 증가를 가져오는 등 기술진보에 따른 결과물은 가정생활의 각 부분에 영향을 미쳐 큰 변화를 초래하게 된다. 또한, 기술진보에 따른 변화는 가정에서 이루어지는 의식주 생활, 가족관계, 아동보육 등에 두루 영향을 미칠 뿐만 아니라 서로 얽혀 있어 상호 영향을 주고받으면서 변화되는 것이다.

더욱이 과거에 비해 기술진보에 따른 가정생활 내에서의 변화는 양과 질에서 혁신적인 변화를 겪을 것이므로 빅데이터, 사물인터넷, 인공지능과 같은 특정 분야 중 어느 하나를 예로 들어 의식주 생활별로 실천과제를 논하기는 매우 어렵다. 그러나 분명한 것은 위의 예에서 본 것과 같이 기술혁신은 의식주 생활을 비롯한 모든 가정생활에 영향을 미치므로 이러한 변화들에 대해 의류학, 식품영양학, 주거환경학, 가정관리학, 가족학, 아동학, 소비자학 적인 측면에서 다각도로 이해하고 설명하는 것이 필요할 것이다.

최근에 회자되고 있는 4차 산업혁명은 여러 영역들 간의 융·복합을 전제로 하는데, 생활과학의 경우 생활과학을 이루고 있는 영역들이 인간의 삶, 가정생활이라는 연구대상을 갖는다는 공통점과 인간의 삶, 가정생활에서 각각의 관심영역이 다르다는 차이점을 갖기 때문에 융·복합시대에 가장 적합한 학문분야로 생각된다. 따라서 사회가 기술 진보에 따른 혁신적인 변화를 겪으면서 발생하는 여러 이슈들에 대해 생활과학을 이루고 있는 하위영역들이 함께 관심을 갖는다면, 여러 관점에서 문제를 볼 수 있어 발생된 문제가 무엇인지 보다 명확해지고 더 빨리 적절한 해결방안을 찾을 것으로 생각한다.

5) 개성, 자유, 공존과 상생의 가치를 존중하는 사회와 생활과학의 과제

개개인의 삶의 질이 중시되고 행복을 추구하는 경향이 두드러지는 미래 사회는 개인의 삶이 중요하므로 개성과 자유를 인정하지만 동시에 모든 개인이 존중받기 위해서는 상생과 공존이 이루어져야 한다. 미래 사회에서는 다양한 네트워크를 통해 개인들이 서로 연결될 것이므로 정신적, 육체적으로 건강한 개인들이 필요하고, 개인과 개인 간의 건강한 관계가 요구된다. 이와 같이 건강한 개인과 그들 간의 관계를 건강하게 유지하기 위해서는 교육학적 관점에서 인간의 본성과 심리, 대인관계 등에 대한 고찰이 필요하고 이는 가정 교육학에서 다룰 수 있는 주제로 생각된다. 특히 가정 내에서의 자녀 교육은 미래 성인이 되었을 때의 사회생활과도 연관되므로 아동학 측면에서 아동의 인성 교육에 관련된 다양한 프로그램들이 마련되어야 할 것이다. 최근에 식생활영역에서 밥상머리교육에 관심을 갖고 다양한 프로그램들을 실시한 것도 책임 있고 건강한 사회인을 만들기 위한 일환 중의 하나로 생각된다.

그러나 사회를 구성하는 개인이 모두 정신적, 육체적으로 건강하고 경제적으로 독립적일 수 는 없다. 부모가 없는 아동, 경제적 능력이 없는 노인, 신체적으로 핸디캡을 갖고 있는 사람들, 법적인 테두리 안에 있지 않은 사람들 등등 이루 말할 수 없을 만큼 다양한 원인에 의해 어려움을 겪는 이들이 많다. 이들도 사회구성원으로서 그들의 삶을 살아갈 수 있도록 하는 것이 바로 사회의 몫이고, 사회가 제 역할을 다해 이러한 소외계층의 삶을 지지해 줄 때 공존과 상생의 가치가 발휘되는 것이다. 이것이야말로 개인과 개인 간의 관계를 건강하게 만들어 네트워크화된 미래 사회를 보다 단단하고 발전된 문명사회로 만드는 지름길일 것이다.

이처럼 개인과 개인 간의 관계가 건강한, 바람직한 사회를 만들기 위해서는 이를 뒷받침해주는 사회적 장치들이 필요하다. 이러한 장치 마련은 사회적인 차원에서 그리고 정부의 정책적 차원에서 이루어져야 하며 이때 생활과학적 측면에서 많은 도움을 줄 수 있을 것으로 본다. 특히 가족학, 아동학, 가정 관리학의 영역에서 이러한 문제들을 다룬다면 보다 감성적이고 개인적인 접근이 가능할 것으로 보여 실효성 있는 다양한 장치 또는 프로그램 개발이 가능할 것으로 생각한다.

앞에서 공존의 문제를 개인을 구성요소로 갖고 있는 사회 속에서 개인과 개인, 개인과 사회와의 관계에 초점을 맞추고 사회학적인 측면에서 다루었다. 그러나 공존 문제의 또 다른 한 축은 자연환경 측면이다. 즉 개인과 자연의 관계, 사회와 자연의 관계에서 공존의 문제를 다루어야 하는데, 이는 이미 공업화가 시작된 초기부터 심각하게 고려해 왔던 부분이다. 급기야 1992년 지구온난화를 막기 위해 브라질에서 기후변화에 관한 유엔기본 협약(The United Nations Framework Convention on Climate Change)이 체결되고 지구 전체는 보다 적극적으로 환경보호에 관심을 갖기 시작하였다. 이후 정책적으로 환경보호와 관련된 많은 규제들이 생겨났고 이로 인해 많은 산업 시설들이 환경 친화적인 상태로 개조되거나 신설되었다.

그러나 경제발전이 계속되면서 환경문제는 지속적으로 제기되었고 이로 인해 사회적 관심이 높아지면서 제품/서비스에서 친환경적인 성격을 갖게 되었으며, 친환경적인 상품에는 환경 관련된 특정마크를 부여하여 소비자에게 이 제품이 친환경 제품이라는 것을 홍보하고 있기도 하다. 또한, 최근에는 환경보호의 문제를 자연환경 측면에서 뿐만 아니라 사회적인 측면에서 나눔의 문제와 결합하여 공존의 가치를 실천하는 기업들도 있다. 최근에 영국 명품 브랜드 버버리가 팔리지 않는 상품을 소각 처리하던 것을 중단하고 재사용하거나 기증 처리하는 방식으로의 전환을 발표하면서 현대적 의미에서 럭셔리의 의미는 사회적으로나 환경적으로 책임의식을 갖는 것이고, 지속가능한 패션이 되기 위해 노력하겠다고 발표하기도 하였다(머니투데이, 2018. 9. 7.).

지속가능성은 공존과 상생의 문제를 어떻게 다루어야 할지를 잘 나타내준다. 1987년 유엔은 '우리 공동의 미래(브룬트란트 보고서)'라는 보고서에서 미래 세대의 필요를 충족시킬 능력을 저해하지 않으면서 현재 세대의 필요를 충족하는 발전으로 지속가능한 발전을 정의하였다(위키디피아, 2018). 지속가능한 발전은 환경에만 집중하는 것이 아니며, 일반적인 정책의 영역인 경제, 환경, 사회를 포함하였다. 그러나 2001년 유네스코 세계 문화 다양성 선언(The Universal Declaration on Cultural Diversity)에서 문화의 다양성을 언급하여 '문화 다양성'이 지속가능한 발전의 네 번째 정책영역이 되었다(그림 5-14).

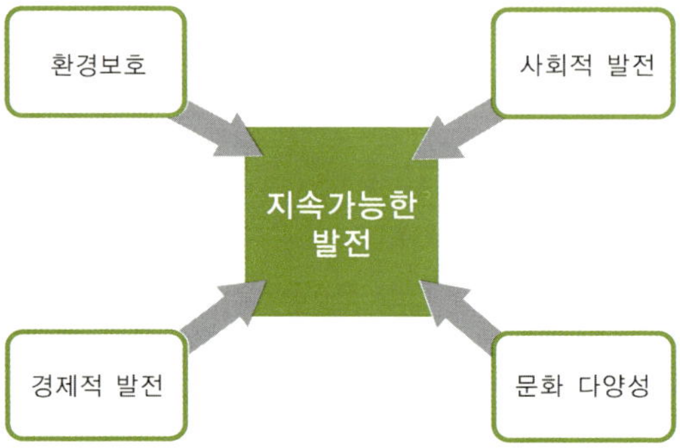

그림 5-14 지속가능한 발전의 정책 영역

이와 같은 지속가능한 발전을 위한 네 영역을 고려해볼 때 생활과학적 측면에서 다룰 내용들은 많아 보인다. 먼저 환경보호의 경우, 의식주생활과 관련된 여러 기업에서 다양한 제품/서비스 등이 나오고 있으며, 이러한 제품의 제조공정에서의 환경 저해요소를 발굴하여 친환경적인 제조방식으로의 전환 또는 보다 친환경적인 제품 공급과 관련된 연구와 결과들이 나올 수 있도록 해야 할 것이며 아동학, 가족학 등에서는 환경보호 관련 교육 및 다양한 프로그램들을 개발하고 이러한 노력들이 정책 입안에 반영될 수 있도록 서로 협조해야 할 것이다.

사회적 발전에서는 개인의 자유와 권리를 보장하지만 동시에 타인을 존중해 주고 다양성을 인정하며 윤리적으로, 도덕적으로 건전하여 정의로운 사회를 만들도록 노력해야 할 것이다. 경제적 발전의 부분에서는 자원의 공정한 분배가 이루어지도록 하며 무엇보다 소외계층에 대한 적절한 고려가 있어야 할 것이다. 마지막으로 문화 다양성은 경제적 성장이 아닌, 보다 만족스러운 지적, 감정적, 윤리적, 정신적인 삶을 달성하기 위한 하나의 방법으로서 지속가능한 발전의 근원이 된다는 것을 뜻한다. 따라서 가정관리학, 가족학, 아동학적인 관점에서 건강한 가족, 행복한 가족을 재 정의하고 가족 구성원들의 삶에 영향을 미칠 수 있는 요건들을 규정하고 건강하고 행복한 삶을 살기 위한 실천적이고 구체적인 방식들에 대해 논의해야 할 것이다. 또한, 의류학, 식품영양학, 주거환경학 등은 복식문화, 식문화, 주거문화에서의 주요한 트렌드와 사회적 역사적 배경들에 관한 관계를 파악하여 미래 사회의 문화적 다양성을 이룩하기 위한 방안들을 준비하고 새로운 복식문화, 식문화, 주거문화를 예측해 볼 필요가 있을 것으로 생각한다.

위에서 살펴본 것처럼 가족행복이 최고 가치가 된 사회, 결혼과 출산율이 낮은 사회, 1인 가구가 보편화된 사회, 고령사회, 혁신적인 변화를 겪는 사회, 개성, 자유, 공존과 공생이 핵심단어가 되는 사회가 미래 사회의 특징으로 보인다. 물론 현재에도 이미 이와 관련된 많은 문제들이 제기되고 있지만 미래 사회에서는 더욱 중요하고 급박한 문제들이 이와 관련해서 우리에게 던져질 것이다.

우리는 앞에서 이런 주요한 이슈들을 갖고 생활과학적 측면에서 실천해야 할 과제들을 설명하였다. 그렇다면 미래에 우리 사회 곳곳에서 생활과학 전공자로서 내가 해야 할 일은 무엇이고 이 일을 위해 지금의 내가 해야 할 일이 무엇이 있는지 생각해 보아야 할 것이다.

더욱이 미래 사회에서의 가장 중요한 화두중의 하나가 삶의 질이라고 볼 때, 인간 삶을 풍요롭게 하는 생활과학의 사명과 목적은 더욱 공고해질 것이고 이런 측면에서 생활과학은 매우 중요한 역할을 할 것이다. 그러므로 미래 사회에서 생활과학은 인간의 삶을 위한 필수적인 학문으로의 위치를 갖게 될 것이며, 생활과학을 전공하는 학생, 교수, 연구원, 산업 또는 현장 근로자들은 각자 맡은 자리에서 그 역할과 소임을 다해야 할 것이다.

토의문제

1. 20년 뒤 가정생활의 모습을 상상해 보고 그 생활을 나타내는 키워드 10개를 적어 봅시다.

2. 가족형태의 다양화와 관련하여, 조손가족, 한 부모가족, 다문화가족, 분거가족(기러기가족)은 앞으로 증가 또는 감소할 것인지에 대해 예측해 봅시다.

3. 10년 전 초등학교 다닐 때와 현재를 비교해 보았을 때 그때는 없었지만 지금은 있는 물건 또는 서비스에는 어떤 것들이 있는지 생각해 봅시다.

4. 기술발전은 가정생활에 좋은 영향도 미치지만 나쁜 영향을 줄 수도 있습니다. 좋은 영향과 나쁜 영향을 각각 5개씩 나열해 봅시다.

5. 일상생활 속에서 지속가능성 또는 친환경성을 실천하고 향상시킬 수 있는 방법들은 무엇이 있는지 논의해 봅시다.

참고문헌

강민석 (2005). 환경변화와 미래의 주택시장. **건설기술인, 70**, 20-23.

강철구, 공경철, 심현철, 안태범, 정지훈, 조영조 (2015). 우리 삶을 바꿀 2045년 미래 로봇. **로봇과 인간, 12**(4), 3-15.

경향신문 (2009. 6. 2.). [어제의 오늘] 1992년 리우환경회의. http://news.khan.co.kr/kh_news/khan_art_view.html?artid=200906021751105에서 검색.

경향신문 (2018. 4. 13.). 폐비닐 · 페트병은 왜 골칫덩이가 되었나. http://v.media.daum.net/v/20180413214926708#none에서 검색.

권수애, 김은영, 김지영, 이은경, 최종명 (2008). **패션과 라이프**. 서울: 교학연구사.

권오진, 이연숙(2003). 공동주택 단위주거의 친환경 계획요소에 대한 전문가 의식조사. **한국생태환경건축학회 논문집, 3**(3), 11-18.

글로벌경제신문 (2017. 12. 13.). KOTRA, 미국 섬유 제조산업을 선도하는 기술섬유. http://cnews.getnews.co.kr/view.php?ud=20171213144931595O2ec63abbd1_16에서 검색.

김소영, 김선미, 이기영 (2011). 맞벌이 가정의 일-가정 양립의 양상과 조화로운 양립의 가능성 탐색 연구. **한국가족자원경영학회지, 15**(1), 93-116.

김순자, 유화숙, 이미영, 전은경 (2005). **의복의 이해**. 서울: 교문사.

김승권, 차명숙, 조흥식, 장영식 (2008). 한국인의 행복 결정요인과 행복지수에 관한 연구. 한국보건사회연구원 연구보고서.

김영주, 김정근, 박수경, 박혜원, 박희진, 서정희, 송혜림, 양세화, 유복희, 유화숙, 이은숙, 이지혜, 전은경, 정민자, 홍순명, 허은정 (2015). **생활과학의 이해**. 울산: UUP.

김정구 (2008. 4. 21.). e-Business 시대의 미래형 마케팅 전략. [인터넷 블로그] http://veiless.tistory.com/68에서 검색.

김종훈, 박지송, 정은영, 박동균, 이영호 (2010). 유헬스케어 개인화 서비스를 위한 식단 처방 시스템. **한국콘텐츠학회논문지, 10**(2), 111-119.

김지은, 변서경 (2016). 미래주거트랜드 연구. 주택산업연구원 연구보고서.

김창길 정학균, 문동현 (2013). 국내외 친환경농산물의 생산 실태와 시장 전망. **농정포커스, 55**, 한국농촌경제연구원. http://www.krei.re.kr에서 검색.

김창남 (2014). **대중문화의 이해** 서울: 한울아카데미.

김철규 (2011). 한국 로컬푸드 운동의 현황과 과제. **한국 사회, 12**(1), 111-133.

김형선 (2014). 상황인식 기반 홈로봇서비스의 구현 사례. **서비스연구, 4**(1), 49-59.

김혜경, 전향란, 서상우, 홍경옥 (2016). **현대패션의 이해**. 서울: 교학연구사.

김희숙, 유화숙, 최종명 (2008). **어패럴품질평가**. 서울: 교학연구사

머니투데이 (2018. 3. 8.). '한국형 스마트공장' 구축…中企 생산성 높인다. 4차산업혁명委 5차 회의, 민 · 관 상생 모델 · 지역별 거점 확대. http://news.mt.co.kr/mtview.php?no=2018030810433939940&outlink=1&ref=https%3A%2F%2Fsearch.daum.ne에서 검색.

머니투데이 (2018. 9. 7.). 버버리 "재고 소각 안 하겠다… 모피 사용도 중단". http://news.mt.co.kr/mtview.php?no=2018090710041677903&outlink=1&ref=http%3A%2F%2Fsearch.daum.net에서 검색.

모종린 (2017. 10. 20.). 라이프스타일에서 찾은 서울의 미래. 브런치. https://brunch.co.kr/@riglobalization/66에서 검색.

박광주 (2014). 스마트기기와 스마트 홈 연동을 통한 에너지 절감 스마트 관리 시스템 구현, 동신대학교 대학원 석사학위논문.

박광희, 김정원, 유화숙 (2000). **섬유 · 패션산업**. 서울: 교학연구사.

박인우 (2018). 4차 산업혁명시대의 대학교육, 울산대학교 교수학습개발원 교수법 세미나 자료집.

서울시여성가족재단 (2011). 서울시 남성의 가족생활 활성화 방안 보고서.

서정희, 김영주, 김정근, 박수경, 박혜원, 박희진, 서정희, 송혜림, 양세화, 유복희, 유화숙, 이은숙, 이지혜, 전용옥, 전은경, 정민자, 홍순명, 허은정 (2015). **생활과학과 진로**. 울산: UUP.

서지원, 조영희, 송혜림 (2018). **비영리기관 운영관리**. 서울: 한국방송통신대학교 출판문화원.

설혜심 (2017). **소비의 역사**. 서울: 휴머니스트.

세계일보 (2018. 1. 1.). 현실이 된 꿈의 기술... 신 문명날개를 펴다. http://www.segye.com/newsView/20171231001343에서 검색.

송혜림 (2018a). 4차 산업혁명과 가족친화의 의미. **울산여성가족개발원 여성공감, 6**, 10-21.

송혜림 (2018b). 저출산 고령화 가족정책. 한국건강가정진흥원 종사자 교육 자료집, 1-20.

송혜림 (2019c). '쉼'이 있는 삶을 위한 가족정책동향과 과제. 한국가족자원경영학회 추계학술대회 자료집, 181-186.

송혜림, 이승미 (2015). 정책이 행복을 보장하는가?, 2015 한국가정관리학회 춘계학술대회 기조 강연집.

연합뉴스 (2017. 9. 3.). 우리나라 '고령사회' 진입. https://news.v.daum.net/v/20170903194249882?f=o에서 검색.

연합뉴스 (2018. 9. 27.). 노후 대비 못해서..한국 70~74세 고용률 OECD 1위. http://realestate.daum.net/news/detail/main/20180927120004638에서 검색.

오늘의 한국 (2016. 3. 4.). 우리의 '라이프스타일'이 바뀌고 있다 '삶의 질을 중시하는 라이프스타일' 실현을 위한 미래전략. http://www.k-today.com/news/articleView.html?idxno=1722에서 검색.

오동훈, 오근상 (2013). 미래형 주택정책 추진방향 설정 연구. **도시행정학보, 26**(3), 23-48.

오마이뉴스 (2010. 10. 9.). "미래형 안전 농식품, 유비쿼터스 기술과 융합" 국제 심포지엄 '미래형식품 시스템과 유비쿼터스의 융합' 성황. http://www.ohmynews.com/NWS_Web/view/at_pg.aspx?cntn_cd=A0001458466에서 검색.

우미경, 박태원 (2014). 액티브 시니어 계층을 고려한 주택단지 계획기준 연구-서울시 베이비붐 세대를 중심으로. 한국콘텐츠학회논문지, 14(7), 529-540.

유송옥, 이은영, 황선진 (2000). 복식문화. 서울: 교문사.

윤석후 (2017). 4차 산업혁명과 식품산업의 미래. 식품과학과 산업, 50(2), 60-73.

이관률, 송주연, 허남혁 (2013). 우리나라 로컬푸드 원칙의 인식구조와 준수실태. 한국지역지리학회지, 19(4), 567-579.

이동연 (2010). 문화자본의 시대. 서울: 문화과학사.

이영선, 이연숙, 안창헌 (2010). 라이프시나리오를 통해 본 미래주택 내 생활행위 수행주체 변화에 관한 연구. 한국주거학회, 21(5), 73-81.

이전숙, 김용숙, 이효진, 염혜정 (2003). 현대인의 패션. 서울: 교문사.

이학준 (2015). 사물인터넷 기반의 스마트 홈. 한국통신학회지, 32(4), 44-49.

임재철 (2015). 인터랙티브 가구의 특성에 관한 연구, 국민대학교 석사학위논문.

장예진, 전용태 (2012). 스마트 홈 시큐리티 기술 동향. 한국경호경비학회, 30, 117-138.

정영도 (2012). 철학사전. 서울: 출판사 이경.

정재익(2012). 친환경농산물의 신뢰도와 마케팅 믹스가 고객만족에 미치는 영향, 건국대학교 박사학위논문.

정흥숙 (1997). 서양복식문화사. 서울: 교문사.

조세일보 (2012. 4. 26.). 핵가족화 심각...20년 후 3가구 중 1가구 단독가구. http://m.joseilbo.com/news/view.htm?newsid=140803#_enliple에서 검색.

조영희 (2017). 1인 가구시대, 가족자원경영학의 과제. 한국가족자원경영학회 2017 추계학술대회 기조강연, 3-21.

조희금, 김경신, 정민자, 송혜림, 이승미 (2018). 건강가정론(4판). 서울: 도서출판 신정.

중앙일보 (2010. 8. 11.). 역사만큼 다양한 '아시아 전통복식'. http://news.joins.com/article/print/4374555에서 검색.

중앙일보 (2018. 5. 1.). '아버님이 외출 안 해요' 안부 챙기는 스마트 홈. https://news.joins.com/article/22583864에서 검색.

중앙일보 (2018. 1. 29.). 그 옷에는 뭔가 특별한 것이 있다…옷 한 벌에 담긴 사회 · 경제학. http://news.joins.com/article/22326453에서 검색.

최상호, 석호태 (2001). 미래주거와 첨단 환경아파트 개발에 관한 조사연구. 한국주거학회지, 12(4), 63-72.

최새은 (2017). 제4차 산업혁명과 가족생활: 제 4차 산업혁명시대 가족에게 던지는 다섯 가지 질문. 한국가정과교육학회 2017 학술대회 자료집, 120-133.

최은수 (2017. 10. 25.). 4차산업혁명, 1인 1품 완전맞춤형 제조혁명이 일어난다. LGCNS.

http://blog.lgcns.com/1552에서 검색.

통계청 (2016. 12. 8.). 보도자료 장래인구추계: 2015~2065년.

통계청 (2017). 2017 인구동향조사.

통계청 (2017). 장래가구추계.

프레시안 (2017. 5. 8.). 4차 산업혁명, 무엇을 대비해야 하나. http://www.pressian.com/news/article.html?no=157683&ref=daumnews에서 검색.

한국과학기술한림원 (2016). 2030년을 대비한 식품산업 트랜드 예측과 대응, 전략. 한림연구보고서.

한국여성정책연구원 (2012). 가족의 미래와 여성 · 가족정책 전망.

한국역사연구회 (1998). 우리는 지난 100년동안 어떻게 살았을까 1. 다음. http://100.daum.net/encyclopedia/view/167XX57400009에서 검색.

한국패션협회 (2017). 4차 산업혁명시대의 패션산업, 한국패션협회 스페셜 리포트. http://www.koreafashion.org/newsletter2/file/special_report_20170511.pdf에서 검색.

한수연 (2012). 1인 가구를 위한 미래주거환경의 방향설정에 관한 연구-20, 30대 골드 싱글라이프스타일과 주거선호도 조사 분석을 중심으로. 이화여자대학교 디자인 대학원 석사학위논문.

헤럴드경제 (2016. 10. 5.). 2030세대 10명 중 6명 "쉐어하우스 살아보고 싶다". http://news.heraldcorp.com/view.php?ud=20161005000161에서 검색.

헤럴드경제 (2018. 2. 5.). 장롱 속 잠자는 옷 · 가방이 돈 벌어주죠. http://news.heraldcorp.com/view.php?ud=20180205000386에서 검색.

홍경완, 김지영, 김양숙 (2009). 로컬푸드의 개념적 이해 연구. **대한경영학회지**, 22(3), 1629-1649.

황병국 (2014). 가전산업, 사물인터넷 시대 진입. 엔지니어즈. http://proengineers.tistory.com/390에서 검색.

CNBC (2013. 6. 28.). Future Fashion: 10 Wearable Tech Trends to Watch, CNBC. Retrieved from https://www.cnbc.com/2013/06/28/Future-Fashion:-10-Wearable-Tech-Trends-to-Watch.html?slide=4

Ethical fashion forum (2018. 3. 3.). The North Circular. Retrieved from http://www.ethicalfashionforum.com/members-directory/the-north-circular

Fast Track Asia (2016. 3. 26.). 데이터 분석과 IT 기술로 전통적인 생산과정을 혁신한다는 것. http://fast-track.asia/it_data에서 검색.

kotra (2017. 5. 30.). 독일 섬유업계 스마트 열풍. https://news.kotra.or.kr/user/globalBbs/kotranews/4/globalBbsDataView.do?setIdx=243&dataIdx=158888에서 검색.

Kremer, P., & DeLiberty, T. L. (2011). Local food practices and growing potential: Mapping the case of Philadelphia. *Applied Geography, 31*(4), 1252-1261.

Morris, C., & Buller, H. (2003). The local food sector: a preliminary assessment of its form and impact in Gloucestershire. *British Food Journal, 105*(8), 559-566.

Seo, H. S., & Hwang, J. H. (2014). A Study on Attribution of Purchasing Environment-Friendly Agricultural Products in Villages for Rural Tourism. *Korean Journal of Organic Agriculture, 22*(1), 47-65.

Tian, M. (2017). 건강성을 지원하는 스마트 홈 모델에 관한 연구. 경희대학교 석사학위 논문.

Xiaoming Tao ed. (2001). *Smart fibers, fabrics and clothing*. Cambridge: Woodhead Publishing Limited.

Yergin, D. (1993). **황금의 샘 3**. 김태유 옮김. 파주: 고려원.

다음백과(http://100.daum.net).

찾/아/보/기

저/자/약/력

박희진

연세대학교 주생활학과

미국 Texas Tech University(Ph.D)

전) University of Missouri-Columbia(Visiting Scholar)

현) 울산대학교 주거환경학전공 교수

송혜림

서울대학교 가정관리학과

독일 Justus-Liebig-Univ. Giessen(Dr. oec.)

전) Portland State University(Visiting Scholar)

현) 울산대학교 아동가정복지학전공 교수

유복희

울산대학교 가정관리학과

일본 오차노미즈여자대학교, 인간환경과학(Ph.D)

전) 대림산업(주) 기술연구소 선임연구원

현) 울산대학교 주거환경학전공 교수

유화숙

연세대학교 의생활학과

연세대학교 의류환경학과(Ph.D)

전) University of California at Davis(Postdoc)

현) 울산대학교 의류학전공 교수

이지혜

울산대학교 식품영양학과

미국 University of Missouri-Columbia, Food Science(Ph.D)

전) 울산 중구 어린이급식관리지원센터장

현) 울산대학교 식품영양학전공 조교수

생활과학에 대한 새로운 이해

초판발행 2019년 3월 5일 **1판 1쇄 인쇄** | 2019년 3월 10일 **1판 1쇄 발행** |
2020년 10월 10일 **1판 2쇄 발행**

지은이 박희진 송혜림 유복희 유화숙 이지혜
펴낸이 최용구 | **펴낸곳 도서출판 신정**
주소 (04316) 서울시 용산구 원효로 89길 19 (원효로1가)
전화 02)3211-4782, 0266(영업부), 3211-4783(편집부), 3211-4784(팩스)
이메일 shinjeong72@naver.com | **홈페이지** www.sjbook.co.kr
등록 2001년 5월 11일 제13-702호
기획마케팅 최용구 장만동 송대용 최충구 | **책임편집** 석기은 황가연 | **표지** SDY

ISBN 978-89-5912-486-2 93590
정가 16,000원